百种特色水果
贮运保鲜实用技术

◎ 段玉权　张　鹏　凌建刚　主编

U0349411

中国农业科学技术出版社

图书在版编目（CIP）数据

百种特色水果贮运保鲜实用技术／段玉权，张鹏，凌建刚主编 . --北京：
中国农业科学技术出版社，2022.1

ISBN 978-7-5116-5663-6

Ⅰ.①百… Ⅱ.①段… ②张… ③凌… Ⅲ.①水果-贮运②水果-食品保鲜
Ⅳ.①S660.9

中国版本图书馆 CIP 数据核字（2021）第 275416 号

责任编辑	崔改泵　周丽丽
责任校对	李向荣
责任印制	姜义伟　王思文

出 版 者	中国农业科学技术出版社
	北京市海淀区中关村南大街 12 号　邮编：100081
电 话	（010）82109194（编辑室）　　（010）82109702（发行部）
	（010）82109709（读者服务部）
网 址	http://www.castp.cn
经 销 者	各地新华书店
印 刷 者	北京捷迅佳彩印刷有限公司
开 本	170 mm×240 mm　1/16
印 张	16.25
字 数	320 千字
版 次	2022 年 1 月第 1 版　2022 年 1 月第 1 次印刷
定 价	60.00 元

序

我国是世界水果生产大国，改革开放以来，我国水果种植业得到突飞猛进的发展，2019 年我国水果果园种植面积为 1 227.70万 hm^2，同比增长 3.38%，其中柑橘种植面积居水果首位，超过 261 万 hm^2。2019 年我国水果总产量为 27 400.8万 t，近 10 年年平均增长率为 2.91%；2019 年中国柑橘产量居各类水果产量之首，达到 4 584.5 万 t，苹果和梨产量分别为 4 242.5 万 t 和 1 731.4 万 t，柑橘、苹果和梨的产量分别占水果总产量的 16.73%、15.48% 和 6.32%；水果进口量约 683 万 t，总价值 96 亿美元，同比分别增长 24% 和 25%；出口量约 361 万 t，价值 55 亿美元，同比分别增长 4% 和 14%。

随着水果产量的增加，我国水果贮运保鲜和加工技术水平也大幅提高。但由于我国水果贮藏保鲜与加工技术研究工作起步较晚，水果产后减损和精深加工技术研发及产业化发展严重滞后于产业需求，主要表现在水果采后损失率高、冷链物流体系不健全、产品附加值低等方面，这些问题严重制约着水果产业的发展。水果含水量高、容易腐烂、不易贮藏，我国新鲜水果的腐烂率高达 20% 左右，是发达国家的 3~5 倍。长期以来我国重视采前栽培、病虫害的防治，却忽视采后。产地基础设施和条件缺乏，不能很好地解决产地水果分选、分级、清洗、预冷、保鲜、运输、加工等问题，致使水果在采后流通过程中的损失相当严重。

党的十九大报告指出，"我国社会主要矛盾已经转化为人民日益增长的美好生活需要和不平衡不充分的发展之间的矛盾""既要创造更多物质财富和精神财富以满足人民日益增长的美好生活需要，也要提供更多优质生态产品以满足人民日益增长的优美生态环境需要"。随着我国进入中国特色社会主义新时代，人们对鲜果的消费需求正由"数量消费"向"质量消费"转变，即要求新鲜、方便、营养、安全的高品质水果产品。

本书汇集了特色水果贮藏保鲜实用技术代表性研究成果。作者由国内工作在水果贮藏保鲜研究一线专家担任，详细论述了我国水果贮藏保鲜基本原理、特色水果的贮藏加工特性、贮藏生理生化变化、生理病害及其防治方法、贮运保鲜技术等，综合了国内相关实用保鲜技术实践呈现给读者。

　　希望本书的出版，能够拓宽特色水果贮运保鲜领域科研人员和企业技术人员的思路，推进贮藏保鲜、运输和产地初加工的协调发展，引导和规范特色水果产业的发展，提高我国水果产业的国际竞争力。

冯双庆

中国农业大学　教授

2021 年 12 月

前　言

　　水果是人们喜爱的重要农产品，种类繁多、色泽艳丽、营养丰富，是人类赖以生存的重要物质基础，为人类健康提供丰富营养，占膳食结构的40%。水果是提供人体营养的重要来源，富含维生素、矿物质、糖、膳食纤维等营养素，也富含酯类、有机酸、黄酮、皂苷、多酚等功能性生物活性物质，能调节人体的生理机能，对增强体质和抵抗疾病的能力具有十分重要的意义。我国作为世界上水果生产大国，栽培面积和产量均居世界第一，年产量超2.7亿 t，年产值达2 797亿元，在农业和国民经济中具有重要地位。水果产业的发展，对改善农村经济、产业融合发展、乡村产业振兴、提高出口创汇和脱贫致富都至关重要。

　　新鲜水果采后品质迅速下降，果实采收后如不作保鲜处理，由于生理衰老、病菌侵害及机械损伤等原因，易腐烂变质。据统计，世界上因不采取保鲜措施或保藏不善而造成的水果损失达20%~40%。新鲜水果采摘后仍然是具有生命的活体，在贮运过程中，不断地进行着生命活动，主要表现形式就是呼吸作用。贮藏保鲜的基本原理就是创造适宜的贮藏条件，将果实的生命活动控制在最小限度，以延长水果的生存期。人们在水果保鲜过程中，采用最多的方式是温度控制，即降低果实贮藏温度，一定的温度范围内在不破坏水果缓慢而正常的代谢机能的前提下，温度越低，越能延缓其衰老过程。但温度也不能过低，否则会造成冷害或冻害。在水果保鲜的发展过程中，人们还采用了环境气体控制、涂蜡和塑料包封技术、杀菌防腐保鲜、脱氧保鲜、植物生长素调节，以及使用保鲜剂等方式。

　　水果保鲜的生产和科技人员及经营者都在为保持水果新鲜品质，减少采后损失不断努力工作，探索和研究各种保鲜方法、技术、产品和装备。中华人民共和国成立后，在国家有关部门的大力支持下，经过70多年的不懈努力，我国农产品贮藏保鲜理论与技术研究不断发展，不断深入，取得了新突破，为我国保鲜产业硬件升级、软件优化夯实了科学基础，农产品贮藏保鲜技术水平已达世界前列，形成了一批具有完全自主知识产权和核心技术的科技成果，促进了我国农产品贮藏保鲜产业的快速发展。农产品贮藏保鲜经历了由简易贮藏、机械冷库贮藏、减压贮藏和气调贮藏的发展过程，贮藏保鲜技术取得了重大突破，部分鲜活农产品达到了周年供应。1952 年全国高校院系调整，农业院校开设了"粮食储运学""果蔬贮藏加工学"等课程，从第六个五年计划开始，国家在科研计划中对农产品贮藏保鲜理论与技术研究给予立项支持。"苹果虎皮病的发生机理及防治研究""鸭梨黑心病的发生机理及防治方法""蔬菜流通体系综合保鲜技术研究"等项目先后被列入"六五"和"七五"重点攻关项目；"粮油储藏安全保障关键技术研究开发与示范"被列入"十五"国家科技攻关项目；"农产品储藏保鲜关键技术研究与示范"被列入"十一五"国家科技支撑计划；"果实采后衰老的生物学基础及其调控机制"被列入"十二五"国家 973 计划项目；"果蔬采后质量与品质控制关键技术研究""生鲜食用农产品物流环境适应性及品质控制机制研究"等 4 个项目被列入"十三五"国家重点研发专项。这些项目对保障水果采后质量和延长供应期提供了理论和技术支撑。

近年来，本团队承担了"一氧化氮调控桃果采后冷藏过程抗氰呼吸作用机理研究""调控马铃薯低温糖化关键基因 StBam1 的转录因子筛选及功能研究""浆果贮藏与产地加工技术集成与示范""苹果风味品质变化与调控机制""鲜活农产品活体精准温控（冰温）绿色物流保鲜技术""物流微环境气调保鲜技术与装备研发与示范""恭城月柿质量控制及综合利用技术研究""新疆石榴贮藏与冷链物流技术研究与应用""无花果采后分级与贮运技术规范""柿采后分级与贮运技术规范"等国家自然科学基金、国家科技支撑专项、国家重点研发专项、农业部公益性行业科研专项项目和课题。在水果贮运保鲜领域进行了多年深入研究，攻克了一批关键技术难题，取得了一批科研成果，培养了一批技术人才。在此基础上编写了《百种特色水果贮运保鲜实用技术》一书。本书内容共三章。第一章为水果采后生理，介绍了水果采后呼吸代谢、成熟和衰老、失水、生理失调和休眠等生理特点。第二章介绍我国 100 余种特色水果贮运保鲜技术。第三章由国家知识产权局专利局专利审查协作北京中心齐璐璐副研究员对我国近年来水果产业保鲜领域的专利进行了系统梳理。本书汇集了本团队及本领域的最新成果，在内容上更加突出实用性。本书旨在供农民，农村基层技术人员，从事水果贮、运、销的从业人员阅读，为特色水果的贮藏保鲜提供有益的参考。

中国农业科学院农产品加工研究所段玉权、林琼、赵垚垚、潘艳芳博士和董维、张明晶、李娟、李春红、朱捷、王盈副研究员，宁波市农业科学研究院凌建刚研究员、崔燕博士、朱麟副研究员，天津市农业科学院农产品保鲜与加工技术研究所张鹏副研究员，国家知识产权局专利局专利审查协作北京中心齐璐璐副研究员，国家农产品保鲜工程技术研究中心（天津）李江阔研究员，上海市农业科学院乔勇进博士，新疆农业科学院农产品保鲜与加工研究所吴斌博士、魏佳博士、徐斌助理研究员，北京联合大学荣瑞芬教授，沈阳农业大学李托平教授、张佰清教授、魏宝东副教授、周倩副教授等参与了本书的编写，宋丛丛、李昂、方婷、陈静、齐淑宁、唐继兴、戴琪、赵竞伊、赵晗、孙海薪等研究生也参与了本书部分内容的编写。中国林业科学研究院梁丽松副研究员，华南农业大学朱孝扬副研究员，天津科技大学郭红莲教授，上海复命新材料有限公司孙兴广董事长、吴子辉部长、房芬芬部长对本书提出了建设性意见，同时在编写过程中参考了国内外有关专家学者的论著，在此表示最衷心的感谢。

　　鉴于编者水平所限，经验积累还不够丰富，书中内容难免有错漏之处，恳请各位读者批评指正。

编　者

2021 年 12 月

目　　录

第一章　水果采后生理 ……………………………………………… （1）

　第一节　水果的呼吸代谢 ………………………………………… （1）

　　一、呼吸的基本概念 …………………………………………… （1）

　　二、糖的有氧降解和能量的释放 ……………………………… （1）

　　三、呼吸强度 …………………………………………………… （2）

　　四、呼吸热和呼吸高峰 ………………………………………… （2）

　　五、影响呼吸强度的因素 ……………………………………… （2）

　　六、呼吸与抗病性 ……………………………………………… （5）

　第二节　乙烯对水果成熟和衰老的影响 ………………………… （6）

　　一、乙烯研究的发展史 ………………………………………… （6）

　　二、乙烯的生物合成途径及其调控 …………………………… （6）

　　三、乙烯的生理作用及贮藏环境中乙烯的控制 ……………… （8）

　第三节　水果的失水与环境湿度 ……………………………… （13）

　　一、失水对水果的影响 ……………………………………… （13）

　　二、与失水有关的一些基本概念 …………………………… （14）

　　三、影响失水的因素 ………………………………………… （14）

　　四、水果采后防止失水的措施 ……………………………… （17）

　第四节　水果贮藏中发生的生理失调 ………………………… （18）

　　一、低温伤害及其发生机制和症状 ………………………… （18）

　　二、其他的生理失调 ………………………………………… （25）

第二章　水果贮运保鲜技术 …………………………………… （30）

　第一节　北方特色水果贮运保鲜技术 ………………………… （30）

　　一、王林苹果的贮藏保鲜技术 ……………………………… （30）

　　二、维纳斯黄金苹果保鲜技术 ……………………………… （33）

　　三、元帅系列苹果保鲜技术 ………………………………… （36）

　　四、寒富苹果保鲜技术 ……………………………………… （39）

　　五、花牛苹果贮藏保鲜技术 ………………………………… （40）

六、新高梨保鲜技术 …………………………………………（44）

七、爱宕梨保鲜技术 …………………………………………（47）

八、莱阳梨贮藏保鲜技术 ……………………………………（49）

九、酥梨贮藏保鲜技术 ………………………………………（51）

十、南果梨贮藏保鲜技术 ……………………………………（53）

十一、花盖梨贮运保鲜技术 …………………………………（56）

十二、丰水梨贮运保鲜技术 …………………………………（58）

十三、丑梨贮运保鲜技术 ……………………………………（60）

十四、玉露香梨贮运保鲜技术 ………………………………（62）

十五、草莓贮藏保鲜技术 ……………………………………（64）

十六、北方硬溶质桃贮藏保鲜技术 …………………………（65）

十七、蟠桃贮藏保鲜技术 ……………………………………（68）

十八、油桃贮藏保鲜技术 ……………………………………（72）

十九、樱桃贮藏保鲜技术 ……………………………………（75）

二十、智利车厘子贮藏保鲜技术 ……………………………（78）

二十一、野樱桃贮藏保鲜技术 ………………………………（81）

二十二、李子贮藏保鲜技术 …………………………………（82）

二十三、杏贮藏保鲜技术 ……………………………………（86）

二十四、黑布林贮藏保鲜技术 ………………………………（88）

二十五、冬枣贮藏保鲜技术 …………………………………（91）

二十六、拐枣贮藏保鲜技术 …………………………………（96）

二十七、磨盘柿贮藏保鲜技术 ………………………………（97）

二十八、牛心柿贮藏保鲜技术 ………………………………（101）

二十九、蓝莓贮藏保鲜技术 …………………………………（104）

三十、树莓贮藏保鲜技术 ……………………………………（109）

三十一、蔓越莓贮藏保鲜技术 ………………………………（111）

三十二、美味（翠香）猕猴桃贮藏保鲜技术 ………………（113）

三十三、软枣猕猴桃贮藏保鲜技术 …………………………（115）

三十四、玫瑰香葡萄贮藏保鲜技术 …………………………（117）

三十五、阳光玫瑰葡萄贮藏保鲜技术 ………………………（120）

三十六、巨峰葡萄贮藏保鲜技术 ……………………………（122）

三十七、夏黑葡萄贮藏保鲜技术 ……………………………（125）

三十八、红地球葡萄贮藏保鲜技术 …………………………（127）

三十九、桑椹贮藏保鲜技术 …………………………………（130）

第二节　热带、亚热带水果贮运保鲜技术 …………………………（132）

　　一、杧果贮藏保鲜技术 ……………………………………………（132）

　　二、南方软溶质水蜜桃贮藏保鲜技术 …………………………（134）

　　三、恭城月柿贮藏保鲜技术 ……………………………………（138）

　　四、杨梅贮藏保鲜技术 …………………………………………（140）

　　五、中华（红阳）猕猴桃的贮藏保鲜技术 ……………………（143）

　　六、南丰蜜橘贮藏保鲜技术 ……………………………………（147）

　　七、果冻橙贮藏保鲜技术 ………………………………………（149）

　　八、脐橙贮藏保鲜技术 …………………………………………（151）

　　九、沙糖橘贮藏保鲜技术 ………………………………………（154）

　　十、丑橘贮藏保鲜技术 …………………………………………（156）

　　十一、柑橘贮藏保鲜技术 ………………………………………（158）

　　十二、柚子贮藏保鲜技术 ………………………………………（162）

　　十三、柠檬贮藏保鲜技术 ………………………………………（164）

　　十四、葡萄柚贮藏保鲜技术 ……………………………………（166）

　　十五、芦柑贮藏保鲜技术 ………………………………………（168）

　　十六、枇杷贮藏保鲜技术 ………………………………………（171）

　　十七、香蕉贮藏保鲜技术 ………………………………………（174）

　　十八、荔枝贮藏保鲜技术 ………………………………………（178）

　　十九、龙眼贮藏保鲜技术 ………………………………………（180）

　　二十、火龙果贮藏保鲜技术 ……………………………………（182）

　　二十一、人参果贮藏保鲜技术 …………………………………（185）

　　二十二、百香果贮藏保鲜技术 …………………………………（187）

　　二十三、释迦果贮藏保鲜技术 …………………………………（188）

　　二十四、杨桃贮藏保鲜技术 ……………………………………（190）

　　二十五、番木瓜贮藏保鲜技术 …………………………………（192）

　　二十六、菠萝贮藏保鲜技术 ……………………………………（197）

　　二十七、红毛丹贮藏保鲜技术 …………………………………（200）

　　二十八、莲雾果贮藏保鲜技术 …………………………………（204）

　　二十九、牛油果贮藏保鲜技术 …………………………………（206）

　　三十、椰子贮藏保鲜技术 ………………………………………（208）

　　三十一、番石榴贮藏保鲜技术 …………………………………（209）

　　三十二、山竹贮藏保鲜技术 ……………………………………（212）

第三节　西部特色水果贮运保鲜技术 ………………………………（214）

一、伽师瓜贮藏保鲜技术 ………………………………………………… (214)

二、哈密瓜贮藏保鲜技术 ………………………………………………… (216)

三、伊丽莎白瓜贮藏保鲜技术 ………………………………………… (218)

四、无花果贮藏保鲜技术 ………………………………………………… (219)

五、石榴贮藏保鲜技术 ………………………………………………… (221)

六、西梅贮藏保鲜技术 ………………………………………………… (224)

第三章　我国水果保鲜技术专利分析报告 ……………………… (229)

一、研究方法 ……………………………………………………………… (229)

二、专利申请状况分析 ………………………………………………… (230)

三、专利技术主题分析 ………………………………………………… (238)

四、启示与展望 ………………………………………………………… (244)

参考文献 ………………………………………………………………… (245)

第一章 水果采后生理

第一节 水果的呼吸代谢

一、呼吸的基本概念

水果采收以后，失去了水和无机物的来源，同化作用基本停止，但仍然是活体，其主要代谢过程是呼吸作用。呼吸是呼吸底物在一系列酶参与的生物氧化下，经过许多中间环节，将生物体内的复杂有机物分解为简单物质，并释放出化学键能的过程。呼吸底物在氧化分解中形成各种中间产物，其中一些是合成其他新物质的原料，而新物质的合成及细胞结构和功能维持所需要能量，可由呼吸作用中的高能化合物腺苷三磷酸（ATP）随时提供。由于呼吸作用同各种水果的生理生化过程有着密切的联系，并制约着生理生化变化，因此必然会影响水果采后的品质、成熟、耐贮性、抗病性以及整个贮藏寿命。呼吸作用越旺盛，各种生理生化过程进行得越快，采后寿命就越短，因此在水果采后贮藏和运输过程中要设法抑制呼吸，但又不可过分抑制，应该在维持产品正常生命过程的前提下，尽量使呼吸作用进行得缓慢一些。

二、糖的有氧降解和能量的释放

有氧呼吸是主要的呼吸方式，它是从空气中吸收氧，将糖、有机酸、淀粉等其他物质氧化分解为二氧化碳（CO_2）和水，同时放出能量的过程。这种生物氧化过程释放的能量并非全部以热量的形式散发，而是一步步借助于能载体高能磷酸键来传递，同时释放出热量。

无氧呼吸至少有两个缺点：第一，它释放的能量比有氧呼吸少，为了获得能量则消耗更多的呼吸底物；第二，在无氧呼吸过程中，乙醇和乙醛及其他有害物质会在细胞里累积，并输导到组织其他部分，使细胞中毒。

普通空气中氧是充足的，但在水果的气调贮藏和塑料薄膜包装中，若操作管理不当而供氧不足时，则不能保证充分有氧呼吸，组织就开始无氧代谢，因此要注意通风换气，避免无氧呼吸。至于各种水果开始无氧呼吸时的氧气（O_2）浓度，则因水果的种类、品种、成熟度及温度不同而异，因此，气调贮藏时要注意 O_2 的临界值。除了葡萄糖以外，其他碳水化合物也可以作为呼吸底物，而蛋白质和脂肪则要经过水解后，才能作为呼吸底物。

三、呼吸强度

呼吸强度是衡量呼吸作用强弱的一个指标，在一定的温度下，用单位时间内单位重量产品吸收的 O_2 或释放出的 CO_2 的量表示，常用单位为 CO_2 或 O_2 mg（mL）／（kg·h），而以 CO_2 或 O_2 的容积（mL）计时，可称为呼吸速率。呼吸强度是表示组织新陈代谢的一个重要指标，是估计产品贮藏潜力的依据，呼吸强度越大说明呼吸作用越旺盛，营养物质消耗得越快，加速产品衰老而缩短贮藏寿命。

四、呼吸热和呼吸高峰

水果的呼吸作用中会有一部分能量以热的形式散发出来，这种释放的热叫作呼吸热，会使贮藏环境的温度增高，为了降低库温或贮运车车温，必须计算出呼吸热，以便用适当的制冷设备加以排除，从而保持水果所需要的适温。

在果实发育过程中，呼吸作用的强弱不是始终如一的，根据呼吸曲线的变化模式不同，可以将果实分为两类：一类叫作跃变型果实，其幼嫩果实的呼吸旺盛，随着果实细胞的膨大，呼吸强度逐渐下降，开始成熟时呼吸强度突然上升，果实完熟时达到呼吸高峰，此时果实的风味品质最佳，然后呼吸强度下降，果实衰老死亡。如苹果、香蕉、杧果、鳄梨、番茄、杏、桃、猕猴桃、柿、无花果、番石榴、西番莲等成熟时都能表现出类似的呼吸高峰。另一类果实叫作非跃变型果实，这类果实成熟过程中没有呼吸跃变现象，如葡萄、柑橘、菠萝、草莓、荔枝、柠檬等。

五、影响呼吸强度的因素

水果在贮藏过程中的呼吸强度与产品的消耗紧密相关，呼吸强度越大所消耗的营养物质越多。因此，在不妨碍水果正常生理活动的前提下，尽量降低它们的呼吸强度，减少营养物质的消耗，这是关系水果贮藏成败的关键。为了控制水果呼吸强度，延长水果贮藏寿命，就必须了解影响水果呼吸强度的有关因素。

（一）水果本身因素

1. 种类、品种

在相同的温度条件下，不同种类、品种的水果呼吸强度差异很大，这是由它们本身的特性所决定的。例如，在 $0 \sim 3$ ℃，苹果的呼吸强度是 $1.5 \sim 14.0$ CO_2 mg/（kg·h）；葡萄是 $1.5 \sim 5.0$ CO_2 mg/（kg·h）；甜橙是 $2.0 \sim 3.0$ CO_2 mg/（kg·h）；柿子是 $5.5 \sim 8.5$ CO_2 mg/（kg·h）。一般说来，夏季成熟的水果比秋季成熟的呼吸强度要大，南方生长的比北方生长的呼吸强度大，而早熟品种的呼吸强度又大于晚熟品种。浆果类果实呼吸强度大于柑橘类和仁果类果实。

2. 发育年龄与成熟度

在水果的个体发育和器官发育过程中，幼龄时期呼吸强度最大，随着年龄的增长，呼吸强度逐渐下降。成熟的水果，新陈代谢缓慢，表皮组织和蜡质、角质保护层厚，呼吸强度低，较耐贮藏；有一些果实，如番茄在成熟时细胞壁中胶层分解，组织充水，细胞间隙因被堵塞而变小，因此阻碍气体的交换，使呼吸强度下降。跃变型果实的幼果呼吸旺盛，随果实的增大，呼吸强度下降，果实成熟时呼吸强度增大，高峰过后呼吸强度又下降，因此跃变前采收果实，并且人为地推迟呼吸高峰的到来，可以延长贮藏寿命。

总之，不同发育时期的水果，细胞内原生质发育的程度不同，内在各细胞器的结构及相互联系不同，酶系统及其活性和物质的积累情况也不同，因此所有这些差异都会影响水果的呼吸。

3. 同一器官的不同部位

水果的皮层组织呼吸强度大，果皮、果肉、种子的呼吸强度都不同，例如，柑橘果皮的呼吸强度大约是果肉组织的 10 倍，柿的蒂端比果顶的呼吸强度大 5 倍，这是因为不同部位的物质基础不同，氧化还原系统的活性及组织的供氧情况不同而造成的。

（二）环境因素

1. 温度

温度是影响水果采后寿命的最重要因素，温度影响着许多生理活动，其中包括呼吸作用。

在一定温度范围内，随温度升高，酶活性增强，呼吸强度增大。当温度超过 35 ℃时，呼吸强度反而下降，这是因为呼吸作用中各种酶的活性受到抑制或破坏的缘故。此外，温度升高水果呼吸加快，会使得外部的氧向组织内扩散的速度低于呼吸消耗的速度，而导致内层组织缺氧，同时呼吸产生的 CO_2 又来不及向外扩散，累积在细胞内造成伤害，这说明高温不仅引起呼吸的量变，还会引起呼吸的质变。对于跃变型果实，高温将促进其呼吸高峰的到来。

但是并非贮藏温度越低越好，而是应该根据各种水果对低温的忍耐性不同，尽量降低贮藏温度，又不致产生冷害。冷敏感的水果在冷害温度下，糖酵解过程和细胞线粒体呼吸的速度相对加快，这就使它们的呼吸强度比非冷害温度时增大。当水果从冷害温度转移到非冷害温度中时呼吸强度急剧上升，这可能是为了修复冷害下膜和细胞结构的损伤，或代谢掉冷害温度下积累的有毒中间代谢物质。

贮藏环境的温度波动会刺激水果中水解酶的活性，促进呼吸，增加消耗，缩短贮藏时间。如将桃置于 20 ℃—0 ℃—20 ℃变温贮藏，其呼吸强度在低温一段时间后，再升温到 20 ℃时呼吸强度会比原来在 20 ℃下增加许多倍，因此贮藏水果时要尽量避免库温波动。

2. 气体成分

空气中的 O_2 和 CO_2 对水果的呼吸作用、成熟和衰老有很大的影响，适当降低 O_2 浓度，提高 CO_2 浓度，可以抑制呼吸，但不会干扰正常的代谢。当 O_2 低于10%时，呼吸强度明显降低，O_2 低于2%有可能产生无氧呼吸，乙醇、乙醛会大量积累，造成缺氧伤害。O_2 和 CO_2 的临界浓度取决于水果种类、温度和持续时间。

提高空气中的 CO_2 浓度，也可以抑制呼吸，对于大多数水果来说比较合适的 CO_2 浓度为1%~5%。当 CO_2 达到10%时，有些果实的琥珀酸脱氢酶和烯醇式磷酸丙酮酸羧化酶的活性会受到显著的抑制，有人认为所有的脱氢酶对 CO_2 都比较敏感，CO_2 过高时会抑制呼吸酶活性，从而引起代谢失调。CO_2 浓度大于20%时，无氧呼吸明显地增加，乙醇、乙醛物质积累，对组织产生不可逆的伤害，它的危害甚至比缺氧伤害更加严重。其损伤程度取决于水果周围 CO_2 和 O_2 的浓度、温度和持续时间。O_2 和 CO_2 之间有拮抗作用，CO_2 伤害可因提高 O_2 浓度而有所减轻，在低 O_2 中，CO_2 的伤害则更严重，在 O_2 浓度较高时，较高的 CO_2 对呼吸仍然能起到抑制作用。

有些化合物如氰化物、氟化物、一氧化碳、二硝基酚等都会抑制水果的呼吸作用。乙烯可以刺激高峰型果实提早出现呼吸跃变，促进成熟。一旦跃变开始，再加入乙烯就没有任何影响了。用乙烯来处理非跃变的水果时也会产生一个类似的呼吸高峰，而且有多次反应。其他的碳氢化合物如丙烷、乙炔等具有类似乙烯的作用。一些胁迫条件或逆境如冷害、缺氧等也都会刺激呼吸强度增高。

3. 湿度

湿度对呼吸的影响还缺乏系统的研究，但是贮藏环境的空气湿度也会影响水果的呼吸强度。例如，产品轻微的失水有利于降低呼吸强度，因此柑橘采后要适当晾晒；柑橘类果实在较湿润的环境条件有促进呼吸的作用，在过湿的条件下，由于果皮部分的生理作用旺盛，果汁很快消失，造成枯水或所谓的浮皮。有报道称，香蕉在 RH（相对湿度）低于 80% 时，没有产生呼吸跃变，不能正常成熟，RH 在 90% 以上，才会有正常的呼吸跃变产生。

4. 机械伤和微生物浸染

物理伤害可刺激呼吸，夏橙从 61 cm 和 122 cm 的高度跌落到地面时，其呼吸强度增加 10.9%~13.3%，呼吸强度的增加与擦伤的严重程度成正比。

水果受伤后造成开放性伤口，可利用的氧增加，呼吸强度增加。试验证明，表面受伤的果实比完好的果实氧消耗高 63%，摔伤了的苹果中乙烯释放量比完好的苹果高得多，促进呼吸高峰提早出现，不利用贮藏。水果表皮上的伤口，给微生物的侵染开辟了方便之门，此外，微生物在产品上生长发育，促进了呼吸作用，不利于贮藏。因此，在采收、分级、包装、运输、贮藏各个环节中，应尽量避免水果受机械损伤。

六、呼吸与抗病性

水果对病菌有一定的抵抗能力，在受到创伤和微生物侵害时，不同的水果所表现出的抗病性不同，19 世纪 40 年代有学者曾提出保卫反应学说，但有人认为这一学说缺乏足够的证据。

水果采后在正常的生活条件下，体内的新陈代谢保持相对稳定状态，不会产生呼吸失调，不易出现生理病害，因此有较好的耐贮性和抗病性，保持较好的品质。前文提到的呼吸保卫反应学说主要针对水果处于逆境、受到伤害或病虫害时机体所表现出来的一种积极的生理机能，激发细胞内氧化系统的活性，起到的作用：一是抑制由水果和侵染微生物所分泌的水解酶引起的水解作用。二是氧化破坏病原菌分泌的毒素，防止其积累，并产生一些对病原菌有毒的物质如绿原酸、咖啡酸和一些醌类化合物。三是恢复和修补伤口，合成新细胞所需要的物质。

但是随着水果组织的衰老，代谢活动不断降低，呼吸的保卫反应必然会削弱，从而容易感染病害。水果组织受伤时的愈伤能力，也是保卫反应的体现，创伤部位呼吸作用增强，加速氧化还原过程的进行，以恢复自身结构的完整，这种比正常组织加大的呼吸称为"伤呼吸"，它加快了呼吸基质的消耗和呼吸热的释放，会对水果带来不利的影响。

第二节　乙烯对水果成熟和衰老的影响

一、乙烯研究的发展史

1900 年，人们使用煤油炉加温使绿色的柠檬变成黄色。1924 年，Denny 发现这种使柠檬褪绿的原因是煤油炉产生的乙烯在起作用，而不是加温的结果。1934 年 Gane 首先发现果实本身也能产生乙烯，后来许多人发现多种果实都能够产生乙烯，并有加快果实后熟和衰老作用。1935—1940 年，采后植物生理学家认为乙烯是一种促进果实成熟的生长调节剂，这种提法受到了美国 Hansen、英国的 Kidd 和 West 的支持。1940 年以后，美国加利福尼亚州立大学的 Biale 和 Uda 对上述观点提出了不同看法，他们认为乙烯只是果实后熟中的一种副产物，对果实的成熟并非那么重要，因此，两派之间争论激烈。直到 1952 年，James 和 Martin 发现了气相色谱，能够检测出微量乙烯。这种高精度的检测仪器，帮助人们了解到果实在成熟过程中释放乙烯浓度的变化，发现只有当乙烯增加到一定的浓度时，果实才会成熟。从而证明了乙烯的确是促进果实成熟的一种生长激素。

乙烯是一种最简单的链烯，在正常的条件下为气态，是一种调节生长、发育和衰老的植物激素。至于乙烯的直接前体是什么，最初众说纷纭，因为乙烯的化学结构十分简单，许多化合物都能够产生乙烯，例如亚麻油酸、丙烯酸、乙烷和甲硫氨酸等。1965 年，Lieberman、Mapson 和 Kunish 提出乙烯是由甲硫氨酸转变来的，但并不了解其反应的中间步骤，直到 1979 年 Adams 和 Yang 才发现了乙烯的生物合成途径是：甲硫氨酸→S-腺苷甲硫氨酸→1-氨基环丙烷-1 羧酸（ACC）→乙烯。

二、乙烯的生物合成途径及其调控

（一）甲硫氨酸环

1. 甲硫氨酸是乙烯生物合成的前体

要阐明乙烯生物合成的前体是件困难的事情，因为乙烯的化学结构非常简单，有许多化合物都可以通过不同的化学反应转变为乙烯，所以曾经有许多化合物被认为是乙烯生物合成的前体，如亚油酸、丙醛、β-丙氨酸、丙烯酸、乙醇、乙烷、乙酸、延胡索酸和甲硫氨酸，但是在高等植物中只有甲硫氨酸是乙烯生物合成的有效前体。

Liberman et al.（1965）致力于研究乙烯产生的模式系统，无意中发现甲硫氨酸是乙烯生物合成的直接前体，他们的试验发现，在有铜离子—抗坏血酸存在时，亚麻油酸可以降解为乙烷、乙烯和其他的碳氢化合物。为了确定亚麻油酸产生乙烯的反应是否为自由基反应，他们加入了自由基清除剂——甲硫氨酸，目的是通过减少自由基来抑制反应和乙烯的产生，适得其反，加入甲硫氨酸反而促进了乙烯的产生。后来他们又进一步发现，没有亚麻油酸存在，在铜离子—抗坏血酸溶液中，甲硫氨酸也可以产生乙烯。Lieberman et al.（1982）将 C_{14} 标记的甲硫氨酸供给苹果，可产生带有 C_{14} 的乙烯，从而证明了乙烯来自甲硫氨酸，并且是由甲硫氨酸上的第三碳和第四碳转变来的。Yang（1974）鉴定出甲硫氨酸是梨幼苗提取液中的活性物质，在黄素鸟核苷和光系统中甲硫氨酸分解出乙烯。

2. S-腺苷甲硫氨酸（SAM）为一中间产物

Burg et al.（1975）观察到甲硫氨酸转变为乙烯需要氧参加，而且这一转化过程可以被一种氧化磷酸化的解偶联剂（DNP-二硝基苯酚）所抑制，因此他们推测 SAM 是由甲硫氨酸和 ATP 合成的。Adams et al.（1979）的试验证明甲硫氨酸在空气中很快生成乙烯，在氮气下却无乙烯产生，只有 5-甲硫腺苷（MTA）和 ACC 产生，这说明 SAM 是一个中间产物，在有氧及其他条件满足时，它可以通过 ACC 形成乙烯，同时形成 MTA 及其水解产物 5-甲硫核糖（MTR）。

3. 从 5-甲硫腺苷（MTA）到甲硫氨酸

植物体内甲硫氨酸的含量并不高，却不断有乙烯产生，而且没有硫释放出来，经标记硫试验，发现硫是与甲基结合在一块，形成甲硫基在组织中循环的。Murr et al.（1975）将 C_{14} 标记在 MTA 的甲基上，在植物组织中得到了标记的甲硫氨酸。Adams et al.（1977）又在 MTA 中的硫原子和甲基上进行了双重标记试验，发现 MTA 的甲硫基被结合到甲硫氨酸上，这些研究证明了乙烯的生物合成是经过从甲硫氨酸→SAM→MTA→甲硫氨酸这样一个循环，其中甲硫基可以循环使用。

（二）1-氨基环丙烷-1-羧酸（ACC）的合成

上面已经提到 S-腺苷甲硫氨酸（SAM）是一个处于十字路口的中间产物，

它既可以变成 MTA 参加甲硫氨酸循环，又可以合成 ACC。Boller et al.（1979）发现番茄果实游离细胞提取液具有使 SAM 转变为 ACC 的能力，而且这个反应能被 AVG（氨基羟乙基乙烯基甘氨酸）抑制，已知 AVG 是一种吡哆醛磷酸化酶（磷酸吡哆醛酶）的抑制剂。Rando（1974）证明由 SAM 转变为 ACC 是通过吡哆醛酶作用，后来又证实了这种吡哆醛磷酸化酶是 ACC 合成酶。Yu，Adams 和 Yang 证明了从 SAM→ACC 不仅受 AVG 的抑制，也受 AOA（氨基氧乙酸）的抑制，但后者效率较低。

外界环境对 ACC 的合成影响很大，多种逆境都会刺激乙烯的产生，如机械伤、冷害、干旱、淹涝、高温和化学毒害等。逆境造成乙烯合成量增加是因为逆境刺激 ACC 合成酶活性增强，导致 ACC 合成量增加的缘故，这过程可被蛋白质合成抑制剂抑制，ACC 是在原生质中合成的。

SAM 和 ACC 是乙烯生物合成中的两个重要中间产物，SAM 起着传递 S-CH_3基团的作用，ACC 是乙烯合成的限速步骤，ACC 合成酶专一地以 SAM 为底物，它的辅基是磷酸吡哆醛。

（三）乙烯的合成（从 ACC-乙烯）

Yang（1981）根据 ACC 能被次氯酸钠氧化的化学反应，提出 ACC 可能被羟化酶或去氢酶氧化形成氰甲酸，同时形成乙烯。氰甲酸不稳定，分解形成CO_2和氢氰酸（HCN），HCN 对植物有毒，HCN 被催化与半胱氨酸形成 β-氰基丙氨酸。由 ACC 到乙烯需乙烯合成酶（EFE）作用，这个过程需氧参加，而且解偶联剂（DNP）及自由基清除剂都能抑制乙烯的产生。用细胞匀浆进行试验，因破坏了细胞的结构，乙烯的合成停止，但有 ACC 累积。这说明细胞的组织结构不影响 ACC 的合成，但影响乙烯的合成，因此，凡是影响膜功能的试剂、金属离子都会影响乙烯的合成，如钴离子。这说明由 ACC 转化为乙烯的反应需要膜结构的完整，乙烯合成酶（EFE）很可能是与膜结合在一起的。Guy et al.（1984）从豌豆幼苗原生质中分离得到的液泡所产生的乙烯占整个原生质体所产生的 80%，他们认为 ACC 主要在细胞质中合成，然后进入液泡，并在液泡中转变为乙烯。

三、乙烯的生理作用及贮藏环境中乙烯的控制

（一）乙烯的生理作用及特性

1. 呼吸高峰与乙烯

根据果实生长发育和成熟过程中的呼吸曲线，可以将果实分高峰型和非高

峰型（或跃变型和非跃变型）两类，这两类果实对乙烯的反应不同，乙烯可以促高峰型未成熟果实呼吸高峰的提早到来和引起相应的成熟变化，但是乙烯浓度的大小对呼吸高峰的峰值没有影响，乙烯对高峰型果实呼吸作用的影响只有一次，而且必须是在果实成熟以前，一旦经外源乙烯处理，果实内源乙烯便有自动催化作用，加速果实的成熟。然而对非高峰型果实施用乙烯时，在一定的浓度范围内，乙烯浓度与呼吸强度成正比，而且在果实的整个发育过程中每施用一次乙烯都会有一个呼吸高峰出现。

对于高峰型果实，当乙烯浓度不低于 100 μL/L 时，呼吸强度表现为所施乙烯浓度的函数。乙烯的浓度在 10 μL/L 以下呼吸作用与乙烯浓度成正比，大于 10 μL/L 这种比例则不明显。而非高峰型果实，乙烯在果实发育的任何阶段处理呼吸强度都会提高，而且在很大的范围内乙烯浓度都与呼吸强度成正比。高峰型果实用外源乙烯处理后内源乙烯有自动催化增加的作用，而非高峰型果实则无此催化作用。

2. 乙烯与成熟

人们已经清楚，所有的果实在发育期间都会产生微量的乙烯，然而，在成熟期间高峰型果实产生的乙烯量要比非高峰型的多得多，表 1-1 说明了这两类果实间的差异。

表 1-1　几种高峰型和非高峰型果实内源乙烯含量

果实	乙烯（μL/L）	果实	乙烯（μL/L）
高峰型		非高峰型	
苹果	25~2 500	柠檬	0.11~0.17
梨	80	酸橙	0.30~1.96
桃	0.9~20.7	橙	0.13~0.32
油桃	3.6~602.0	菠萝	0.16~0.40
鳄梨	28.9~74.2		
香蕉	0.05~2.10		
杧果	0.04~3.00		
西番莲果	466~530		
番茄	3.6~29.8		

高峰型果实在发育期和成熟期的内源乙烯含量变化很大，在果实未成熟时乙烯含量很低，通常在果实进入成熟和呼吸高峰出现之前乙烯含量开始增

加，并且出现一个与呼吸高峰相类似的乙烯高峰，与此同时果实内部的化学成分出现一系列的变化，淀粉含量下降，可溶性糖含量上升，有色物质增加，水溶性果胶含量增加，果实硬度下降，叶绿素含量下降，果实特有的香味出现。对于高峰型的果实来说，只有在果实的内源乙烯达到启动成熟的浓度之前，采用相应的措施才能够延缓果实的后熟，延长果实的贮藏寿命。果实对乙烯的敏感程度与果实的成熟度密切相关，许多幼果对乙烯的敏感度很低，要诱导其成熟，不仅需要较高的乙烯浓度，而且需要较长的处理时间，随着果实成熟度的提高，对乙烯的敏感度越来越高（表1-2）。有人提出调节乙烯生物合成有两个系统，系统Ⅰ乙烯可由未知原因引起，浓度很低，只起控制、调节衰老的作用，系统Ⅰ乙烯可以启动系统Ⅱ乙烯产生，使果实内的乙烯含量大大增加，产生跃变，只有高峰型果实才有系统Ⅱ乙烯。而非高峰型的果实只有系统Ⅰ乙烯，在整个发育过程中乙烯的含量几乎没有什么变化。

表1-2　番茄成熟度对果实完熟所需天数的影响　　　　　　单位：d

收获时的成熟度	完熟所需要的天数	
（开花后的天数）	用乙烯处理	对照
17	11	—
25	6	—
31	5	15
35	4	9
42	1	3

注：测定成熟度所需时间是从开花到初次出现红色之间，在此期间果实用 1 000 μL/L 浓度乙烯连续处理。

现在已有足够的证据说明乙烯是致熟因素。第一，乙烯是一种自然代谢的产物，排出乙烯就可延缓成熟。例如，用气密性塑料袋包装青香蕉，在袋内放置用饱和高锰酸钾处理过的砖块或珍珠岩吸收乙烯，可以延缓香蕉的成熟。用减压贮藏提高乙烯的扩散率，降低果实内乙烯的分压，也可以延缓果实的成熟。第二，人们观察到乙烯浓度的变化与苹果的成熟密切相关性，采后 7 d 的苹果中乙烯含量很低，采后 10~17 d，乙烯的浓度由 22 μL/L 增加到 1 680 μL/L，增加了 800 倍，果实很快成熟。采后 13~25 d 果实出现呼吸高峰，果实硬度迅速下降，采后 10 d 硬度只比采收时低 0.9 kg/cm^2，但采后 10~20 d，呼吸跃变后，果实的硬度由原来的 8.01 kg/cm^2 下降到

4.455 kg/cm^2。第三，大量的试验证明，用低浓度的外源乙烯就可以导致青绿果实的成熟及衰老。

3. 乙烯的其他生理作用

乙烯不仅能促进果实的成熟，而且还有许多其他的生理作用，乙烯可以加快叶绿素的分解，使水果转黄，促进水果的衰老和品质下降。乙烯还会促进植物器官的脱落，用 1 μL/L 的乙烯处理猕猴桃可加速果实变软。

（二）乙烯的作用机理

1. 乙烯与膜的关系

乙烯是脂溶性的，在油脂中的溶解度比水中大 14 倍，细胞内许多种膜都是由蛋白质与脂质构成的，因此这些脂质是乙烯最可能的作用点。乙烯作用于膜的结果必然会引起膜的变化，尤其是透性上的变化。Sacher 在香蕉和油梨上的试验发现，当乙烯高峰和呼吸高峰过后，果实成熟，细胞内膜的透性增大，物质的外渗率增高。此外，膜透性改变促使底物与酶的接触，加速了果实的成熟。

2. 乙烯与酶的关系

乙烯可以促进酶的活性，Albeles（1971）提出外源乙烯能控制纤维素酶的合成，并调节该酶从细胞质向细胞壁移动。Machoo et al.（1986）证明，乙烯提高了跃变前期杧果组织中过氧化物酶、过氧化氢酶、淀粉酶的活性。用乙烯处理葡萄柚外果皮切块，使苯丙氨酸解氨酶（PAL）的活性增加。将甘薯块根的薄片切块置于乙烯中，过氧化物酶、多酚氧化酶、绿原酸酶及苯丙氨酸解氨酶（PAL）的活性都有所增加。用乙烯处理梨和樱桃，吲哚乙酸氧化酶的活性增高。乙烯还可改变酶的同工酶谱带。

3. 乙烯与蛋白质及核酸合成的关系

乙烯对成熟和未成熟的果实都有加强蛋白质合成的作用，但对衰老组织则会加速其分解。Albeles 对落叶果树研究结果表明，乙烯可以引起和促进 RNA 的合成，它能在蛋白质合成的转录过程中起调节作用，导致特定的蛋白质产生，果实成熟时需要蛋白质的合成，因此，乙烯在果实的成熟中起着调控作用。但是用乙烯处理跃变前的香蕉、鳄梨却未发现 RNA 的合成增加，这可能与其他因素有关。

4. 乙烯在植物体内的流动性

乙烯虽然是一种气体，但它在植物体内具有流动性。Terai et al. 用乙烯对绿色香蕉进行局部处理，发现未处理的部分也会很快褪绿转黄，同时果肉的含糖量增加。试验还发现在香蕉的果顶施用乙烯时，3 h后果柄一端也会有相当数量的乙烯产生。

5. 乙烯与其他激素的关系

乙烯具有调节水果和蔬菜成熟和衰老的作用，但是植物的生长发育、成熟衰老还与其体内的整个激素平衡有关，Vendrell（1970）指出，吲哚乙酸（IAA）是成熟的抑制剂，同时又是乙烯生物合成的促进剂，在幼嫩组织中，乙烯的合成与 IAA 有关。

乙烯处理也可促进脱落酸（ABA）含量上升。Abdel et al.（1975）报道，ABA 可以促进番茄红素的产生和酶的活性，促进果实转色。

果实成熟过程中脱落酸增多，吲哚乙酸、赤霉素（GA）、细胞激动素明显降低，如果增加这3种激素的外源用量可抑制乙烯的产生，但是如果乙烯已经产生，那么这3种激素中只有细胞激动素可以起抑制乙烯的作用，这说明细胞激动素与乙烯之间存在特殊的对抗关系。

激素的作用是复杂的，它们的作用除了决定于激素间的平衡外，更重要的是水果对激素的敏感性，使用外源激素时要注意两点：一是激素的浓度、使用时间和处理条件；二是几种激素的配合使用可以产生加强或对抗其中某种激素的作用，产生更加理想的效果。

（三）抑制乙烯生成和作用的措施

为了减缓水果采后的成熟和衰老，一是要尽量控制贮藏环境中有乙烯生成。从前文所提到的乙烯生物合成途径可知，提高 CO_2 的浓度、降低 O_2 的浓度，在不至于造成水果冷害和冻害的前提下，尽量降低贮藏温度，都可以抑制乙烯的生成及抑制乙烯的生理活性。二是机械伤、病害虫侵染都会刺激乙烯产生，因此在水果的采收、分级、包装、运输和销售中都要轻拿轻放，避免损伤。但是，不管如何小心避免损伤和加以控制乙烯的生成，水果采后总会有乙烯释放出来，加之乙烯具有自身催化作用，因此，及时除去贮藏环境中的乙烯是十分必要的。排除乙烯的最简单方法是通风换气，冷藏和通风贮藏库中常用这种方法来排除乙烯，但在气调或限制气调贮藏的环境中，不能随时采取通风的方式，因为，通风将破坏气调环境中的气体成分，而需要在密闭的环境中使用乙烯氧化剂来脱除乙烯。目前生产上常用的乙烯氧化剂是高锰酸钾，将它配制成饱和溶液，吸附在一些多孔载体上，置于气调贮藏库或塑料袋及塑料帐中，乙烯将被吸附氧化。常用的载体有碎砖块、蛭石、氧化铝等。当高锰酸钾失效后会由原来的紫红色变成砖红色时，应及时更换。此外，也可以用溴化物制成乙烯氧化剂。焦炭分子筛对乙烯也有一定的吸附能力，碳分子筛制氮机气调贮藏番茄可以将乙烯控制在 1 μL/L 以下。

第三节　水果的失水与环境湿度

一、失水对水果的影响

新鲜水果的含水量可达 65%～96%，水果采收后因蒸腾作用失水引起组织萎蔫，从而造成一系列变化和不良影响。

（一）失重和失鲜

水果采后在贮藏和运输中会失水萎蔫，含水量不断降低，使产品的重量不断减少，这种失重通常称为"自然损耗"，包括水分和干物质两方面的损失。但主要是失水，它与商业销售直接相关，会造成经济损失。此外，失水还会引起产品失鲜，即质量方面的损失品。一般情况下，易腐水果失水 5%就出现萎蔫和皱缩，通常在温暖、干燥的环境中几小时，大部分水果都会出现萎蔫。有些水果虽然没有达到萎蔫程度，但是失水已影响水果的口感、脆度、颜色和风味。

（二）破坏正常代谢过程

萎蔫会引起水果代谢失调，萎蔫时，水解酶活性提高，水果中的大分子物质加速向小分子转化，呼吸基质的累积会进一步刺激呼吸作用。如苹果贮藏过程变甜，是因为脱水引起淀粉水解为糖的结果。水果严重脱水时，细胞液浓度增高，有些离子如氨和氢离子浓度过高会引起细胞中毒，甚至破坏原生质的胶体结构。有研究指出，组织过度缺水会引起脱落酸含量增加和刺激乙烯合成，加速器官的衰老和脱落。因此，应该注意在水果的采后处理及贮藏、运输过程中尽量控制失水，保持产品品质，延长水果的贮藏寿命。尽管失水会对产品造成损失，但是湿度过大也会促进腐败微生物的生长，有时还会引起水果的开裂。

（三）降低耐贮性和抗病性

失水萎蔫破坏了水果的正常代谢，水解过程加强，细胞膨压下降造成机械结构特性改变，必然影响水果的耐藏性和抗病性。将灰霉菌接种在不同萎蔫程度的葡萄上，其腐烂率差别很明显，组织脱水萎蔫的程度越大，抗病性下降得越快。

二、与失水有关的一些基本概念

众所周知，干洁空气含有 78% N_2、21% O_2、0.03% CO_2、1%的氩和其他少量气体，湿空气是由干洁空气和水蒸气组成的，绝对湿度是水蒸气在空气中所占比例的百分数。如果将水置于密闭的干空气中，水分子就会不断进入气相，直到空气变得饱和为止。空气的饱和水蒸气压受温度和压力的影响，水分的蒸发是一个需要能量的物理过程。

（一）相对湿度

相对湿度（RH）是人们用来表示空气湿度的常用名词术语，它表示空气中的水蒸气压与该温度下饱和水蒸气压的比值，用百分数表示，因此，饱和空气的 RH 就是 100%。水果处于空气中时，空气中的含水量会因产品的失水增加或吸水而减少，进出空气的水分子数相等时，湿度达到平衡，此时的 RH 叫作平衡 RH，纯水的平衡 RH 为 100%。

水果细胞中由于渗透压作用，含水量很高，大部分游离水容易蒸发，小部分结合水不易蒸发，同时果实的水中含有不同溶质，水果的水蒸气压不是 100%。因此，新鲜水果不能使周围的空气变得饱和，大部分水果与环境空气达到平衡的 RH 为 97%。

（二）饱和湿度及饱和差

饱和湿度是空气达到饱和时的含水量，它随温度的升高而增大。饱和差是饱和湿度与绝对湿度的差值，它直接影响水果的蒸腾作用。饱和差越大，空气从产品吸水能力就越强。在生产实践中常以测定 RH 来了解空气的干湿程度，由于 RH 不能单独表明饱和差的大小，还要看温度的高低，所以测定 RH 的同时，还应该测定空气温度，这样才能正确估计出水果在该温度下蒸腾作用的大小。例如，1 m^3 容积的空气中含有 7 g 水蒸气，当温度为 15 ℃时，空气要达到饱和的水蒸气为 13 g，那么该空气在 15 ℃时的 RH 约为 54%（RH＝7÷13×100），如果空气中的含水量不变，而温度由 15 ℃降至 5 ℃，此时空气达到饱和只需要 7 g 水蒸气，空气的 RH 为 100%（RH＝7÷7×100）。

三、影响失水的因素

水果的失水快慢主要受其自身因素和环境因素的影响。

（一）水果的自身因素

1. 表面积比

表面积比是水果器官的表面积与其重量或体积之比。从纯物理角度看，当表面积比值高时，水果蒸发失水较多，叶子的表面积比大，失重要比果实快，而小个的果实、根或块茎要比那些个大的表面积比大，因此失水较快，在贮藏过程中更容易萎蔫。

2. 种类、品种和成熟度

水果水分蒸发主要是通过表皮层上的气孔和皮孔进行的，一般情况下，气孔蒸腾的速度比表皮快得多。不同种类、品种和成熟度的水果的气孔、皮孔和表皮层的结构不同，因此失水快慢不同。许多果实和贮藏器官只有皮孔而无气孔，皮孔是一些老化了的、排列紧凑的木栓化表皮细胞形成的狭长开口，它不会关闭，因此水分蒸发的速度就取决于皮孔的数目、大小和蜡层的性质。在成熟的果实中，皮孔被蜡质和一些其他的物质堵塞，因此水分的蒸发和气体的交换只能通过角质层扩散。例如，梨和金冠苹果容易失水是因为它们的果皮上皮孔数目多。

水果表层蜡的类型也会明显地影响失水，通常蜡的结构比蜡的厚度对防止失水更为重要，那些由复杂的、有重叠片层结构组成的蜡层要比那些厚但是扁平、无结构的蜡层有更好的防水透过的性能，因为水蒸气在那些复杂、重叠的蜡层中要经过比较曲折的路径才能散发到空气中去。

3. 机械伤

水果机械伤会加速产品失水，当产品组织的表面擦伤后，会有较多的气态物质通过伤口，而表皮上机械伤造成的切口破坏了表面的保护层，使皮下组织暴露在空气中，因而更容易失水。虽然在组织生长和发育早期，伤口处可形成木栓化细胞，使伤口愈合，但是产品的这种愈伤能力随植物器官成熟而减小，所以收获和采后操作时要尽量避免损伤。有些成熟的产品也有明显的愈伤能力。表面组织在遭到虫害和病害时也会造成伤口，因而增加水分的损失。

4. 细胞的保水力

细胞中可溶性物质和亲水性胶体的含量与细胞的保水力有关，原生质较多的亲水胶体，可溶性物质含量高，可以使细胞具有较高的渗透压，因而有利于细胞保水，阻止水分向外渗透到细胞壁和细胞间隙。

（二）环境因素

1. 温度

温度可以影响饱和湿度，温度越高空气的饱和湿度越大，当环境中的绝对湿度不变而温度升高时，产品与空气之间的饱和差增加，空气中可以容纳的水蒸气量增加，此时水果和蔬菜的失水也会增加。相反，在绝对湿度不变而温度下降时，饱和差减小，当温度下降到饱和蒸气压等于绝对蒸气压时，就发生结露现象，此时产品上会出现凝结水，即所谓"发汗"。一般水果冷库中，空气湿度已经很高，温度的波动很容易出现结露现象。将水果从冷库中直接拿到温暖的地方时，产品表面很快出现水珠，这是因为外界高温空气接触到水果表面时，温度达露点以下，空气中的水蒸气在水果表面凝结成水滴。当苹果、梨在贮藏运输中大堆散放时，可以观察到在堆表层下约 20 cm 处的产品表面潮湿或有凝结水珠，这是因为散堆过大，不易通风，堆内温度高，湿度大，热气向外扩散时遇到表层温度较低的产品或表层冷空气达到露点所至。一些水果用塑料薄膜封闭贮藏时，帐内因产品释放呼吸热，温度总是比外部高，湿度也大，薄膜正好是冷热的交锋面，或者库内贮藏温度的波动较大，使薄膜内侧挂有凝结的水珠，温差越大"发汗"和结露现象越严重。用自然通风库贮藏水果，当外界气温剧烈变化时，库顶或窖顶上，也往往形成水滴或结霜，水滴落在产品上容易引起腐烂。上述所谓的"发汗"，是由温度的波动引起的，这种产品表面的凝结水益于微生物活动，加速了产品的腐烂。因此，产品出库时最好逐步升温，堆放水果时，要加强通风排湿，减少内外温差，避免"发汗现象"。温度除了影响饱和差外，还影响水分蒸发的速度，温度高时水分子运动得快，失水也快。

2. 风速的影响

失水与风速有关，空气流动会改变空气的绝对湿度，在温度不变的情况下，使饱和差加大，促进蒸腾作用。空气在产品表面上流动，可将产品的热量带走，但同时也会增加产品的失水，因为在产品的周围总有一层空气，它的含水量与产品本身的含水量几乎达到平衡，空气流动时会将这一层湿空气带走，空气的流速越大，这一层空气的厚度就减少得越多，这样就增加了产品附近和空气中的水蒸气压差，因此增加失水。风在水果的表面流动得越快，产品失水就越多，在贮藏过程中限制产品周围的空气流动，就可以减少产品失水。

3. 空气湿度的影响

任何含水的物质，比如水果和蔬菜，处于空气中时，空气中的含水量就会因产品失水增加或因产品吸水而减少，直到达到平衡为止。水果的细胞中，由于渗透压作用，含水量很高，大部分为游离水，小部分为结合水，结合水因结合得比较牢固和稳定，不易失去。植物组织中的水都含有不同的溶质，这就降低了它的水蒸气压，当新鲜的水果和蔬菜放到一个环境中时，周围的空气不会变得完全饱和，因为它们中有溶质和结合水存在，大部分的新鲜产品与周围环境达到平衡时的 RH 为 97% 左右。如果空气中的湿度高,与产品中的含水量达到平衡,那么产品就不会失水。如果空气干燥,湿度较低,水果和蔬菜就容易失水。

四、水果采后防止失水的措施

(一)包装、打蜡或涂膜

想要通过改变水果组织结构来控制失水的可能性不大,但在产品的周围放置一些物理障碍可以减少空气直接接触它们的表面,从而减少失水。我们可以使用的、最简单的方法是用塑料薄膜或其他防水材料将产品罩起来,也可将产品装在袋子、箱子或纸盒中。不仅密封单果包装可以限制产品周围的空气流动,甚至将产品装在网眼袋中也有减少失水的效果,因为袋中的产品挤得较紧。包装防止失水的程度与包装材料对水蒸气的透性有关,聚乙烯薄膜是较好的防水材料,它们的透水速度比纸或纤维板要低,防止水果失水效果最好;纸袋或纤维板包装的防止失水效果次之,但比无包装散堆的产品失水要少。但是我们必须注意的是包装在限制产品周围空气流动的同时也降低了产品的冷却速度。此外,包装材料的吸水能力也不可忽视,包装材料和产品之间也存在着水蒸气压差,所以由产品散发出来的水分首先被包装材料吸收。有研究表明,一个重为 4 kg 的干燥木箱在 0 ℃可吸水 500 g,因此在使用前应该先放在高湿的环境中平衡,这种做法在商业上常常不能实现,可以用复合蜡或松香防止包装吸水,虽然造价较高,但在商业上有实用价值。另外我们还可以在产品表面打蜡或涂料,然后再加上适当的包装,防止产品失水。

(二)增加空气湿度

减少水果失水的另一个有效方法是增加空气的 RH,这样就能减少产品和空气间的水蒸气压差,使空气达到饱和时需要从产品中夺取的水分减少。然而高湿又对霉菌生长有利,造成产品腐烂,采后配合使用杀菌剂可克服这一矛盾。增加空气湿度的方法比较简单,可以用自动加湿器向库内喷雾或喷蒸气,也可以在地面洒水或在库内挂湿草帘;增加湿度的另一个方法是提高蒸发器冷凝管的温度,并且迅速将产品冷却到贮藏温度,将蒸发器温度维持在低于贮藏温度 2~3 ℃的范围内,将库内的 RH 保持在 95% 左右,产品失水就可以避免。

(三)适当通风

不管是机械冷库还是自然通风库中,足够的通风量是必须的,它可以将库内的热负荷带走和防止库内温度不均，但是要尽量减低风速，0.3~3 m/s 的风速对产品水分蒸发的影响不大。

（四）使用夹层冷库

夹层冷库的库体由两层墙壁组成，中间有冷空气循环，外层墙既隔热又防潮，内层墙不隔热，将蒸发器放置在两层墙之间，通过传导作用与库内进行热交换。由于蒸发器不在库内，不会夺取产品中的水分而结霜，库内的湿度很高，可防止产品失水。

（五）使用微风库

微风库内的冷风是经过库顶上的多孔送入库内或使冷空气先经过加湿再送到库中，可以有效地防止失水。

控制产品失水的速度首先要设法降低产品周围空气的持水能力，通过降低温度和提高湿度可以降低产品和空气之间的水蒸气压差。其次可以在产品的外面加一些防止失水的屏障。

第四节　水果贮藏中发生的生理失调

水果采后生理失调也可称为采后生理病害，它与组织的崩溃和损伤有关，不是由病原菌（致病微生物）和机械伤造成组织损伤引起的，而是由于环境条件不适，如温度、气体成分不适或生长发育期间营养不良等造成的，生理失调是水果对逆境产生的一种反应。

一、低温伤害及其发生机制和症状

（一）冷害

冷害是指由水果组织冰点以上的不适低温造成的伤害，在温度低于12.5 ℃、但高于 0 ℃的温度下会发生生理失调。易受冷害的大部分是热带的水果，例如鳄梨、香蕉、桃、柑橘类、杧果、甜瓜、番木瓜、菠萝，以及某些种类的苹果和梨等。在低于冷害临界温度时，组织不能进行正常的代谢活动，抵抗能力降低，产生多种生理生化失调，最终导致各种各样冷害症状出现，如产品表面出现凹陷、水浸斑；种子或组织褐变、内部组织崩溃；果实着色不均匀或不能正常成熟；产生异味或腐烂等。

除了干燥的种子以外，冷敏植物或其部分器官在生长发育的各个阶段都可能发生冷害，而且各个阶段所受的冷害有累积作用，即生长发育过程中、贮藏及采后流通环节中受到的冷害损伤会累积表现出来。

我国销售的水果约有 1/3 是冷敏的，而低温贮藏又是保持大部分园艺产品质量的最有效的方法，通过控制温度可以降低许多代谢过程的速度，如呼吸强度、乙烯释放率等，从而减少产品的品质下降和腐败。可是冷敏作物低温贮藏不当时，不仅冷藏的优越性不能充分体现，产品还会迅速败坏，缩短贮藏寿命，而更加需要注意的是，大部分冷害症状在低温环境或冷库内不会立即表现出来，而是在产品被运输到温暖的地方或销售市场时才显现出来。因此，冷害所引起的损失往往比我们所预料的更加严重。此外，有些批发市场和大冷库经常将多种水果混装在一起，容易使冷敏产品产生冷害，而冷害导致产品营养物质的外渗，加剧了病原微生物侵染，引起产品腐烂，造成严重的采后损失。

1. 影响水果冷敏性的因素

冷害的发生及其严重程度取决于水果的冷敏性、低温的程度和在冷害温度下的持续时间，冷敏性或冷害的临界温度常因水果种类、品种和成熟度的不同而异。热带、亚热带起源的水果冷敏性高，一般都比较容易遭受冷害。绿色的杧果、香蕉等的贮藏适温为 10~12 ℃。还有一些起源于温带的水果，有的苹果品种更适宜在 1~5 ℃下贮藏。此外，水果品种间也存在着冷敏性的差异，品种间的冷敏性差异还与栽培地区气候条件有关，温暖地区栽培的产品比冷凉地区栽培的产品对冷更敏感，夏季生长的比秋季生长的冷敏性要高。另外，水果的成熟度也影响冷敏性，提高产品的成熟度可以降低其冷敏性。低温的程度和持续时间与冷害之间也有密切关系。

研究发现，作物冷敏感性差异与其脂肪酸的不饱和程度有关，脂肪酸的不饱和程度越高，对低温的忍耐性就越强，脂肪酸的不饱和程度越低，对冷越敏感。例如，植物油的未饱和程度高，常温下呈液态，动物油饱和脂肪酸高，常温下呈固态，当然也有例外，但是一般来说对冷不敏感的作物，脂肪酸的不饱和程度较高。

2. 冷害的发生机制

冷害温度首先影响细胞膜，细胞膜主要是由蛋白质和脂肪构成的，脂肪正常状态下呈液态，受冷害后，变成固态，使细胞膜发生相变。这种低温下细胞膜由液相变为液晶相的反应称作冷害的第一反应。膜发生相变以后，随着产品在冷害温度下时间的延长，有一系列的变化发生，如脂质凝固黏度增大，原生质流动减缓或停止。膜的相变引起膜吸附酶活化能增加，加重代谢中的能负荷，造成细胞的能量短缺。与此同时，与膜结合在一起的酶活性的改变会引起细胞新陈代谢失调、有毒物质积累，使细胞中毒。酶的作用及酶合成的动力受温度的影响，而各种酶的活性都有自己最适温度，因此，在一定的温度下，有些酶被活化了，有的酶却无变化。例如，在冷害温度下，柠檬果皮中还原酶的活性要低于那些在非冷害温度下的，Murata et al.（1966）发现受冷害的香蕉果皮比未受冷害的含有较多的酪氨酸和多巴（dopa）（一种褐变反应的基质），他们还发现在成熟的各个阶段，受冷害果实中的过氧化氢酶的活性增强。冷害发生时，组织变软可能是果胶酯酶活性增加的结果，它导致了不溶性果胶的分解。膜的相变还使得膜的透性增加，导致了溶质渗漏及离子平衡的破坏，引起代谢失调。Plank et al.（1938）的试验都证明，在受冷害的产品中，乙醛和乙醇的含量随冷害的发展而增加。有研究表明，矿物质的累积，也会影响酶的活性，Mattoo et al.（1969）发现，受冷害的组织中有较高的矿物质（Ca^{2+}，K^{2+}，Na^{2+}）含量，K^{2+}和Ca^{2+}可激发转化酶的活性，抑制淀粉酶的活性，但是Mg^{2+}和Na^{2+}对这些酶的活性却无显著作用；他们发现在低温下贮藏的杧果，细胞的渗透性受到损害，组织变软，使得细胞内的矿质如Ca^{2+}、K^{2+}和Na^{2+}的浓度不平衡，影响某些酶的活性，导致新陈代谢失调。钾和其他阳离子是一些互不相关的酶促反应所需要的，受冷害的组织里，矿物质累积的关键作用很可能是它们对某些酶蛋白有特殊效应。总之，膜的相变使正常的代谢受阻，刺激乙烯合成和呼吸强度增高，如果组织短暂受冷后升温，可以恢复正常代谢而不造成损伤，如果受冷的时间很长，组织崩溃、细胞解体，就会导致冷害症状出现。

3. 冷害的症状

冷害的具体表现症状常随水果种类而异，表1-3概括了一些产品的冷害症状及它们的最低安全温度。冷害最普通的症状是表皮凹陷，它是因表皮下层细胞的塌陷引起的，凹陷处常常变色，大量失水，从而加重凹陷程度，在冷害的发展过程中，凹陷斑点会连接成大块洼坑。果肉组织的褐变也是一种常见的冷害症状，褐变多呈棕色、褐色或黑色的斑块或条纹，可发生在外部或内部组织中，褐变常发生在输导组织周围，其原因可能是因为冷害发生后从维管束中释放出来的多酚物质与多酚氧化酶反应的结果。有些褐变在低温下就表现出来，有些褐变则需在升温后才表现。组织内部的褐变有的在切开时立即可见，有的则需要在空气中暴露后才明显褐变。未成熟的果实采后受到冷害将不能正常成熟、着色不均匀，不能达到食用标准。例如，柑橘褪绿减慢，杧果不能转黄等。此外，经常能观察到的另一种冷害症状是有些果实上出现的水浸状斑点；产品迅速腐烂也是冷害发生后的一个明显症状，其实腐烂并不是冷害的直接结果，但是冷害削弱了组织的抗病能力，导致细胞崩溃，为微生物的入侵提供了方便条件。

表 1-3　果实的冷害症状

产品	最低安全贮藏温度（℃）	冷害症状
鳄梨	5~12	凹陷斑，果肉和维管束变黑
桃	0	果肉褐变，木质化
香蕉	12	果皮上出现黑色条纹
柠檬	10	外中果皮出现凹陷斑，外果皮出现赤斑
杧果	5~12	果皮无光泽，出现褐变斑点
甜瓜	7~10	凹陷斑，表皮腐烂
番木瓜	7	凹陷斑，水浸状斑点
菠萝	6~10	果肉变褐或变黑

在冷害研究中观察到下列现象，即 0 ℃下产品迅速受伤，但在稍高的温度下，如 2~4 ℃下，冷害的症状会出现得更早一些。例如，葡萄柚在 0 ℃或 10 ℃下贮藏 4~6 周后极少出现冷害，而中间温度则经常导致严重冷害出现。但是在 10 ℃，特别是 0 ℃下贮藏之后移到室温下，葡萄柚会发生严重的凹陷斑纹。广东甜橙在 1~3 ℃或常温（15 ℃）下贮藏 4~5 个月出现的冷害褐斑要比贮藏在 4~6 ℃或 7~9 ℃下的要少。我们可以将这种现象称为"中温"反应，由于冷害的发生包括两个过程，一个是伤害的诱导，一个是症状的表现。0 ℃"低"温可以迅速诱导生理上的伤害，但其理化变化的表现则因在低温下反应缓慢而推迟。相反，在"中"温下虽然对生理伤害的诱导要慢一些，但是理化变化却因为温度较高而加速了，所以冷害症状的表现反而提早出现。但是中间温度下出现较严重的冷害症状，只局限于一定的时间，长期贮藏后，冷害的程度还是与贮藏温度呈负相关的，不要误认为较低的温度可以减轻冷害，其实只要将受了冷害的产品转到常温中，都会迅速表现出冷害症状和腐烂。

4. 冷害的影响

冷害引起代谢产物的渗漏，氨基酸、糖和无机盐等从细胞中流失出来，细胞结构的破坏，给致病微生物，特别是给真菌的生长提供了良好的条件。因此在冷敏水果采收、运输、销售和贮藏过程中，冷害造成的腐烂是一种潜在的危机，热带亚热带水果在不良低温下贮藏后，常见腐烂率增高，尤其是升温以后腐烂更加迅速。冷害的另一个影响是会引起风味失调或产生异味。

上述的各种复杂的冷害症状表明，冷害的发展过程中有若干个因素在起作用，因此在同样的低温条件下，生长在不同地区的水果会有不同的表现，甚至同种水果的不同品种的反应也完全不相同。

5. 防止和减轻冷害的措施

(1) 适温下贮藏

各种水果都有不同的临界贮藏温度，低于临界温度，就会有冷害症状出现，如果温度刚刚低于这个临界温度，那么冷害症状出现所需的时间相对要长一些。因此，防止冷害的最好方法是掌握水果的冷害临界温度，不要将水果置于临界温度以下的环境中。

(2) 温度调节和温度锻炼

将水果放在略高于冷害临界温度的环境中一段时间，可以增加水果的抗冷性，但是也有研究表明，有些水果在临界温度以下经过短时间的锻炼，然后置于较高的贮藏温度中，可以防止或减轻冷害。这种短期低温能够有效地防止菠萝黑心病、桃毛茸和李子果肉的褐变。

(3) 间歇升温

采后改善冷对冷敏水果影响的另一种方法是用一次或多次短期升温处理来中断其冷害，有许多报道说苹果、柑橘、黄瓜、桃、油桃、李、贮藏中用中间升温的方法可延长贮藏寿命和增加对冷害的抗性。如英国将苹果在 0 ℃ 贮藏 51 d 后，在 18.5 ℃ 下放置 5 d，再转入 0 ℃ 下继续贮藏 30~50 d，其冷害远远低于一直在 0 ℃ 下贮藏的果实。尽管间歇升温能够起到减轻冷害的作用，但其作用机制还不清楚，Lyons（1973）研究认为，升温期间可以使组织代谢掉冷害中累积的有害物质或者使组织恢复冷害中被消耗的物质。Moline（1976）、Niki（1979）证明冷害损坏的植物细胞中细胞器超微结构在升温时可以恢复。

(4) 变温处理

鸭梨贮藏早期发生的黑心病是由于采后突然将温度降到 0 ℃ 引起的低温生理伤害，若将入贮温度提高到 10 ℃，然后采取缓慢降温的方式，在 30~40 d 内，将贮藏温度降至 0 ℃，可以减少鸭梨黑心病的发生。

Fidler et al.（1969）采用变温处理，将南非核果由水路运往欧洲，在开始的 4~5 d 采用 -0.5 ℃，然后将温度提高到 7.7 ℃，到达终点时，果实不发生内部褐变和不能成熟。采用每次降低 2.7 ℃ 的方法，可以把香蕉的冷害（凹陷斑纹）从 90.6% 下降到 8.9%，把油梨的冷害从 30.0% 下降到 1.7%。这种贮前逐步降温效应与果实的代谢类型有关，只有高峰型的果实才有反应，非高峰型的果实，如柠檬和葡萄柚逐步降温对减轻冷害无效。

(5) 调节贮藏环境的气体成分

气调是否有减轻冷害的效果还没有一致的结论，据报道说，气体组成的变化能够改变某些产品对冷害温度的反应，气调贮藏有利于减轻鳄梨、葡萄柚、秋葵、番木瓜、桃、油桃、菠萝等的冷害，如鳄梨在 2% O_2 和 10% CO_2 和 4.4 ℃下贮藏可以减轻其冷害；Marsh 葡萄柚在贮藏以前用高 CO_2 处理可以明显地减少果皮上冷害引起的凹陷斑。气调贮藏对减轻冷害的作用是不稳定的，而气调贮藏减轻冷害症状依赖于水果种类、O_2、CO_2 浓度，甚至与处理时期、处理的持续时间及贮藏温度的影响也有关系。在有些果实中，气调对冷害的作用似乎还与产品的成熟度有关。

（6）湿度的调节

接近 100% 的 RH 可以减轻冷害症状，RH 过低却会加重冷害症状。Wardlaw（1961）报道，大密哈香蕉在 10 ℃下短时间内就会发生冷害，而用塑料袋包装的却没有冷害发生，一方面是袋内的温度较高（11.6 ℃），另一方面可能是袋内湿度较高的缘故。实际上高湿并不能减轻低温对细胞的伤，高湿并不是使冷害减轻的直接原因，只是环境的高湿度降低了产品的蒸腾作用，同样，涂了蜡的葡萄柚凹陷斑之所以降低也是因为抑制了水分的蒸发。

（7）化学处理

有一些化学物质可以通过降低水分的损失、修饰细胞膜脂类的化学组成和增加抗氧物的活性来增加水果对冷害的忍受力，有效地减轻冷害。贮藏前氯化钙处理可以减少鳄梨维管束发黑及减少苹果和梨因低温造成的内部降解，也可减轻冷害，但不影响成熟。贮藏前应用二甲基聚硅氧烷、红花油和矿物油处理可以减轻贮于 9 ℃下香蕉的失水和防止其表皮变黑。贮前用植物油涂布也可减轻葡萄柚在 3 ℃下的冷害症状。一些杀菌剂如噻苯唑、苯若明、抑迈唑可以减少柑橘果实腐烂及对冷害的敏感性。

（8）激素控制

生长调节剂会影响各种各样的生理和生化过程，而一些生长调节剂的含量和平衡还会影响水果组织对冷害的抗性。用 ABA 进行预处理可以减轻葡萄柚、南瓜的冷害，ABA 减轻冷害的机制可能是由于它们具有抗蒸腾剂的活性及对细胞膜降解的抑制作用，ABA 还可以通过稳定微系统，抑制细胞质渗透性的增加及阻止还原型谷胱甘肽的丧失，使水果不受冷害。将 Honey Dew 甜瓜在 20 ℃和含有 1 000 mmol/L 乙烯的环境中放置 24 h，可以减轻其随后在 25 ℃下贮藏期间的冷害。苹果在采后冷藏之前，用外源多胺处理可增加内源多胺含量及减少冷害。据推测，多胺可与细胞膜的阳离子化合物相互作用，稳定双层脂类的表面，此外，多胺还可以作为自由基清除剂，保护细胞膜不受过氧化。

（二）冻害

一般情况下，凡是贮藏温度在 0 ℃附近的水果容易发生冻害，如梨和苹果等，水果长时间处于其冰点以下的温度，会发生冻害。轻微的冻伤，不至于影响产品品质，但是严重的冻害不仅使产品完全失去食用价值，而且会造成严重的腐烂。

1. 水果的冰点及结冰

水果的含水量很高（大部分为 90%～95%），细胞的冰点只稍低于 0 ℃，一般在 -1.5～-0.7 ℃范围内，如果贮藏或运输环境的温度长时间低于细胞冰点，水果组织的游离水就会结冰。冰点的高低随水果种类、细胞内可溶性物质含量及环境温度的差别而异。活组织与死组织的冰点也不同，活组织的冰点要低一些，因为活组织结冰时，细胞间隙冰晶要靠细胞内向外渗透的水分来扩大，由于原生质在低温下收缩，阻碍了水分的通过，所以结冰比较慢且冰点低。另外，活组织的呼吸会放出一部分热，这也是使冰点下降的一个原因。而死组织中的原生质已经变性，水分可以自由通过，冻结只是一个物理过程。

水果放置在低于其冰点的环境中时，组织的温度直线下降，达到一个最低点此时的温度，此时温度虽然已达冰点以下，但组织内并不结冰。物理学上称这种现象为"过度冷却"，此时的温度为"过冷点"。然后，组织的温度骤然回升，达到一定温度后，组织开始结冰。此时的温度就是组织的冰点温度。这是因为任何液体冻结时，都要先释放潜热（融解热），才能由液相变为固相。这种潜热使得温度回升，直到形成冰晶为止。组织的过冷却程度与环境温度有关，环境温度越低，过冷却点也越低。过冷的材料如果保持宁静不动，可在一段时间内不结冰，产品也不至于受害。如果时间延长或环境温度降低，特别是受到震动，因为冰核的形成产品就会很快结冰。

2. 冻害的机制

水果结冰首先是细胞间隙中的水蒸气和水生成冰晶，少量的水分子按一定的排列方式形成细小的晶核，然后以它为核心，其余的水分子逐渐结合上去，冰晶的不断长大，由于固相冰的水蒸气压低促进了细胞内水蒸气向外扩散。冰晶在细胞间隙内长大的过程，也就是细胞脱水的过程，严重脱水会造成细胞质壁分离。冻害的发生需要一定的时间，如果受冻的时间很短，细胞膜尚未受到损伤，细胞间结冰危害不大。通过缓慢升温解冻后，细胞间隙的水还可以回到细胞中去。但是，如果细胞间冻结造成的细胞脱水已经使膜受到了损伤，即使水果外表不立刻出现冻害症状，但产品很快就会败坏。上面已经提到冻结过程伴随着细胞的脱水过程，脱水必将引起细胞内氢离子、矿质离子的浓度增大，对原生质发生伤害，脱水本身对原生质也有直接影响，它们最终都会导致原生质的不可逆变性，细胞间隙的冰晶也会对细胞产生一定的压力，使细胞壁受伤、破裂，最终导致细胞的死亡。

3. 防止冻害及缓冻方法

首先要掌握水果的最适贮藏温度，将产品放在适温下贮藏，严格控制环境温度，避免水果长时间处于冰点以下的温度中。冷库中靠近蒸发器一端温度较低，在产品上要稍加覆盖，防止产品受冻。用通风贮藏库贮藏产品时，要注意外界气温过低时的保温防寒，通风换气的次数要相对减少，应该在中午气温较高时进行通风换气。最好用机保温车或冰保温车进行长途运输，将产品控制在适当的温度中，若使用无冷源车辆运输时，途经南方炎热地区时要加冰降温，而途经北方寒冷地区时要注意加强覆盖保温措施。一旦管理不慎，产品发生了轻微冻害时，最好不要移动产品，以免损伤细胞，应就地缓慢升温，使细胞间隙中的冰晶融化成水，回到细胞内去。

二、其他的生理失调

（一）落叶果树果实上常见的生理失调

此类生理失调主要发生在落叶果树的果实上，如苹果、梨、核果和柑橘果实。大部分的生理病害只影响局部组织，例如只影响果皮而不影响皮下果肉，或只影响果肉中的一定区域（如果心）。

对于许多生理失调的起因尚不清楚，对导致生理病害症状出现的代谢过程还不了解。大部分的生理失调现象都是在实际工作中发现的，例如果实贮藏在低温下时，会出现各种各样的褐变，由于当时无法将它们进行分类，因此就根据它们的症状起了一些描述性的名称，至今还在使用。苹果的生理病害见表1-4。其实苹果的生理病害并不比其他的水果多，只不过有关苹果的研究更多一些，随着研究工作的深入开展，在其他的产品上也会发现更多的生理病害见表1-5。已有的研究结果表明，生理失调的发生与否与许多因素有关，例如，水果的采收成熟度、栽培措施、生长季节的气候条件、果实的大小及采收条件和过程等。因此，对敏感性高的果实，不宜作长期贮藏，以便减少生理病害。

表1-4　苹果的一些生理病害

病害名称	症状
果皮褐烫（虎皮病）	表皮稍凹陷褪色，严重时可扩展到整个果面
日灼病	发生在生长期间被太阳灼伤的部位，病部呈褐色，严重时呈黑色
衰老崩溃	在过熟或贮藏过长的果实中发生果肉呈褐色粉质状

续表

病害名称	症状
低温伤害	皮层褐变
红玉斑点病	以皮孔为中心的表皮斑点在贮藏温度较高时发生
苦痘病 （软或深褐烫）	表皮上的软凹陷病斑，呈褐色至黑色，有明显的区域性，病斑稍向果肉延伸
衰老褐斑	贮藏过长的果实外表皮上的灰色斑点
褐果心（果心发红）	果心处褐变
水心病（蜜病）	果肉出现半透明区域，在贮藏过程中变为褐色
褐心病	果肉中有明显的褐色区域，可发展为空洞

表 1-5　其他果实的一些生理病害

产品	生理病害	症状
梨	果心崩溃	贮藏过期的果实果心变褐，变软
	颈腐病，维管束腐烂	连接果柄与果心的维管束颜色由褐变黑
	果皮褐斑	果皮上的灰色斑，转为黑色，贮藏早期发生
	贮藏斑	贮藏期过长果实上的褐色斑
	褐心病	果肉中有明显的褐色区域，可发展为空洞
葡萄	贮藏褐斑	白葡萄果皮上出现
柑橘	贮藏褐斑	果皮上褐色凹陷状斑
桃	毛绒病（Woolliness）	赤褐色，果肉干枯
李子	冷藏伤害	果皮和果肉出现褐色凝胶

现已研究出用调节温度的方法可以将上述生理病害减小到最低程度，在苹果贮藏的第一个月，使温度从 3 ℃缓慢地降到 0 ℃，能够有效地减少苹果的低温伤害和软褐变。在贮藏中期，将温度升到 20 ℃，然后再回到低温，可以减少苹果和核果的低温伤害。但这种间歇升温的方法在商业上不实用，因为升温会增高呼吸强度，会缩短同库房中那些对低温不敏感果实的贮藏寿命。

用气调方法可以防止苹果褐心病。总之，防止生理病害的根本办法是首先了解导致病害发生的代谢过程，然后设法防止该代谢过程的发生。用化学控制、物理处理、合理栽培及培育抗病害品种，都能减少贮藏中发生的生理病害。

低温贮藏对水果和蔬菜是有益的，因为低温可以降低呼吸和代谢的速度，但是低温并不能将新陈代谢的各个方面都抑制到同样的程度。有些反应对低温敏感，在某一临界温度下反应会完全停止，几种这样受冷后不稳定的酶系统已经从植物组织中分离出来了。降温并不能将其他系统的活性降低到像对呼吸一样的程度。

（二）逆境气体伤害

气体伤害主要是指气调或限制气调贮藏过程中，由于气体调节和控制不当，造成 O_2 过低或 CO_2 浓度太高，导致水果发生的低氧和高 CO_2 伤害。此外，贮藏环境中的乙烯及其他挥发性物质的累积，或冷库中制冷剂泄漏也都可能造成水果生理伤害。水果组织内的各种气体是否会达到有害水平，取决于组织的气体交换速度。气体在细胞间隙内沿着各部位不同分压形成的气体浓度梯度，从高分压向低分压扩散。扩散速度受细胞间隙大小及其占组织体积的比例、扩散距离（产品大小、厚薄）、产品表面结构和通透性、产品的呼吸代谢的性质和速度以及环境温度等因素的影响。

1. 低氧伤害

低氧伤害的主要症状是水果表皮组织局部塌陷、褐变、软化，不能正常成熟，产生酒精味和异味。水果周围 1%～3% 的 O_2 浓度一般是安全浓度，但产品种类或贮藏温度不同时，O_2 的临界浓度可能不同。据研究，当水果周围的 O_2 浓度为 1%～3% 时，细胞中溶解的 O_2 浓度可达到 5×10^{-6} mol/L 时，细胞色素 C 能够得到它所能利用的大部分 O_2，可维持正常的呼吸。苹果低氧的外部伤害为果皮上呈现界线明显的褐色斑，由小条状向整个果面发展，褐色的深度取决于苹果的底色。低氧的内部伤害是褐色软木斑和形成空洞，有内部损伤的地方有时与外部伤害相邻，有内部损伤的地方常常发生腐烂，但总是保持一定的轮廓。此外低氧症状还包括酒精损伤，果皮有时形成白色或紫色斑块。亚洲梨在 0 ℃和 1% O_2 下 4 个月，表皮会出现青铜色凹陷，鸭梨或茨梨在 0 ℃和 1% O_2 下 2 个月或 2% O_2 下 4 个月可引起果肉褐变。

2. 高二氧化碳伤害

CO_2 伤害的症状与低 O_2 伤害相似，主要表现为水果表面或内部组织或两者都发生褐变，出现褐斑、凹陷或组织脱水萎蔫甚至形成空腔。伤害机制主要是抑制了线粒体和琥珀酸脱氢酶的活性，对末端氧化酶和氧化磷酸化作用也有抑制作用。

高浓度 CO_2 可以引起果实组织的多种褐变，如苹果果心发红，苹果和梨的褐心，鸭梨对 CO_2 非常敏感，贮藏过程中 CO_2 超过 1% 时，会增加果实的黑心病发生率。高 CO_2 对香蕉有毒害作用，其毒害程度与香蕉的成熟度、处理时间的长短和贮藏温度有关，早采收的香蕉，饱满度低，在高温下长期贮藏，果实容易遭受高 CO_2 伤害，如果在低温下贮藏，即使 CO_2 浓度不高（5%~10%），香蕉也会受 CO_2 的伤害。柑橘类果实对 CO_2 也非常敏感，蕉柑和甜橙在通风不良的贮藏场所贮藏一段时间以后，不论贮温的高低都会出现 CO_2 伤害，有试验表明，蕉柑在 7~9 ℃（非冷害温度）和 3%~6% 的 CO_2 下 45 d，就会出现水肿。在高 CO_2（15%或更高）下，草莓、香蕉、橙、苹果和其他果品都会产生异味。

（三）其他生理伤害及其症状

水果采后经常出现不同程度的褐变，这种现象主要是由于产品缺乏某些矿物质引起的，许多研究表明，作物生长期间或采收以后施用一些特殊无机盐可以防止或减轻褐变，但是无机盐类防止失调的机理目前还不很清楚。水果在生长发育过程中所吸收的无机盐必须保持平衡状态，缺乏任何一种必要的矿物质都会导致整个机体或局部组织不能正常发展，从而产生失调。

1. 缺钙失调

钙比其他的无机盐与失调的关系更为密切，钙防止失调的作用可能是生理上的，钙可以抑制水果的呼吸作用和其他代谢过程。钙与细胞中胶层中的果胶物质结合在一起，形成果胶酸钙，与细胞膜有关，加钙是通过加强细胞的结构来防止失调的。番茄施加钙盐能防止果顶腐烂，苹果施加钙盐也能在一定程度上防止苦痘病的发生（表1-6）。

表1-6　水果缺钙引发的病害

水果种类	病害名称
苹果	苦痘病
鳄梨	果顶斑点
杧果	软尖病
草莓	叶灼伤
樱桃	裂果
西瓜	蒂腐病

2. 缺硼失调

苹果中缺硼会引起果实内部木栓化，其特征是果肉凹陷，与苦痘病不易区别。但是内部木栓化可以用喷硼来防治，而苦痘病则不行，此外，内部木栓病只在采前发现，苦痘病则在采后发生。

3. 缺钾失调

钾含量的高低与水果异常代谢有关。钾含量高时，苹果的苦痘病发生率高，钾含量低可抑制番茄红素的生物合成，从而延迟番茄的成熟。

其他的矿物质也可能在其他的病害发生中起作用，例如，给苹果注射铜、铁和钴，会引起类似于低温伤害和果皮褐烫病症状，因为这些元素，特别是铜对酶系统有催化作用，故能导致酶促褐变。

第二章 水果贮运保鲜技术

第一节 北方特色水果贮运保鲜技术

一、王林苹果的贮藏保鲜技术

在日本，王林苹果名字的含义为苹果之王，又称"有格调品格的苹果""优秀的苹果"，其经常出现在高端水果店，一度是高端礼品水果市场的"头牌"。它是日本福岛县用金冠苹果与印度青苹果选育而成，1978年引进我国，在胶东半岛和京郊地区广泛种植。王林苹果周身布满雀斑一样的小点点，所以它又有一个可爱的名字——"雀斑美人"，这些雀斑实际上是微小换气孔，透过一个个小孔进行呼吸作用，更利于果实糖分积累。

王林苹果果皮较薄，光滑亮泽，淡黄中透着一抹暗绿，肉质细脆多汁，放置几天后，口感又会变得粉糯一些，正是"脆嚼面抿总相宜"。此外，它还拥有独特高雅的兰花香气，清新馥郁，咬下去以后，迷人的果香弥漫舌尖，还有微酸的气泡，丰富的香气和酸甜交织的清新口感让王林苹果俘获了一众忠实的拥趸者。

（一）贮藏特性及品种

1. 品种

王林苹果源自日本福岛县，由金冠与印度青杂交选育而成，1952年命名，于1978年引入我国。供应季节为10月中下旬至翌年3月。

2. 贮藏特性

王林苹果贮藏以$-1\sim0$ ℃为宜，空气相对湿度（RH）为90%~95%。苹果采收后，应尽快冷却到0 ℃左右，在采收后2 d内入库，入库后5 d内冷却到$-1\sim0$ ℃。由于乙烯会加速王林苹果的后熟衰变，贮藏保鲜时应注意，采用低温贮藏时要尽量保持贮果环境中空气的新鲜，避免通风不良以及乙烯的不利影响。针对王林苹果以上的特性并结合优鲜工程系统，对王林苹果的贮藏保鲜必须从多方面入手，进行综合系统保鲜。

（二）采收及采后商品化处理

1. 采收成熟度及采收方法

苹果属于呼吸跃变型果实，采收期对苹果果实的贮藏品质与贮藏时间影响很大，必须适时采收。采收期可根据果实生长天数来确定，王林苹果一般在盛花期后 140 d 左右采收。为了保证果实品质，提高贮藏质量，苹果应分批采摘。最好选择晴天采摘，具体采摘时间为晨露干后的 9：00 以前或 16：00 以后。采摘时要防止机械损伤，轻拿轻放，勿使果梗脱落或折断。提倡采用采果袋，采果梯、盛果箱（筐）等采收工具，采果前必须剪短指甲，穿软底鞋。操作时，用手托住果实，食指顶住果柄末端轻轻上翘，果柄便与果台分离，切忌硬拉硬拽；应本着轻摘、轻放、轻装、轻卸的原则。采摘顺序是先采树冠外围和下部，后采内膛与上部。

2. 采后商品化处理

王林苹果的采收期一般在 10 月，这个时期的气温和果温都比较高，预冷处理是提高苹果贮藏效果的重要措施。国外果品冷库一般都配有专用的预冷间。我国一般是将分级包装好的苹果放入冷藏间；采用强制通风冷却，迅速将果温降至接近贮藏温度后再堆码存放。

苹果采收后应对果面上影响果实外观品质的尘土、残留农药、病虫污垢等清洗并杀菌消毒。常用的清洗剂主要有稀盐酸、高锰酸钾、氯化钠、硼酸等的水溶液，常用的杀菌消毒剂有涕比灵、硫菌灵、多菌灵等。使用这些清洁剂和消毒剂必须遵循国家有关食品卫生标准，以防损害人体健康，污染环境。

为了增加果实的光泽、减少果面水分损失，防止病菌入侵，可给果实表皮涂蜡。果实用蜡的成分主要是天然或合成的树脂。涂蜡的方法有手工涂蜡和机械涂蜡两种。涂蜡要求厚薄适宜，均匀一致。

果实在包装前要根据国家规定的销售标准或市场要求进行挑选和分级，有利于销售中以质论价。果实的分级以果实品质和大小两项指标为主要依据，通常在品质分级的基础上，再按果实大小进行分级。品质分级的依据主要是果面着色程度，果面洁净度、果实形状、可溶性固形物含量、成熟度等。果实大小多根据市场而定。分级的方法有手工分级和机械分级两种。果树发达地区已实现了果实分级的自动化。

包装可减轻果实损伤、方便搬运、码放。包装物要牢固美观。目前使用的包装材料主要是纸箱等。一般外销苹果的装箱结构为：箱底、箱顶级格套层间垫板。每层格套的孔内放置一个套有网袋的果实，果实要大小均匀、数量一致。包装箱要封盖、贴严。箱体上要注明品名、数量、产量、重量、包装人及发货人名称地址等。用于加工果汁、果酒、罐头、果酱、果醋的苹果，采后过程应按工厂方要求进行。

（三）王林苹果的贮藏

沟藏：是北方苹果产区的贮藏方式之一，因其条件所限，适于贮藏耐贮的晚熟品种，贮期可达 5 个月左右，损耗较少，保鲜效果良好。一般的做法是在适当场地上沿东西长的方向挖沟，宽 1.0~1.5 m，深 1.0 m 左右，长度随贮量和地形而定，一般长 20~25 m，可贮藏苹果 10 t。沟底要整平，在沟底铺 3~7 cm 厚的湿沙。春季气温回升时，苹果需迅速出沟，否则会很快腐烂变质。

常温贮藏：果实容易失水，使用浓度为 1 μL/L 1-MCP 处理，有效抑制王林果实的呼吸强度，推迟呼吸高峰的出现时间，抑制果实硬度的下降，延缓失重率和丙二醛、可溶性固形物含量的上升，并降低过氧化物酶的活性。

冷藏：王林苹果成熟采收时气温较高，若直接放入低温环境易发生冷害。所以需采用温度逐步下降的预冷方法，然后将王林苹果转移至冷库中，贮藏温度以−1~0 ℃为宜，空气 RH 为 90%~95%，库温波动范围最好不超过 0.5 ℃。苹果贮藏期间，自身不断释放乙烯、CO_2 和芳香气体等，这些气体若不及时排除，易引起苹果衰老与品质劣变，因此冷库需每隔一段时间通风换气。

（四）王林苹果的运输

运输外包装要用纸箱包装，主要是双层瓦楞纸箱；内包装可以用纸包装或者舒果网，以减少果实之间的摩擦和运输过程由于震动引起的机械伤害。

（五）苹果贮期病害及预防

苦痘病：苦痘病在苹果入贮 1 个月后即开始发生。病斑先在果实顶部、果面出现圆形斑点，病部果肉逐渐干缩，表皮坏死，并呈褐色蜂窝状，深达 2~3 mm，严重者可至果心。病斑直径由 3~5 mm 可扩大到 1 cm。

虎皮病：虎皮病是苹果贮藏后期发生较严重的一种生理性病害。发病初期，果皮变成淡褐色，表面平坦或果点周围略有不规则的突起，多发生在不着色的阴面，严重时病斑连成大片，变为暗褐色、微凹陷，如烫伤状，病变只发生于靠近果皮的 6~7 层细胞，不深入果肉，果肉变绵、略带酒味，病果易腐烂变质。

炭疽病：炭疽病是苹果贮藏期常见的真菌病害。病原菌在果实生长期间侵染苹果。发病初期，果面上产生浅褐色、有清晰边缘的针头状圆形小斑点，以后逐渐扩大，颜色变深并向下凹陷。病斑数从几个到几十个，当病斑直径扩展到 5 mm 时，表面长出黑色小斑点，即病菌的分生孢子盘。分生孢子盘常呈规则的轮状排列，但有时不规则。随着病斑逐渐扩大，病部烂入果肉直至果心，有时长出紫黑色的菌丝。

青霉病：青霉病是苹果贮藏期常见的真菌病害。病原菌从伤口、病斑等处侵入。发病初期，青霉病菌丝分布在果实表面，果面上呈水浸状、黄白色小圆斑，略凹陷，果内软腐，呈圆锥形向内腐烂，深入果心，10 d 后全果腐烂。

轮纹病：轮纹病在刚采收时发病较轻，贮藏 15~30 d 后，病果率增加。发病初期，果实以皮孔为中心，生成灰褐色水浸状小斑点，以后病斑逐渐扩大，形成颜色深浅不同的同心轮纹。病斑表面常分泌出茶褐色黏液，中央部位开始陆续形成散生的小黑点，即病原菌的分生孢子器。在高温条件下，病斑迅速扩展，经 3~5 d 全果腐烂，发出酸臭气味。

果农遇到上述情况，可以采取以下措施防治。

一是入库前预冷。在果实入库前，苹果应放在冷凉通风处，白天加覆盖物，夜晚揭开，也可直接进入 5 ℃ 的预冷库房贮藏。

二是药剂浸泡。苹果采摘后，用 5% 氯化钙溶液浸泡 2 h，并适当降低果库温度，以减轻病害发生。

三是库内通风。贮藏期注意果库内的通风，可有效地控制和抑制病害的发生。

四是严格消毒。入库前，将贮藏库、果窖门窗打开，排除果库、果窖内的潮湿空气，并对贮藏库和库内用具严格消毒。

二、维纳斯黄金苹果保鲜技术

维纳斯黄金苹果为有性杂交繁殖后代，由国际知名的农业专家横田清氏教授用金帅自然杂交种子播种选育而成。在每年的 10 月下旬至 11 月上旬成熟，挂枝超过 300 多天，十几度的昼夜温差加上品种独有的特点，使它累积了前所未有的甜爽，平均单果重 240 g 左右，大果重 320 g。果型高桩，果面黄色，有蜡质光泽，有果锈，果肉淡黄色。肉质酥脆爽口，多汁液，酸甜适口，可溶性固形物含量 14.5%~15.5%，糖度 16.3%。该品种套袋果实比不套袋大，在观察中，无袋栽培果实阳光面浅红，果肉黄色不发绵，耐贮运，在常温下可贮藏至翌年 3 月。维纳斯黄金苹果，在苹果优良品种擂台赛上，以其漂亮的外观、内在的优良品质、特殊的芳香味道、适宜的糖酸比例，得到了参加评选的中国苹果产业体系专家的高度评价。

（一）贮藏特性及品种

1. 品种特性

维纳斯黄金苹果出身名门，母本是曾经盘踞中国市场长达半个世纪的老品种——金帅，其风味浓郁、口感香甜。果实呈金黄色，长圆形，外观匀称周正，果形指数高，可溶性固形物含量极高。

2. 贮藏特性

维纳斯黄金具有很好的贮藏特性，自然贮藏 3 个月以上，冷风库贮藏与富士相同。

（二）采收及采后商品化处理

1. 采收成熟度及采收方法

适宜的采收期对苹果的贮藏效果影响很大，采收过早，苹果表现不出本品种应有的色泽、风味等特性而影响贮藏效果，同时，在贮藏期内还容易发生病害，造成损失；采收过晚，会影响其耐藏性和抗病性，从而达不到贮藏的目的。采收期要依据品种特性、当年气候状况和贮藏期及贮藏方式来确定。维纳斯黄金采收期与富士大致相同，10 月中旬后达到可食采摘期，11 月上旬采收风味浓郁。无酸味，甜味浓，有特殊芳香气味，果肉硬脆，多汁，品质好。为了保证果实品质，提高贮藏质量，苹果应分批采摘。采摘最好选晴天，一般在晨露干后的 9：00 以前或 16：00 以后采摘。采摘时要防止机械损伤，轻拿轻放，勿使果梗脱落或折断。

2. 采后商品化处理

首先要严格按照市场要求的质量标准进行分级，出口苹果必须按照国际标准或者协议标准进行分级。刚采收的苹果呼吸旺盛，并带有田间热量，因此，必须采取措施使果实迅速冷却。预贮可利用自然低温进行降温，通常在果园选择阴凉干燥处，将经过挑选、分级的果实层层堆码，高 4~6 层，四周培土埂，防止果实滚动，白天盖席遮阳，夜晚揭开降温，遇雨时遮盖，至霜降前后气温下降时再入贮。目前苹果采后保鲜处理包括临近低温保鲜、气调保鲜、辐照保鲜、臭氧保鲜、1-MCP、植物源和动物源保鲜剂、微生物源保鲜剂、纳米保鲜技术。其中 1-MCP 熏蒸处理因其无毒、低量、高效等优点，广泛应用于苹果保鲜中。1-MCP 是一种乙烯受体抑制剂，它能不可逆地作用于乙烯受体，从而阻断与乙烯的正常结合，抑制其诱导的与果实成熟相关的一系列生理生化反应，而且延缓了炭疽病发病时间。冰温保鲜技术是近年来快速发展的保鲜手段，属于非冻结保存，是继冷藏和气调贮藏后第 3 代保鲜技术，它能使得贮藏产品达到一个近似"休眠"的状态，果实产品的代谢率最低，保存产品的品质和能量，该技术可长期有效的保持水果的固有风味和新鲜度，提高商品价值。使用保鲜剂及配套保鲜技术可使苹果保持良好的风味品质，而且使用方法简便，成本低廉，效益显著，可有效地延长苹果的销售期和扩大销售范围。

（三）贮藏

沟藏：在果园或果园附近选择地下水位较低、背风向阳的平坦地段挖沟。沟的深度、宽度要根据当地的气候条件而定，气候寒冷地区沟的宽度要大，沟的深度以达冻土层以下为宜。贮前将沟底整平，并铺细沙 $3 \sim 7$ cm，将经过预冷降温的苹果一层层入沟，厚度为 $60 \sim 70$ cm。贮藏初期，白天覆盖稻草、苇席等遮阳，夜晚揭开降温，随着气温的下降覆盖物逐渐加厚。为防止雨雪落入沟中，可在沟上方搭层屋脊状支架。一般到 3 月下旬以后，沟温开始回升，结束贮藏。

通风库贮藏：苹果入库前，库房要清扫、晾晒和消毒。苹果预冷后，待库温降至 10 ℃左右入库。果箱（筐）垛下垫砖或枕木，垛与墙留有空隙，垛间留通风道，以利通风。通风库温度、湿度的管理方法和技术要求与窖藏相似。

塑料薄膜袋贮藏：苹果箱中衬 $0.03 \sim 0.06$ mm 厚的塑料薄膜袋，装入苹果，扎口封闭后放入库房，每袋构成一个密封的贮藏单位。初期 CO_2 浓度较高，以后逐渐降低，贮藏初期的 2 周内，CO_2 上限浓度 3% 较为安全。

常温贮藏：果实容易失水，使用浓度为 1 μL/L 1-MCP 处理，有效抑制果实的呼吸强度，推迟呼吸高峰的出现时间，抑制果实硬度的下降，延缓失重率和 MDA、SSC 含量的上升，并降低 POD 的活性。

机械冷库贮藏：采用低温应逐步下降的预冷方法，然后将苹果转移至冷库中，贮藏温度以 $-1 \sim 0$ ℃为宜，空气 RH 为 90% $\sim$ 95%。库温波动范围最好不超过 0.5 ℃。苹果贮藏期间，自身不断释放乙烯、CO_2 和芳香气体等，这些气体若不及时排除，易引起苹果衰老与品质劣变，因此冷库需每隔一段时间通风换气。

气调库贮藏：对于维纳斯黄金而言，O_2 控制在 2% $\sim$ 5%，CO_2 控制在 1% $\sim$ 3% 比较适宜，而温度可以较一般冷藏高 0.5 $\sim$ 1 ℃。

（四）运输

运输外包装要用纸箱包装，主要是双层瓦楞纸箱；内包装可以用纸包装或者舒果网，以减少果实之间的摩擦和运输过程由于震动引起的机械伤害。包装采用暄的小木箱、塑料箱、瓦楞纸箱包装，每箱装 10 kg 左右。机械化程度高的仓库，可用容量大约 300 kg 的大木箱包装，出库时再用纸箱分装。不论使用哪种包装容器，堆垛时都要注意做到堆码稳固整齐，并留有一定的通风散热空隙。

(五) 贮期病害及预防

褐斑病主要为害叶片，有时也可为害果实。果实发病率不高，多在近成熟时被侵染，在果面形成圆形褐色或深褐色病斑，中部凹陷，表面散生黑色小点，为害果实表层及浅层果肉，受害果肉组织呈海绵状干腐，有时病斑表面会发生开裂。

果锈：维纳斯黄金易长果锈，果锈的发生敏感期一般在落花后 15~40 d，落花后 25 d 左右是发锈最为敏感的时期。

防治措施：一是库内通风贮藏期注意果库内的通风，可有效地控制和抑制病害的发生。二是入库前严格消毒，将贮藏库、果窖门窗打开，排除果库、果窖内的潮湿空气，并对贮藏库和库内用具严格消毒。

三、元帅系列苹果保鲜技术

元帅系苹果树是多年生、多次结果、商品率很高的经济作物，在当前和今后长期一段时间，高档精品的元帅系苹果在国内外苹果市场将处于供不应求的局面。元帅是美国最早推向世界的优良品种，各苹果生产国都有栽培。至今美国的华盛顿州仍以元帅系品种为主栽品种，约占栽培总量的 75%。由于元帅苹果很容易发生变异，特别是株型和果实性状，使之在栽培和芽变选种中不断地发现与母株不同的类型，通过选择将其定为若干品种。从元帅产生至今先后大约已有 120 个新品种，习惯上将这些品种称为元帅系品种。为了表明某些品种产生的早晚，按照优中选优的过程，形象地把元帅的第一批变异称为二代元帅系品种，把第二批元帅的变异品种称为三代。同样，称第三批的变异品种为四代、第四批的变异为五代。

(一) 贮藏特性及品种

1. 品种

元帅系突出的特点是果实鲜艳，果顶具五棱，个大，芳香。在生产中起过作用及正在起作用的代表品种分代情况如下。

第一代：元帅（普通型）。栽培面积剧减，所剩无几。

第二代：红冠（1915）、红星（1921），元帅的浓红型芽变，树体仍为普通型。

第三代：新红星（1953）、红星树上发现的短枝型芽变，树冠紧凑，果实浓红，很快传遍世界各国。以后又相继发现 30 余个三代品种。其中好矮生、超红、艳红等也有少量栽培。

第四代：首红（新红星芽变）、魁红（顶红芽变）、银红（西早株变）。

第五代：瓦里矮生（康拜尔首红株变）、阿斯矮生（俄矮红芽变）、俄矮二号和矮鲜（均为俄矮红芽变）。目前五代元帅正处于试栽阶段。

2. 贮藏特性

元帅系苹果抗寒力中等，夏季温度不宜过高，冬季最低不宜过低，一般年均温 7~14.2 ℃，夏季平均温度 18~24 ℃，夏季最低气温 13~18 ℃，年最低气温 -25~-10 ℃ 的地区均为元帅系苹果最适宜区。同时元帅系苹果果形指数也受温度影响：花后 20~30 d 日均温低于 15 ℃ 时，有利于果实细胞分裂，能够促进果实纵向生长，形成高桩果，花在遇到 5 ℃ 以下低温，果实正常生长受影响，不利于优质高桩果的生产。元帅系苹果属于中熟苹果，一般在 9 月中下旬成熟，做中短期贮藏。元帅系苹果常温条件下 7~10 d 果实即发绵，所以果实常于（-1±0.5）℃ 条件下进行贮藏。针对元帅系苹果以上的特性，其保鲜必须从多方面入手，进行综合系统保鲜。

（二）采收及采后商品化处理

1. 采收成熟度及采收方法

8 月下旬至 10 月上旬，果实可溶性固形物达到 12.5% 以上时开始采收。苹果要避免在雨天和雨后采收，晴天时避开高温和有露水的时段采收。用于鲜食贮藏的果实要人工采摘，根据成熟度分期采收，留果梗；采收全过程要轻拿轻放，避免机械损伤；采后的果实在田间地头要搭建遮阴棚保护，以免发生日灼。

2. 采后商品化处理

除柄洗涤处理：苹果采摘后，应小心剪除果柄，使用专用除柄剪刀，尽量留短，以防戳伤其他果实，也不能拔掉果柄，拔掉果柄会使苹果从其拔伤处腐烂。洗涤是清除果品表面污物，减少病菌和农药残留，使之清洁，卫生符合食品和商品的基本卫生要求的过程。目前果农常用浸泡式、冲洗式、喷淋式等方式，大型果库和农民专业合作社广泛使用次氯酸钠作消毒剂，利用半机械化进行苹果清洗消毒。

预冷喷蜡处理：苹果预冷一般应在采后 24 h 以内进行，将果品温度降至 0~4 ℃，常用方法有水预冷、减压预冷和强压预冷。喷蜡是为了保护果实表面，抑制呼吸，减少营养消耗和水分蒸发，延迟和防止皱皮、萎蔫，抵御致病微生物侵染，改善苹果商品性状。

分级贴标处理：一般以大小和色泽双重分级为主，果个大小分级和色泽分级常以人工手工分级为主。重量分级是目前国内普遍使用的方法，便于机械化分级操作，主要采用微机控制重量分级。分级完成后相应的果品粘贴等级标签，目前全自动化水果标签贴标机的应用，实现了苹果自动化分级贴标、称重以及农药重金属残留的检测，大大提高自动化服务的效率，而且分级贴标操作安全、快捷、成本低。

包装贮藏处理：按照市场和采购方的需要进行装箱包装，包装入箱时先给每个果品套上防压防碰网膜，按单箱商品果数量或重量进行装箱，严格装箱果品数量、质量，防压抗震措施要到位。密封包装完成后按照需要进行运输出境销售或运输到贮藏库中进行贮藏。

（三）贮藏

机械冷库贮藏：采用低温应逐步下降的预冷方法，然后将苹果转移至冷库中，贮藏温度以（-1 ± 0.5）℃为宜，空气 RH 为 90%~95%。库温波动范围最好不超过 0.5 ℃。苹果贮藏期间，自身不断释放乙烯、CO_2 和芳香气体等，这些气体若不及时排除，易引起苹果衰老与品质劣变，因此冷库需每隔一段时间通风换气。

近冰温冷藏：金冠苹果的近冰温为（-1.7 ± 0.2）℃。近冰温贮藏可以显著抑制苹果果实的呼吸强度和乙烯释放速率，推迟呼吸高峰出现时间，保持果实表面色泽，保持较高的可溶性固形物、可滴定酸质量分数和总酚、总黄酮含量及抗氧化能力，减缓丙二醛的积累和细胞膜透性的增加。

气调贮藏：元帅系苹果适宜使用气调贮藏方式进行贮藏，CO_2 浓度一般应保持在 1%~2.5%。

临界低温高湿贮藏保鲜技术：临界低温高湿贮藏保鲜技术即在控制苹果冷害点温度以上 0.5~1 ℃和 RH 为 90%~98%的密闭环境中贮藏保鲜。该贮藏方法的作用，一是苹果在不发生冷害的前提下，采用尽可能低的温度，以有效地控制苹果在贮藏期内的呼吸强度，使其处在休眠状态；二是采用相对高湿度的环境，有效降低苹果的水分蒸腾、散失，减少皱皮、萎蔫等失重损失。临界低温高湿贮藏保鲜既可以防止苹果在保鲜期内的腐烂变质，又可抑制水果衰老，是一种较为理想的保鲜手段。

（四）运输

运输外包装要用纸箱包装，主要是双层瓦楞纸箱；内包装可以用纸包装或者舒果网，以减少果实之间的摩擦和运输过程由于震动引起的机械伤害。

四、寒富苹果保鲜技术

(一)贮藏特性及品种

1. 品种

寒富苹果是沈阳农业大学于 1978 年以抗寒性强而果实品质差的东光为母本与果实品质极上而抗寒性差的富士为父本进行杂交，选育出的抗寒、丰产、果实品质优、短枝性状明显的优良苹果品种。状如小乔木，树型紧凑。枝条节尖短，短枝性状明显。花浅粉色，花期 5 月。果短圆锥形，呈鲜红色，肉质酥脆，汁多味浓，有香气。

2. 贮藏特性

寒富苹果以-1~0 ℃为宜，空气 RH 为 90%~95%。苹果采收后，最好尽快冷却到 0 ℃左右，在采收后 1~2 d 内入冷库，入库后 3~5 d 内冷却到-1~0 ℃。由于乙烯会加速苹果的后熟衰变，贮藏保鲜时应注意，采用低温贮藏时要尽量保持贮果环境中空气的新鲜，避免通风不良以及乙烯的不利影响。针对寒富苹果以上的特性，结合优鲜工程系统对苹果的贮藏保鲜必须从多方面入手，进行综合系统保鲜。

(二)采收及采后商品化处理

1. 采收成熟度及采收方法

适宜采收期为 10 月上中旬。成熟度：果皮鲜红到深红色，着色均匀，集中着色面积≥80%；果实硬度≥7.0 kg/cm²；可溶性固形物含量≥13.0%；淀粉指数 2 级；种子颜色由白色转为褐色；形成离层；果实发育期（盛花至成熟的天数）145~160 d。采摘最好选晴天，一般在晨露干后的 9：00 以前或 16：00 以后采摘。采摘时要防止机械损伤，轻拿轻放，勿使果梗脱落或折断。

2. 采后商品化处理

寒富苹果的采收期一般在 10 月上中旬，贮前对冷藏库进行彻底清扫，除去垃圾、残物，并充分通风。对使用过的冷藏库墙壁、地面、贮藏架等器材进行消毒处理并及时进行通风换气。采摘后采用强制通风冷却，迅速将果温降至接近贮藏温度后再堆码存放。苹果保鲜剂是一种可以有效延缓苹果成熟、衰老和控制病害的保鲜剂。1-MCP 可有效地延缓苹果果实呼吸高峰和乙烯高峰的出现，延缓硬度的下降，提高贮藏前期的好果率，而且延缓了炭疽病发病时间。使用保鲜剂及配套保鲜技术可使苹果保持良好的风味品质，而且使用方法简便，成本低廉，效益显著，可有效地延长寒富苹果的销售期和扩大销售范围。

（三）寒富苹果的贮藏

沟藏：是北方苹果产区的贮藏方式之一，因其条件所限，适于贮藏耐贮的晚熟品种，贮藏期可达 5 个月左右，损耗较少，保鲜效果良好。一般的做法是在适当场地上沿东西长的方向挖沟，宽 1.0~1.5 m，深 1.0 m 左右，长度随贮量和地形而定，一般长 20~25 m，可贮藏苹果 10 t。沟底要整平，在沟底铺 3~7 cm 厚的湿沙。春季气温回升时，苹果需迅速出沟，否则会很快腐烂变质。

窖窖贮藏：在我国山西、陕西、甘肃、河南等产地多采用窖窖贮藏苹果。苹果采后经过预冷，待果温和窖温下降到 0 ℃左右入窖。将预冷的苹果装入箱或筐内，在窖的底部垫枕木或砖，苹果堆码在上面，各果箱（筐）间要留适当的空隙，以利于通风。堆码离窖顶有 60~70 cm 的空隙，与墙壁、铜器口之间要留空隙。入窖初期要注意降温，夜间打开窖口和通风口，快速降低窖内及产品温度；在冬季要保证产品不受冻害，在水果温度与外界温差较小时进行适当通风换气，使温度稳定在 0 ℃左右；春季来临后，管理与初期相同，只在夜间适量通风，尽量维持窖内低温。

常温贮藏：果实容易失水，使用浓度为 1 μL/L 1-MCP 处理，有效抑制果实的呼吸强度，推迟呼吸高峰的出现时间，抑制果实硬度的下降，延缓失重率和 MDA、SSC 含量的上升，并降低 POD 的活性。

气调贮藏：对于富士系苹果而言，O_2 控制在 2%~5%，CO_2 应该低于 3%。在苹果气调贮藏中要经常检查贮藏环境中 O_2 和 CO_2 的浓度变化，及时进行调控，防止伤害发生。

冷藏：采用低温应逐步下降的预冷方法，然后将苹果转移至冷库中，贮藏温度以 -1~0 ℃为宜，空气 RH 为 90%~95%。库温波动范围最好不超过 0.5 ℃。苹果贮藏期间，自身不断释放乙烯、CO_2 和芳香气体等，这些气体若不及时排出，易引起苹果衰老与品质劣变，因此冷库需每隔一段时间通风换气。

（四）寒富苹果的运输

运输外包装要用纸箱包装，主要是双层瓦楞纸箱；内包装可以用纸包装或者舒果网，以减少果实之间的摩擦和运输过程由于震动引起的机械伤害。

五、花牛苹果贮藏保鲜技术

天水花牛苹果，是甘肃省天水市秦州区、麦积区、清水县、甘谷县、秦安县部分宜植地区特产，为国家地理标志产品。花牛苹果除元帅系产品质量上乘外，富士色、香、味也俱佳。其产品肉质细、致密、松脆、汁液多，香气浓郁，口感好，风味独特。被许多中外专家和消费者认可，与美国蛇果、日本富士相媲美的世界三大著名苹果品牌名果。

（一）贮藏特性及品种

花牛苹果果实圆锥形，全面鲜红或浓红，色泽艳丽，色相片红或条红色，果实着色度 90%~100%；果个整齐，果面光滑、亮洁；果形端正高桩、五棱突出明显，果形指数 0.9~1.0；果肉黄白色，肉质细，致密，松脆，汁液多，风味独特，香气浓郁，口感好，品质上。

天水市麦积区二十里铺乡花牛寨从辽宁省熊岳镇引进红元帅、金冠、国光等品种，其中红元帅以色、形、味俱佳而冠压群芳。花牛寨培育的红元帅首次运至香港试销，花牛苹果异彩初放，轰动一时，花牛苹果，果型、肉质、含糖量等项指标均优于美国的王牌苹果——蛇果，并压倒世界各国名牌苹果，经香港市场评比，中国花牛苹果夺得了世界王牌称号。

（二）采收

8月下旬至10月上旬，果实可溶性固形物达到 12.5% 以上、果实着色度 95% 以上、果实横径在 70 mm 以上的时候开始采收。采摘规范，用科学化、精细化的理念规范采摘全过程：一是采用采果袋，采果梯、盛果箱（筐）等采收工具，采果前必须剪短指甲，穿软底鞋。二是操作时，用手托住果实，食指顶住果柄末端轻轻上翘，果柄便与果台分离，切忌硬拉硬拽；本着轻摘、轻放、轻装、轻卸的原则。果实摘下后随即剪果柄、套网套，装入定量的塑料箱搬运。三是选采冠上、冠外果实，相隔几日左右再采冠内、冠下果实。四是应选择在晴好天气采果，不在有雨、有雾或露水未干前进行采收。五是采收要求分级分批采收；及时预冷后再入库，确保果实商品性。

（三）贮藏条件

1. 温度

适宜的贮藏温度可以有效地抑制苹果的呼吸作用，延缓后熟和衰老、抑制微生物的活动和低温伤害。大部分苹果的适宜的贮藏温度 -1~0 ℃。气调贮藏的适温 0.5~1 ℃，在适宜的低温条件下，苹果的虎皮病、红玉斑豆病、苦痘病、衰老褐变等病害的发病率可得到减轻。但温度过低，则会引起果实的冷害或冻害。花牛苹果适宜贮藏的温度为（0±0.5）℃。在此温度下不仅贮藏时间长，能一直贮藏到翌年5月，而且虎皮病、红玉斑豆病、苦痘病、衰老褐变等病害的发生率低，贮藏寿命较长。在贮藏库贮藏苹果后，采用梯度降温的方法，可以避免低温对苹果的伤害，提高保鲜效果。

2. 湿度

花牛苹果贮藏要求较高的 RH（RH 为 90%~95%），以降低果实水分蒸散，减轻自然损耗，保持新鲜饱满状态。失水率达到 5%~6% 时，苹果果皮就会出现皱缩，影响外观质量，呼吸强度增大，加快果实的成熟衰老，降低贮藏效果。但贮藏湿度也不能过大，湿度过大同样会加速苹果的衰老和腐烂，主要原因是高温条件促进了真菌病害的活动。另外，季节的变化，常常引起库内湿度的波动。如金冠苹果在贮藏的 6~8 周，一般生理病害很少，此时力求达到较高的 RH 为 95%，进入冬春季节库内湿度自然增加，RH 可稍低一些，出库前 4 周重新恢复高湿贮藏条件。

3. 气体成分

花牛苹果是典型的呼吸跃变型水果，在保持低温贮藏的基础上，调节贮藏环境中的 CO_2、O_2、乙烯的含量，对提高贮藏质量有着特别显著的作用。因为低 O_2、低乙烯、高 CO_2 的贮藏环境，不仅可以抑制果实呼吸，推迟跃变高峰，提高果实贮藏寿命，而且可以抑制或减轻多种贮藏害病的发生，大大地降低贮藏损耗。现代化气调库贮藏苹果，正常库损不超过 1%。

花牛苹果贮藏库气体成分：O_2 含量：2%~3%，CO_2 含量：1%~2% 为最佳。

(四) 贮藏

花牛苹果属于中熟品种，生育期适中，比较耐贮藏，但条件不当时，果肉容易发绵。目前主要以大型冷库贮藏和现代化气调库贮藏为主。

1. 冷藏

温度对果实的贮藏期限有决定性影响，一般贮藏库受自然温度的影响太大，很难达到理想的温度条件，而用机械制冷，库体温度可以根据果实要求随时调节。

(1) 冷藏的条件

苹果冷藏的适宜温度因品种而异，大多数品种为 $-1~1$ ℃，RH 要求 90%。花牛苹果适宜贮藏的温度为（0 ± 0.5）℃，要求较高的 RH 为 90%~95%。果实在 -1 ℃贮藏，容易发生低温失调现象。花牛苹果在适宜的贮藏环境下，可安全贮藏到翌年 5 月中旬，出库后的果实仍然保持其优良的品质。

(2) 冷藏管理

采用机械冷藏贮藏花牛苹果，果实运到后可直接入库预冷、贮藏，按要求的贮藏温度，开动制冷机调控并维持库温。花牛苹果冷藏条件下入库时间尽可能地短，力求采收后第二天入库。入库的花牛苹果，是适期采收经产地分级、挑选、处理的无伤果，用纸箱、木箱、条筐等包装。码垛时，不同种类、等级、产地的花牛苹果分别码放。垛要码放牢固，排列整齐，码垛时要充分利用库内空间，垛顶距库顶 60~70 cm 的间隙，垛距四周墙壁、垛与垛之间都要留适当空间，留出通道，便于气体流通和管理。冷藏库的温度、湿度管理，要专人负责。面积较大的库体，各部位的温度、湿度有可能不同，宜选用有代表性的位置放置温度计、湿度计，每日定时检测记录，以作为调控温度和湿度的依据。

（3）冷藏花牛苹果应注意的问题

第一，贮藏前库体、木筐、包装材料等要彻底消毒、杀菌。第二，贮藏前的降温时间应该控制在 7 d。第三，贮藏期间，要保持库体内的清洁卫生，及时清扫废弃物。第四，通风宜在夜间温度低时进行，若库内 CO_2 积累过多，可装置空气净化器，或用 7% 的烧碱吸收。

2. 气调贮藏

气调贮藏，全称"调节气体成分贮藏"，简称"CA 贮藏"，又称"控制大气贮藏"，是认为改变贮藏环境中气体成分的贮藏方法，被目前世界果品商业所广泛使用。

（1）气调贮藏的原理、特点及生理作用

气调贮藏所依据的基本原理：在适宜的低温条件下，将果品贮藏在密闭的库体内，人工或自然适当地降低空气中的 O_2 浓度，来降低生物组织细胞的氧化性，抑制乙烯的产生，利用高 CO_2 浓度阻止和拮抗乙烯的产生，从而延缓果品的成熟和衰老过程，达到延长果品贮藏寿命的目的。

气调贮藏对果品产生的效果：第一，降低了果品的呼吸强度，减少了营养物质的消耗，有利于果品的营养品质的保持；第二，抑制果实内源激素乙烯的产生，延缓果实的后熟和衰老过程，有利于保鲜；第三，控制果品贮藏中病原菌的生成和活动，减少腐烂消耗，提高好果率；第四，低 O_2、高 CO_2 的贮藏环境对呼吸及病原菌微生物的有效控制，大大地延长了果品的贮藏期；第五，出库果品有较长的货架期。

（2）花牛苹果的气调贮藏效果

在我国，苹果是应用气调贮藏最早和最普通的水果。经过气调贮藏的花牛苹果，贮藏期明显加长，气调贮藏抑制了病原微生物的活动，降低了果实水分的蒸发，出库后的苹果依然鲜活饱满，基本保持原有品种的色泽、硬度和风味，降低了虎皮病、衰老病等生理病害的发病率，并且延长货架期。

3. 花牛苹果气调贮藏方法

根据气调贮藏所采用的材料和设备的不同，气调贮藏又分为气调库贮藏（CA）和简易气调库贮藏（MA）。简易气调库贮藏主要指的是塑料薄膜的袋贮藏，包括塑料薄膜袋保鲜、硅窗帐、袋贮藏，还有其他的贮藏方法如超低 O_2 贮藏、高浓度 CO_2 处理、CO_2 的应用等，下面主要介绍气调库贮藏（CA）。

气调库贮藏（CA）：气调库亦称之为气体冷藏库，它在隔热、制冷等方面的结构和设备都与常规冷库相同，只是为了调气，密封程度好。花牛苹果属于中熟品种，适宜于气调贮藏，贮藏期为 6~12 个月。用于气调贮藏的花牛苹果可适当早采，采前管理、采收、预冷、处理、包装同常规冷藏要求。气调库贮藏的花牛苹果，一般盛果设备采用大木条箱。盛果量是 300~400 kg/箱，每箱装果八九成满。码垛时，木箱采用机械叉车移取、码垛、垛距四周墙壁、垛与垛之间都要留适当空间、留出通道，便于气体流通和管理。

气调库的管理。苹果入库前，要认真检查气调库各项设备的功能是否完好，是否运转正常，及时排除各种故障。启动制冷机，库内温度降至 0 ℃后备果入库。入库后初期管理，库温降至 0 ℃后，启动制氮机和 CO_2 脱除器分别进行库内快速降氧和脱除 CO_2，使库内温度及气体成分逐渐稳定在长期贮藏的适宜指标水平。对库内温度和 O_2、CO_2 浓度的变化，应坚持每天测定 1~2 次，掌握其变化规律，并加以严格控制。中后期管理主要是检查、检测工作要认真、定时进行，以防库房各种设施出现故障。气调贮藏的苹果，出库前要停止所有气调设备的运转，小开库门缓慢升氧，经过 2~3 d，库内气体成分逐渐恢复到大气状态后，工作人员方可进库操作。另外，还应立即组织苹果的包装运输和销售。一般气调贮藏的果品货架期为 2 周左右。

现代化气调库，库内要求的贮藏参数（温度、湿度、气体成分等）的调控均由计算机自动控制完成，所形成的气体环境演变和维持是一个动态和连续的过程，避免了人工的间断性对贮藏环境引起的波动。温度：0~0.5 ℃，湿度：90%~95%，O_2 含量：2%~3%，CO_2 含量：1%~2%。

六、新高梨保鲜技术

（一）贮藏特性及品种

1. 品种

日本神奈川农业试验场菊池秋雄 1915 年用天之川和今村秋杂交育成，新高梨 1927 年命名并发表。果实近圆形，略尖，果个大，平均单果重 450~

500 g，大果重 1 000 g。果皮褐色，果面较光滑。果肉乳白色，致密多汁，无残渣，味甜，含可溶性固形物 13%~15%。

2. 贮藏特性

在胶东地区果实 10 月中下旬成熟。较耐贮运，常温下可贮存 3~4 周。梨果长期贮藏保鲜的温度一般控制在 -1~3 ℃。梨果含水量很高，表皮组织也不发达，易失水损耗致品质下降，因此贮藏环境应保持较高的 RH，一般在90%~95% 为宜。果品贮藏期间由于呼吸作用和生理代谢要产生 CO_2 及乙烯等气体。梨果对 CO_2 比较敏感，高 CO_2 浓度会引起梨果代谢失调而发生果肉果心褐变的生理病害，因此要加强库房通风换气，防止 CO_2 以及乙烯等有害气体的积累。

（二）采收及采后商品化处理

1. 采收成熟度及采收方法

适宜采收期为 10 月上中旬。采收时宜选在凉爽天气或清晨时分。在梨果采收过程中，包括摘果、装箱、装卸、运输中都应轻拿轻放，尽量避免擦、碰、压、砸等损伤，装箱、装车要装满装紧，避免运输中颠簸造成摩擦刺伤，也不可装得过紧以免造成相互挤压。

2. 采后商品化处理

梨果采收后，用干净的清水冲洗一次，以除去表面病虫和微生物，挑选、分级，剔除病虫果、腐烂果、残伤果、畸形果、过熟果，然后按要求分好等级。为使梨果在运输、贮藏、销售中免受伤害或水分的散失等，一般分完级随即包装，还能起到美化产品的作用。经包装的梨果处在一个相对稳定的小环境，其自然损耗率和腐烂率降低，达到保鲜的目的。梨果一般不采用薄膜单果包装或纸箱内衬薄膜包装方式，以免小空间内 CO_2 浓度过高引起果肉果心褐变。市面上视品种不同采用不同的包装方式，常见的是用纸、发泡网膜或聚乙烯保鲜袋包装。单果包装后的梨果放入纸箱，均匀放置两层，中间用薄纸板隔开，或是在纸箱内放置纸板方格，每果一格，放置成上下两层，中间隔开，并在纸箱侧面打孔，使梨果能进行良好的通风换气。在包装前，有条件的还可以涂蜡或保鲜剂，减少水分散失，杀菌保鲜，延长贮藏期和货架期。

（三）新高梨的贮藏

1. 窖藏

在梨产地多用窖藏。将适时采的梨剔除残伤病果，分好等级，用纸单果包装后装入纸箱中，也可不包纸直接放入铺有软草的箱中。刚采收的梨果呼吸旺盛，又带有大量的田间热，一般不直接将梨果入窖，而是先在窖外阴凉通风处散热预冷。白天适当覆盖遮阴防晒，夜间揭开覆盖物降温，当果温和窖温都接近 0 ℃时入窖，将不同等级的梨果分别码垛堆放，堆间、箱间及堆的四周都要留有通风间隙。

2. 冷库贮藏

机械冷藏库贮藏应用比较广泛，是目前最有效的果品贮藏方法。第一步也要进行预冷处理，将采收后经预处理的梨果尽快运至已彻底消毒、库温已设定到相应温度（一般设定温度为 0~3 ℃）的预冷间，按批次、等级分别摆放，预冷 1~2 d 即可达到预冷目的。开始保持库温 10~12 ℃，7~10 d 后每 5~7 d 降 1 ℃，以后改为每 3 d 降 1 ℃，掌握降温前期慢、后期快的原则，在 35~40 d 内将库温降到 0 ℃并保持 0 ℃，不要低于-1 ℃。

3. 气调贮藏

在满足梨果低温贮藏条件下，可采用封闭塑料薄膜帐或硅窗塑料薄膜帐贮藏果品，调节其内气体成分至适宜贮藏条件，一般 O_2 浓度 3%左右，CO_2 浓度 0~5%，同时减少了果品的水分蒸腾，即为气调贮藏。与常规冷藏相比，气调贮藏在延长贮期和果实保鲜上有很大优势，但这种贮藏形式投资成本较高。

参考贮藏条件：温度为 0 ℃；RH 为 90%~95%；气体成分，O_2 为 2%~5%，CO_2 为 0~5%。

（四）运输

运输外包装要用纸箱包装，主要是双层瓦楞纸箱；内包装可以用纸包装或者舒果网，以减少果实之间的摩擦和运输过程由于震动引起的机械伤害。

（五）新高梨贮期病害及预防

黑皮病：在梨果贮藏前期，大量产生法尼烯并积累在果皮部位，到贮藏中后期氧化成共轭三烯，伤害果实表皮细胞，导致果皮表面产生不规则的黑褐色斑块，严重时病斑连成片状，甚至蔓延至整个果面，而皮下果肉一般不变褐，基本不影响食用，仅影响果实外观和商品价值。

青霉病：该病主要在贮藏期引起梨果腐烂。初期病斑为圆形，浅褐色至红褐色，软腐下陷，当条件适宜时发病，10 余天即全果腐烂，腐烂果有特殊霉味，天气潮湿时，病斑上出现小瘤状霉块，呈轮状排列，初白色后变绿色，上覆粉状物即分生孢子。

褐腐病：开始感病，果面出现浅褐色软腐状小斑，随后迅速向四周扩展，至全果腐烂。病果果肉松软，呈海绵状，略有弹性。

炭疽病：初发病时果面出现淡褐色圆斑，逐渐扩大，果肉软腐下陷，病斑表面黑色小点粒呈现轮纹状排列。扩大至直径约 1 cm 时，病斑中心出现隆起的小点粒，初为褐色，渐变为黑点。

轮纹病：起初以皮孔为中心发生水浸状褐色斑点，逐渐扩大，表面呈暗褐色，有清晰的同心轮纹。病果往往迅速软化腐烂，流出茶褐色汁液，但果皮不凹陷，果形不变。

黑斑病：发生此病的梨果，在果面上生有大小不等的黑色或褐色的斑点，斑点有同心轮纹。病斑进一步发展后组织腐烂，产生白色菌丝和近黑色孢子。

果农在遇到上述情况，可以采取以下措施防治。

一是适时采收，采后及时入库预冷，防止堆放在露天。采用梨果保鲜纸包果，树上单果套袋等，可显著减轻病害发生。入库后，控制好 CO_2 含量，调整码垛形式，加大通风道宽度并加大通风量，维持适宜贮藏温湿度，也可减轻此病发生。

二是防止机械损伤，在采收、分级、包装、运输过程中，防止各种机械损伤。

三是防腐处理并结合适宜的贮藏条件，采收后用 0.1%~0.25% 噻苯咪唑或 0.05%~1% 苯菌灵、硫菌灵或多菌灵浸泡梨果，对青霉病等防治效果很好，对炭疽病等也有一定的防治效果。贮藏条件对真菌病害的发展也有很大影响，在-0.1~5 ℃条件下，可显著抑制病菌发展和果实后熟，从而大大降低果实腐烂率。气调贮藏也可减轻真菌病害的发生，提高 CO_2 浓度或降低 O_2 浓度，会减轻果实腐烂损失。

七、爱宕梨保鲜技术

(一)贮藏特性及品种

1. 品种

爱宕梨原产日本，用二十世纪和今村秋杂交而成，1985 年引入我国，是砂梨系统中一个优良的晚熟品种。果实为略扁圆形，果形指数 0.85，果个特大，平均单果重 415 g，最大果重 2 100 g。果皮薄，黄褐色，果点较小中等密度，表面光滑。果肉白色，肉质松脆，汁多味甜，石细胞少，含糖量 15.5%~16%，可溶性固形物 12.7%，品质上等。

2. 贮藏特性

爱宕梨成熟期在 10 月下旬，果实极耐贮运，窖藏可贮至翌年 5 月。

（二）采收及采后商品化处理

1. 采收成熟度及采收方法

适宜采收期为 10 月中下旬。采收宜选在凉爽天气或清晨时分。在梨果采收过程中，包括摘果、装箱、装卸、运输中都应轻拿轻放，尽量避免擦、碰、压、砸等损伤，装箱装车要装满装紧，避免运输中颠簸造成摩擦刺伤，也不可装得过紧以免造成相互挤压。

2. 采后商品化处理

梨果采收后，用干净的清水冲洗一次，以除去表面病虫和微生物，挑选、分级，剔除病虫果、腐烂果、残伤果、畸形果、过熟果，然后按要求分好等级。为使梨果在运输、贮藏、销售中免受伤害和水分散失等，一般分完级随即包装，还能起到美化产品的作用。经包装的梨果处在一个相对稳定的小环境，其自然损耗率和腐烂率降低，达到保鲜的目的。

（三）贮藏

1. 窖藏

在梨产地多用窖藏。将适时采收的梨剔除残伤病果，分好等级，用纸单果包装后装入纸箱中，也可不包纸直接放入铺有软草的箱中。刚采收的梨果呼吸旺盛，又带有大量的田间热，一般不直接将梨果入窖，而是先在窖外阴凉通风处散热预冷。白天适当覆盖遮阴防晒，夜间揭开覆盖物降温，当果温和窖温都接近 0 ℃时入窖，将不同等级的梨果分别码垛堆放，堆间、箱间及堆的四周都要留有通风间隙。

2. 冷库贮藏

机械冷藏库贮藏应用比较广泛，是目前最有效的果品贮藏方法。第一步也要进行预冷处理，将采收后经预处理的梨果尽快运至已彻底消毒、库温已设定到相应温度（一般设定温度为 0~3 ℃）的预冷间，按批次、等级分别摆放，预冷 1~2 d 即可达到预冷目的。开始保持库温 10~12 ℃，7~10 d 后每 5~7 d 降 1 ℃，以后改为每 3 d 降 1 ℃，掌握降温前期慢、后期快的原则，在 35~40 d 内将库温降到 0 ℃并保持 0 ℃，不要低于 -1 ℃。

3. 气调贮藏

在满足梨果低温贮藏条件下，可采用封闭塑料薄膜帐或硅窗塑料薄膜帐贮藏果品，调节其内气体成分至适宜贮藏条件，一般 O_2 浓度 3% 左右，CO_2 浓度 0~5%，同时减少了果品的水分蒸腾，即为气调贮藏。与常规冷藏相比，气调贮藏在延长贮期和果实保鲜上有很大优势，但这种贮藏方式投资成本较高。

参考贮藏条件：温度为 0 ℃；RH 为 90%~95%；气体成分为 O_2 2%~5%，CO_2 0~5%。

(四) 运输

运输外包装要用纸箱包装，主要是双层瓦楞纸箱；内包装可以用纸包装或者舒果网，以减少果实之间的摩擦和运输过程由于震动引起的机械伤害。

八、莱阳梨贮藏保鲜技术

莱阳梨，山东省莱阳市特产，中国国家地理标志产品。莱阳梨多为倒卵形，果实硕大，果皮为黄绿色，表面粗糙，有褐色锈斑，萼部凹入。果肉质地细腻，汁水丰富，口感清脆香甜，是梨中的上品。莱阳梨因产于莱阳市而得名，莱阳市也因莱阳梨而闻名，并延伸出独有的"梨文化"。

(一) 贮藏特性及品种

莱阳梨从果实成熟到完全衰老，果肉始终都是硬的，即使在常温下果肉也不变软，一般较耐贮藏。以西洋梨为代表的软肉型品种多不耐贮藏。这类品种采收时果肉粗硬，需经后熟、使果实变软后才能食用。但果肉变软后很快就会腐烂，只有在冷藏（0~5 ℃）或气调条件下才能延缓衰老。

同是脆肉型品种，果肉较粗、汁液相对少的品种较耐藏；汁多的品种耐藏。

(二) 采收及采后商品化处理

硬熟期：果实在母体上还没有达到最佳风味；糖度小于 12%，硬度大于 5.5 kg/cm^2，单果重小于 400 g，此时采收果实的产量和风味都达不到合格量。

适熟期：糖度大于 12%，硬度小于 5.0 kg/cm^2，单果重大于 400 g，果实已经成熟，但还没有达到最佳的风味。此时采收可做运输后销售。

完熟期：糖度大于 13%，硬度小于 4.6 kg/cm^2，单果重大于 450 g，果实已经达到应具有的最佳食用风味、品质，是果实生长期间的最佳食用阶段。

过熟期：糖度小于 13%，硬度小于 4.2 kg/cm^2，单果重 500 g，果实发育时间过长，已经失去了最佳的风味和口感，降低了新鲜度。这时候再加工和食用都已经不太合适。

采摘是莱阳梨生产过程中非常重要的一个环节，采收时间的早晚直接影响着梨的产量和品质。采收过早，会导致梨果实发育不完全、个小、着色差、含糖量低、风味淡、耐贮性差等。早采收一个月，产量将减少 15% 以上。采收过晚，果实已经将近衰老，口感绵软，也不耐贮藏。只有适时采收，才能保证果实外观性状好，口感佳，营养成分含量高，贮藏寿命长，才能彰显莱阳梨的优良品质特性，进而提高果农的收入，增加经济效益。

（三）莱阳梨的贮藏

莱阳梨最佳冷藏温度为 0 ℃，RH 为 90%～95%。山东莱阳一带 9 月 11—23 日为最佳采收期。莱阳梨对贮藏环境的高 CO_2 和低 O_2 比较敏感，CO_2 浓度<2% 的贮藏环境可以抑制褐变的发生。山东省外贸公司经试验后认为 O_2 浓度 2%～4%，CO_2 浓度 2%，对莱阳梨有较好的保鲜效果。

山东莱阳县果品公司应用 0.04～0.06 mm 厚的聚乙烯薄膜袋贮藏莱阳梨，每袋装 20～35 kg，常温条件贮藏 4 个月，好果率可保持在 94.6%～97.9%；0 ℃下贮藏 5 个月，好果率在 99% 以上。用 0.06 毫米厚的聚乙烯薄膜压制成大帐（容量 500～2 000 kg），常温贮藏 6 个月，好果率 86.5%～93.2%；0 ℃下贮藏 6 个月，好果率在 97.2%。常温库中采用大帐进行气调贮藏，帐内气体成分，前期为 O_2 浓度 3%～5%，CO_2 浓度 3%～5%，后期为 O_2 浓度 4%～6%，CO_2 浓度 1%～2%。

应用上述方法贮藏莱阳梨，应选择细沙壤土或沙土栽培；少施或不施氨态氮肥；适时采收（莱阳一带以 9 月 15 日前后为宜），采后最好在 24～48 h 内入贮（在 1 d 内气温最低的时间进行）。9∶00 以前采收的果实可随采随贮，9∶00 以后采收的果实须经一夜预冷后，翌日早晨入贮。

（四）运输

梨果皮较薄，尤其是套袋梨果实果皮更薄，极易划伤，导致褐变和病菌侵染。因此，在果实运输中，首先，要注意防震动处理，轻装轻卸，减少果实之间的擦伤，以避免机械伤害。其次，要注意运输期间果实温度、湿度和气体环境，及时排风保湿等。当外界温度高于 10 ℃ 或低于 –1 ℃ 时，需采用冷藏车、保温集装箱等保温措施。早熟品种、中熟品种北果南运时，必须预冷，运输时间在 3～5 d，运输温度不得超过 10 ℃；运输时间超过 5 d 以上时，运输温度与贮藏温度相同。最后，要注意果箱码垛要安全稳固，快装快卸，维持运输车船内空气流通性能良好。梨属于鲜果类，通常保持期比较短，所以运输时间要尽量短，通常是由产地经冷藏车或者保温车运送到批发市场后直接进入销售渠道。

（五）贮期病害及预防

梨贮藏期发生的病害主要有黑星病、轮纹烂果病、黑斑病、霉心病、果柄基腐病、青霉病、黑心病、黑皮病、冷害、CO_2 中毒等。

采前为防治梨树发芽需全树喷洒 3～5 °Be′ 石硫合剂。花期、果实生长期结合防治轮纹病等喷洒杀菌剂。对落果和病果应及时收集、深埋。

采后及时入库预冷，防止堆放果园内风吹、日晒、雨淋。采收、包装、运输、贮藏各个环节，均应防止产生伤口，以减少病菌侵入途径。贮藏时剔除伤病果。果实入库前进行防腐处理。注意控制贮藏环境中 CO_2 的比例，以 O_2 12%~13%、CO_2 1% 以下为宜。果实入窖降温不要过急。贮藏时窖内温度保持均匀，防止局部地方温度过低受冻。

九、酥梨贮藏保鲜技术

酥梨原产于安徽省砀山，是最古老的地方梨品种。以其表面光洁、个大丰满、多汁酥脆、营养丰富和无公害等几大特点，并有多个品种对外销售，深受国内外消费者的喜爱。

(一)贮藏特性及品种

酥梨是呼吸跃变型果实，在采收后，呼吸强度逐渐上升，在贮藏过程中会释放大量乙烯。由于酥梨含水量大，贮藏过程如果湿度不适宜，易失水造成干耗，品质变差。刚采收后的酥梨温度相对较高，应经自然预冷后，再入库贮藏。可减少果肉褐变现象的发生。

(二)采收及采后商品化处理

1. 采收成熟度及采收方法

采收过早或过迟，果实均不耐贮藏。确定适宜采收期的指标包括：①从盛花期到采收，约需155 d；②种子颜色由尖部变褐到花子；③果皮颜色为黄中带绿或绿中带黄；④果肉硬度达到5.5 kg/cm²；⑤果实可溶性固形物含量大于10%。当80%的果实达到上述指标时即为适采期。另外采收适期还与贮藏环境和方法有关。如采用气调贮藏或贮藏较长时应适当早采，贮藏期较短或冷库贮藏时适当晚采。采收时要轻拿轻放，以免碰伤。入库前严格分级，剔除病果、虫果、伤果。挑选分级后应尽快入库。

2. 采后商品化处理

(1) 适期采收

梨果实采收时期的早晚，对产量、品质和耐贮性影响很大。采收过早，果实未充分成熟，果个小、品质低劣，不耐贮藏。采收过晚，成熟度过高，果肉衰老加快，不适合长途运输及长期贮藏。果实的采收时期主要根据市场需求、果实的成熟度及果实的用途来确定，以达到最好的效果。果实成熟度主要依据果实发育天数、果皮色泽、种皮颜色、果肉硬度等指标确定。梨果的成熟度分为 3 种：一是可采成熟度。此时果实的物质积累过程基本完成，大小已定型，绿色减退，开始呈现本品种固有的色泽和风味，但果肉硬度较大，食用品质稍差。此时采收的果实适于远途运输和长期贮藏。二是食用成熟度。此时种子变褐、果梗易和果台脱离，果实表现出该品种固有的色、香、味，食用品质最好。此期采收适于就地销售鲜食、短距离运输和短期冷库贮藏。三是生理成熟期。此时种子充分成熟，果肉硬度下降，开始软绵，食用品质开始下降。一般采种的果实在此期采收。

（2）分批采收

在某一品种适宜的采收期内，不同株间或同一株树冠的不同部位的果实成熟度相差很大。因此应考虑分期分批采收。优先采收树冠外围和上层着色好的大果，后采内膛果、树冠下部果和小果。分期采收可使晚采的小果增大，色泽变佳，增加产量，提高果实品质。分期采收应掌握好成熟度和采收时间，以防果实成熟度不够或过熟，同时先采果时避免碰落留下的果实。

（3）精细采摘

梨果肉质脆嫩，果皮薄，不抗挤压和摩擦，因此采收应人工精细采摘。采收前要准备好采收使用的工具，如采果篮、采果袋、采果梯、果筐或纸箱等。果篮底及四周用软布及麻袋片铺好。盛果的筐篓，要铺垫薄草等软物。采果人员要剪短指甲或戴线手套。摘果的顺序，应是先里后外，由下而上，既要避免碰掉果实，又要防止折断果枝。摘果时用手握住果实底部，拇指和食指提住果柄上部，向上一抬即摘下，要注意保护果柄，不要生拉硬拽。篮筐内装果不宜太满，以免挤压或掉落。采收过程应仔细操作，轻拿轻放，尽量避免擦伤等硬伤，保持果实完好。采收以晨露已干、天气晴朗的 12：00 以前和 16：00 以后为宜，下雨、有雾或露水未干时不宜采收。必须在雨天摘果时，需将果实放在通风良好的场所，尽快晾干。

（三）酥梨的贮藏

贮藏库一般采用土窑洞，有条件的可采用机械制冷库。酥梨的适宜贮藏温度为 -1~3 ℃，RH 为 90%~95%。梨的乙烯释放量大，不能与其他水果在同一库中贮藏，以免影响其贮藏效果。

纸箱码垛贮藏：将挑选分级后的果实垫板隔开分层装入纸箱，每箱装果 10 kg；也可将每个果用有光纸包好装箱。如果是套袋梨，可直接入箱内。纸箱码垛时留出通风道和作业道，使垛内外温度和气体浓度接近。此法简便易行，效果较好，应用较多。

自发气调贮藏：贮藏量较小时可采用 0.04~0.06 mm 厚的聚乙烯薄膜袋，将果实直接入袋，每袋装 15 kg，装后不扎口，只是互相交叠，留一定空隙，直立排放在一起即可。

气调贮藏：用于气调贮藏的酥梨应适当早采，并贮于逐步降温的冷库内，气体成分 O_2 保持 12%~13%，CO_2 应低于 1%。

（四）酥梨的运输

火车运输以冷藏车为好，或用集装箱运输。码垛时，应排紧以防松动碰撞。汽车运输以厢式货车为主，将箱子排紧，装车高度不超过 2.5 m。运输过程中的温度、湿度与气体应符合《梨贮运技术规范》（NY/T 1198—2006）的要求。运输工具必须清洁卫生；不能与有毒物品混装、混运。注意防晒、防雨、轻装、轻卸。

十、南果梨贮藏保鲜技术

南果梨属于北方水果，秋子梨系统，主产于辽宁省鞍山、海城、辽阳等地，栽培历史悠久。其色泽鲜艳、肉质细腻、多汁爽口、风味香浓，含有 17 种人体必需的氨基酸，多种脂肪酸和芳香类物质，深受人们青睐，素有"梨中之王"美誉，是一种商品价值极高的水果。南果梨是典型的呼吸跃变型果实，采后经过 15~20 d 自然后熟，达最佳食用品质。充分后熟的南果梨衰老很快，果肉、果心极易褐变腐烂，因此采后商品化处理对于保证果品质量、方便贮运、促进销售、便于食用和提高产品竞争力是很有必要的。

（一）贮藏特性及品种

1. 贮藏特性

耐低温贮藏，温度是影响南果梨果实采后呼吸代谢的首要因素。采后温度越高，好果率越低，病腐率越高，果实自然损耗率也高，并且好果率随着贮藏期延长而逐渐下降，如南果梨采后在 20 ℃ 常温下只能贮 15~20 d。因此采后需尽早进入低温环境抑制后熟变化。诸多试验研究证实，南果梨耐 0~1 ℃ 的低温贮藏，并对减缓果皮转色，减轻硬度下降，减少可溶性固形物和酸的降低有显著效果。如在土窖和沟藏条件下（温度约 10 ℃）一般可贮 35~50 d，但在 0~1 ℃ 条件下却可贮藏 4~6 个月。

耐高湿度贮藏，梨果在较高温度下，因代谢加强了物质的消耗，也因为蒸散作用加剧水分蒸发。利用薄膜包装对以上两个过程均有抑制作用。因此，保持较高湿度对梨果保持新鲜饱满非常重要，可以防止南果梨贮藏期失水，延长贮藏寿命，如采用 0~1 ℃ 低温贮藏，需配合高湿环境（RH 为 90%~95%），采用包纸、涂蜡、涂膜、薄膜袋密封包装即可实现。

2. 品种

在南果梨中选出了大南果梨和红南果梨,其中大南果梨是在鞍山七岭子牧场 22 年生南果梨树上发现的大果芽变,1990 年 8 月经辽宁省农作物品种审定委员会审定通过并正式命名。大南果梨果实扁圆形,平均单果重 125 g。果面常有纵棱沟,抗寒性、品质较南果梨稍差,其他性状类似。南果梨树的树体健壮,具有较强的抗风、抗旱、抗病、抗虫,特别是抗寒能力。在-35 ℃的寒冷情况下不受冻害。不仅抗逆性较强,而且适应性较广,适于冷凉地区栽植,在我国"三北"地区和西部地区的栽植面积呈现日趋扩大之势。

(二) 采收及采后商品化处理

南果梨采收期与贮藏性关系密切,早期采收果实中可溶性固形物含量较低,果实呼吸代谢旺盛,耐贮性差。晚期采收的果实可溶性固形物含量增加,适合鲜食,不适合长期贮藏。随着采收期的延后,南果梨的单果重、种子转色指数、可溶性固形物含量、丙二醛含量、可溶性果胶含量增加,果实硬度、可滴定酸含量、原果胶含量、淀粉含量降低。南果梨平均生长积温 3 500~3 600 ℃,树上成熟期一般在 9 月上中旬,从盛花期(4 月末)到成熟期为 125~135 d。此时,果实个头达到应有大小,果皮底色绿色开始减退,渐转成橙黄色或黄绿色,阳面显现红晕,果皮由厚变得较薄,种子由白色变为褐色或浅褐色,果肉由粗硬变为细脆,颜色为乳白色,果实风味由淡变为较浓。果实硬脆可食时,即为可采成熟度,此期硬度一般在 13.7~14.5 kg/cm²,可溶性固形物含量为 10.5%~11.1%,可滴定酸在 0.41%~0.44%。

(三) 南果梨的贮藏

1. 低温贮藏

南果梨贮前及时预冷降温至关重要,这不仅可以降低产品的生理活性,而且可以提高果实对低温的耐性,减轻冷库和设备的制冷负荷。预冷方式有真空预冷、冷水预冷、加冰预冷、通风预冷等,也可直接在冷藏库中敞口放置 24 h 左右,至果实温度与冷库温度接近时,扎口码垛。低温能够降低果实呼吸代谢,延缓果实后熟衰老,是目前果实贮藏保鲜的常用手段。南果梨是需后熟才适宜食用的果实,为实现果品冷藏后保持原有的风味,提倡入贮后 48 h 内将果温降至(10±0.5)℃,3~4 d 后再降至(5±0.5)℃,2~4 d 再降至(0±0.5)℃至贮藏结束冷藏期间库房温度应保持稳定,RH 保持在 90%~95%,贮藏期一般为 4~6 个月。

2. 气调贮藏

将南果梨利用聚乙烯膜袋密封贮藏,可降低其贮藏果实的呼吸强度和后熟衰老过程，在好果率、保鲜指数、失重率、转色指数、硬度等方面均有明显效果。南果梨较能忍受 CO_2 和低体积分数的 O_2，CO_2 的体积分数为 3%~5% 和 O_2 的体积分数在 10% 以上的气体环境对南果梨贮藏是安全的。有相关报道称，CO_2 的体积分数为 5% 和 O_2 的体积分数为 5%~8% 气体环境下冷藏 180 d 的南果梨，可获得最佳感官品质。南果梨可采用塑料薄膜袋进行小包装气调冷藏（简称 MA 贮藏）可明显提高贮藏好果率，降低病腐率，减小自然损耗率。

（四）南果梨的运输

火车运输以冷藏车为好，或用集装箱运输。码垛时，应排紧以防松动碰撞。汽车运输以厢式货车为主，将箱子排紧，装车高度不超过 2.5 m。运输过程中的温度、湿度与气体应符合《梨贮运技术规范》（NY/T 1198—2006）的要求。运输工具必须清洁卫生；不能与有毒物品混装、混运。注意防晒、防雨、轻装、轻卸。

（五）南果梨贮期病害及预防

1. 微生物病害和虫害

南果梨的黑星病、轮纹病、梨木虱、食心虫、红蜘蛛等是田间栽培期发生的主要病虫害，应通过田间防治措施去防治，其中影响较大的主要是黑星病和梨木虱，主要影响果实外观质量，这在入贮选果时应力求除掉（在大发生年份不易做到这一点），入贮后这些病虫害无法防治，其中采前 8 月中下旬感染的黑星病采收时没有症状，在贮藏期间可逐渐发病显现。除梨轮纹病是从完整果实皮孔侵入外，梨果的褐腐病、青霉病、黑斑病等都是从伤口侵入。因此采前搞好果园管理，减少机械损伤，采后分级包装，去除病虫果，在贮藏箱中放入仲丁胺，可有效防止梨腐烂病的发生。

2. 南果梨黑皮病

主要在贮藏后期（一般贮藏三四个月后），多在 2 月以后发生，此病只为害果皮，并不蔓延至果肉，虽不影响食用，但明显影响果实外观和销售质量，降低商品价值，而且会缩短贮藏期，症状表现是果皮变黑，初期为浅黄褐色、褐色、黑褐色及黑色等各种变色，并形成不规则的变色斑点、斑块，一般50%~90% 的果皮表面呈黑褐色，严重时病斑联结成片，重者似铁皮色，黑皮病的发生是一种相当复杂的生理生化过程，主要是贮藏期同南果梨代谢过程中产生的有害氧化产物积累，伤害果实表皮细胞所致，似苹果的虎皮病。黑皮病可在库内贮藏后期发生，有的在出库后货架期或消费者食用期间发生，特别是出库较晚的 3 月、4 月更容易出现。这与不同产区、不同年份的气候条件、栽培条件、采收期、贮藏期、贮藏管理等都有关系，田间栽培缺钙，采后果实受雨淋，采收早、成熟度低，贮藏时间长，贮期通风不好等都可能是发病原因，采取田间喷钙或采后浸钙，避免采后果实淋雨，适期晚采，勿早采，贮藏期适度，贮期控制环境 CO_2 积累，增大通风量，适时更新空气等均能有效防治。也可采用化学药物浸果、包果防治。

十一、花盖梨贮运保鲜技术

（一）贮藏特性及品种

花盖梨为辽宁省主栽的特色秋子梨品种之一，在鞍山、锦州和葫芦岛等地的丘陵缓坡地栽培较多。连续跟踪调研发现，贮藏至翌年 3 月，市场销售的秋子梨主要为南果梨和花盖梨，且所占比例相当，同一级别花盖梨，每千克价格比南果梨高 1.0 元左右。据不完全统计，辽宁省花盖梨年产量达 25 万 t。近年来，也有部分南果梨高接换头改接花盖梨，其面积和产量呈迅猛增长之势。然而，由于果农和企业对花盖梨贮运技术尚不熟悉，生产上普遍存在采收不当、贮运和后熟处理技术缺乏等问题，导致果实达不到应有品质，冷藏和运输环节虎皮病发生严重、灰霉病等真菌病害造成的腐烂率高等问题突出。

（二）适期采收及商品化处理

1. 适期采收

贮藏果应适期采收，果实采收成熟度可根据淀粉染色、种子颜色、可溶性固形物含量、果肉硬度和果实生长发育期等指标进行综合判断，遵循晚采先销、短贮，早采晚销、长贮的原则，短期贮藏或采后即上市的果实可适当晚采。用于不同贮藏期限的花盖梨适宜采收成熟度指标不同。

（1）短期贮藏或直接销售采收指标

粉染色：染色面积占整个横切面的 2/3～3/4；种子颜色：全部褐色或黑褐色；可溶性固形物含量≥13.5%；果实生长发育期：151～160 d。

（2）中长期贮藏采收指标

粉染色：染色面积占整个横切面的 1/2～2/3；种子颜色：2/3 以上褐色；可溶性固形物含量≥13.0%；果实生长发育期：140～150 d。

2. 包装

不同质量等级花盖梨应分级包装。因花盖梨冷藏后期出库后果间摩擦及风吹极易使果面褐变，因此，可借鉴南果梨包装技术，采用特制泡沫隔板上覆保鲜膜进行包装。同时，果箱应能抗压。另外应注意，装果时操作人员应戴手套，装箱果实应逐层逐排摆放，松紧适度。装果时果梗应横向插空摆放，避免损伤邻近果实。

3. 预冷

花盖梨采摘后应尽快入库预冷，可直接入 0 ℃冷藏库。利用库间预冷，应分次分批入库预冷，库温应控制在 0~5 ℃，每批次应小于 1/3 库容量，入满任意间库不应超过 5 d。库满后 2 d 内库温降至冷藏设定温度。

4. 入库与码垛

垛底垫木（石）高度 0.10~0.15 m，果箱码垛注意整齐稳固，货垛排列方式、走向及垛间隙应与库内冷风机出风方向一致。库内堆码应距墙 0.2~0.3 m；距冷风机不少于 1.5 m。库容积≤300 m³，距顶 0.5~0.6 m，库内通道宽 0.8~1.0 m；库容积>300 m³，距顶 1.0~1.2 m，库内通道宽 1.2~1.8 m；垛间距离 0.3~0.5 m；货垛应按产地、采收期、等级分别堆码并悬挂标牌，入满库后应及时填写货位标签和平面货位图。

（三）花盖梨的贮藏

1. 冷藏库贮藏

适宜贮藏温度为-1.5~2 ℃，其中短期贮藏（贮藏期一般不超过 100 d）为 0~2 ℃，中、长期贮藏（贮藏期一般不超过 200 d）为-1.5~0 ℃，库温波动<0.5 ℃。环境 RH 应保持在 90%~95%，RH 测量仪器误差应≤5%，测点的选择与测温点一致。

2. 通风库贮藏

冬季主要利用自然冷源通过人为开关通风口来控制贮藏温度，但贮藏最低温度应不低于-1.5 ℃。环境 RH 应保持在 90%~95%，RH 测量仪器误差应≤5%，测点的选择与测温点一致。库内温湿度定期监测，尤其冬季气温较低时，应每日观察、记录通风库内最高温度和最低温度。秋季入贮初期应在早晚气温较低时通风换气，并可适当降低贮藏温度。贮藏期限一般不超过 120 d。

3. 1-甲基环丙烯（1-MCP）辅助保鲜

配制 1.0 μL/L 的 1-MCP 密封熏蒸处理 12~24 h，熏蒸温度 0~20 ℃（0 ℃熏蒸一般 24 h，20 ℃熏蒸一般 12 h），之后在冷藏库或通风库内贮藏，也可在密封性较好的库房内进行上述操作。进行 1-MCP 辅助保鲜的花盖梨一般成熟度不宜过高，否则熏蒸后保鲜效果不明显。另外，熏蒸处理时，可在帐内打开风扇，保证不同位置花盖梨熏蒸均匀一致。

（四）病害控制

靠近风道冷风出口处的果实应采取塑料薄膜覆盖。采收运输期间应采取措施防止果实磕碰压刺磨伤、腐烂、虎皮、黑心等的发生。贮藏期间应至少每月抽检 1 次，检查项目包括虎皮、黑心、异味、腐烂等情况，并分项记录，如发现问题应及时处理。

十二、丰水梨贮运保鲜技术

（一）贮藏特性及品种

丰水梨原产于日本农林省园艺试验场，是日本三水梨之一，因其果实外形整齐美观、肉质细嫩多汁、甘甜味浓、石细胞较少、品质上乘、抗病性较强等优良品质受到国内外市场的欢迎。丰水梨在我国的种植面积不断扩大，但由于其采收期正值高温季节、采收期较短、贮藏性差、销售期过于集中，因此在某种程度上限制了丰水梨的发展。

因此，丰水梨的贮藏保鲜技术的研究在延长其货架寿命、减少损耗、增加经济效益、扩大市场方面具有重要意义。目前丰水梨贮藏保鲜的主要方法主要有 1-MCP 处理法、气体吸收剂、热处理、涂膜法等。

（二）采收期

丰水梨无明显后熟变化、当果实表面呈现其特有色泽、肉质由硬变脆，种子颜色变为褐色，果梗从果台容易脱落时即可采收。此时果实发育已成熟，营养物质积累充分、耐贮性好。采收过早或过晚均影响果实产量、品质与耐贮性，丰水梨采收期过早则糖度低、果肉硬、品质差；采收过晚时虽然糖度较高，但果肉品质下降，除有衰败现象外，易发生蜜水病。由于丰水梨果皮薄、缺乏弹性、果肉较软、易受损伤，因此，采收时应特别注意避免擦、碰、压、刺、砸等人为伤害，减少倒筐（箱）、换装次数，以减少贮藏期腐烂变质与果皮褐变。

（三）贮藏条件

1. 贮藏温度

低温贮藏是梨果实贮藏保鲜的有效措施，可降低呼吸强度，减少水分、糖分和维生素 C 的损失，保持梨果鲜脆品质。日韩梨在常温下极不耐贮藏、大多数品种采收后 10 d 就会失去食用价值与商品价值。20 ℃条件下黄金梨可贮放 20 d，丰水梨只能贮放 5~6 d，果实硬度开始下降。随后果肉粉质化、衰老严重时果皮可剥离。

丰水梨常温（18 ℃）条件下贮藏，品质最佳期为 7~10 d，而在低温（5 ℃）条件下贮藏，品质最佳期为 45 d、说明低温冷藏提高了丰水梨的耐贮能力。

2. 贮藏湿度

梨果本身水分含量就很高、决定了它在贮藏期间对 RH 的要求很高。适宜的 RH 为 90%~95%。RH 过低会造成果实的失重率增加，RH 过高会造成果实的腐烂率增加，稳定适宜的 RH 可以保持鲜脆幼嫩的状态。

3. 气体条件

贮藏环境中的气体条件对丰水梨的贮藏有一定的影响，CO_2 的浓度过高会造成 CO_2 伤害、O_2 的浓度过高会使丰水梨的呼气强度增加、缩短贮藏期，所以适宜的 CO_2 和 O_2 的比例对保证丰水梨果实较佳贮藏品质具有十分重要的意义。

适宜的气体条件为：O_2 浓度 3%~5%，CO_2 浓度 ≤1%。

(四) 丰水梨的保鲜技术

1. 涂膜保鲜

溶菌酶作为一种天然防腐保鲜剂，已被广泛应用于杨梅、草莓等水果类贮藏保鲜上。经溶菌酶处理贮藏 20 d 后，显著降低了丰水梨果实的失重率、烂果率及呼吸强度，显著提高了其果实硬度、抗坏血酸含量、可滴定酸含量及还原糖含量。溶菌酶处理能有效维持丰水梨果实的内在品质。壳聚糖作为一种涂膜剂能够在果实表面形成一层半透膜阻止果实内外的气体交换从而达到保鲜目的。经浓度为 2.0%壳聚糖涂膜处理的丰水梨在常温下可贮存 50 d 以上。

2. 钙处理保鲜

钙不仅是蔬菜果实生长发育所必要的营养元素，而且对蔬菜果实的许多生理代谢具有重要的调节作用。研究不同浓度氯化钙溶液处理丰水梨果实对其贮藏保鲜效果的影响，结果表明，浓度为 1%和 3%的钙处理组均可降低丰水梨果实贮藏期间的呼吸强度，抑制可溶性固形物、可滴定酸含量及果实硬度下降程度，降低果实烂果率。其中 3%钙浓度处理的保鲜效果最好，而 5%钙浓度处理组在贮藏的前 21 d 保鲜效果较好。随后果实硬度迅速下降，烂果率急剧升高。因此，适当浓度的钙处理能够减缓果实的软化，使其保持较高的硬度，延长丰水梨果实的贮藏期。

3. 1-MCP 保鲜

1-甲基环丙基（1-MCP）可与细胞膜上的乙烯受体优先发生不可逆结合，致使乙烯信号传导受阻，达到延长贮藏期和提高贮藏品质的目的。无论是常温贮藏还是冷库低温贮藏、1-MCP 处理都可以显著抑制丰水梨贮藏过程中果实硬度的下降，降低果实的呼吸速率，防止果实腐烂；冷藏条件下还可显著抑制丰水梨可滴定酸含量的降低，使果实的风味和品质好于同期对照，延长果实的货架寿命，提高贮藏质量。

4. 保鲜膜保鲜

在冷藏条件（4 ℃）下采用枣保鲜膜和苹果保鲜膜对丰水梨果实贮藏效果的影响。结果表明，在两种保鲜膜贮藏下，保鲜效果均明显高于对照组。"1-MCP+壳聚糖+保鲜膜"的综合处理方法可有效延缓果实的硬度下降、维持较高的果实可溶性固形物含量，减少果实重量损失。在贮藏 90 d 时无果实损坏，且在贮藏 120 d 时好果率仍能达到 86.67%，比对照组好果率高 46.67%。

5. 气体吸收剂保鲜

在常温条件下乙烯吸收剂和 CO_2 吸收剂处理对丰水梨果实贮藏效果的影响，结果表明，贮藏时加入乙烯吸收剂可以延长果实硬度的时间。常温下对照果实贮藏 30 d 的果实硬度为 4.26 kg/cm^2，而加入乙烯吸附剂的果实硬度为 4.70 kg/cm^2，硬度下降最慢，果实失重率最低。加入 CO_2 吸收剂也能延长果实硬度的时间，维持可溶性固形物和可滴定酸含量，减少重量损失，但效果不如乙烯吸收剂，且本试验中加入 CO_2 吸收剂贮藏的果实由于后期保鲜膜内水汽凝聚过多，果实腐烂，影响贮藏效果。

6. 不同包装处理保鲜

比较丰水梨在不同包装方法下的贮藏保鲜效果，试验设置 3 种包装方法，即塑料周转箱+保鲜打孔袋、塑料周转箱+保鲜袋、塑料周转箱+保鲜袋+乙烯去除剂。结果表明，塑料周转箱+保鲜打孔袋法果实衰老较快，果实硬度下降、果肉变软，贮藏期为 120~150 d；塑料周转箱+保鲜袋法贮藏期为 180~210 d；塑料周转箱+保鲜袋+乙烯去除剂处理法具有自发气调、去除果实代谢产物乙烯和抑制乙烯释放的作用，能够增加贮藏期至 210 d 以上。

十三、丑梨贮运保鲜技术

丑梨为西洋梨品种，品种名称为盘克汉姆，原产于澳大利亚新南威尔士州，澳洲人 Charles Henry Packham 于 1896 年以 Uvedale's St. Germain（英国 1690 年品种，美国 1921 年注册为 Belle Angevine）为母本、以 Bartlett 为父本杂交选育成，20 世纪 40 年代开始大规模商业种植。我国于 1977 年从前南斯拉夫引入，1999 年烟台鸿志果品开发有限公司再次从美国引进。在山东省胶东地区，盘克汉姆果面凹凸不平，外观丑陋，俗称丑梨。丑梨虽丑，但果实细溶多汁，香味浓郁、香甜可口，品质上乘，深受消费者青睐。

（一）贮藏特性及品种

丑梨果实大，粗颈葫芦形，平均单果重 360 g 左右，最大可达 650 g，可溶性固形物含量 13.5%~15.6%，可滴定酸含量 0.21%。该品种果面凹凸不平，有棱突，果实采收时硬脆，后熟软化后风味品质才能最佳。采后室温下 7~15 d 后熟，后熟后果肉软溶多汁、味酸甜、香气浓郁，品质极佳。不套袋果或套浅色袋果果皮黄绿色，后熟后皮色转黄，果肉白色，质细而紧密，石细胞少，萼片宿存或残存。套深色袋果皮黄褐色，依据皮色无法判别后熟情况，拇指揿压果实颈部，颈部变软表明已经后熟，即可食用。有意思的是，我国胶东地区及美国梨产区，盘克汉姆果面凹凸不平，但从进口情况和文献报道看，南半球各国生产的梨果面则相对平滑。

（二）采收成熟期

采收成熟度标准与采收期。采收时成熟程度对于果实品质和耐贮性至关重要。早采果品质差，采后容易虎皮、失水和果皮摩擦褐变，采收过晚成熟度高的果实耐贮性下降，贮藏期间容易出现软化、果心褐变及 CO_2 伤害等问题。烟台地区一般 4 月 15—17 日盛花，威海乳山等地 4 月下旬盛花，果实生长发育天数 165~175 d，硬度 6.5~7.5 kg/0.5 cm^2（8 mm 测头），可溶性固形物含量不低于 12.5%。在山东省胶东地区，依据气候、土质、栽培、海拔等不同，成熟期一般在 10 月 8—20 日，早采长贮，晚采短贮。依据果实大小和成熟情况，分 2~3 批次采收，采后及时入库贮藏。

（三）丑梨贮藏保鲜

低温是梨果贮藏保鲜的基础条件，精准低温控制是梨果保鲜的关键。盘克汉姆果实耐藏性与安久相似，西洋梨中属于耐贮藏品种，冷藏条件下可贮藏 5~6 个月，气调冷藏期 7~9 个月。冷藏条件：贮藏环境温度−1.5~0 ℃，RH 为 90%~95%，用塑料薄膜袋挽口即可满足湿度要求。气调冷藏可更好地延长梨果贮藏期和保持后熟能力，气调冷藏条件：温度−1.0~0 ℃，各国气调采用 O_2 和 CO_2 浓度差异较大，但总体上该品种较耐 CO_2，国内尚无气调贮藏研究报道。

（四）出库后熟与运输

出库上市前，在 15~20 ℃条件下后熟 2~5 d，根据果实硬度情况控制后熟时间，国内短途运输硬度不能低于 4.0 kg/cm^2，出口及长途运输果实硬度不能低于 5.0 kg/0.5 cm^2。全程冷链运输，运输温度 0~5 ℃。冬季北方市场销售保温运输，谨防冻害。

（五）采后主要病害及其防控

1. 果实衰老软化、黑心

出库后熟和运输销售过程中，果实衰老过快导致软化和黑心问题。导致软化过快和黑心的原因有多种：采收过晚；生长期降雨过多，果实水分含量高，果实可溶性固形物含量低，果实耐贮性下降，导致果实后熟快，贮期短；果园施氮肥过多；贮藏温度高、催熟或预熟时间过长，贮藏期过长；贮藏环境中 CO_2 浓度过高，也可能产生或加重黑心。

防控措施：适期按指标要求采收；避免采前灌水，雨水较多年份一方面果园排水、避雨，另一方面缩短贮藏期和后熟时间；多施有机肥，减少化肥使用，提升果实品质；采后及时入库降温，严格控制环境温、湿度；避免使用过厚的薄膜袋扎扣贮藏，及时通风，降低环境 CO_2 浓度。

2. 冻害

梨果冰点主要取决于可溶性固形物含量高低，一般在−1.5 ℃左右。贮藏运输环境温度长时间低于−3.0 ℃，会造成果实冻害。如果低温时间不长、温度不是太低，果实经缓慢升温，一般都可恢复生命状态，也具备后熟能力，能正常后熟软化。

3. 果实病原微生物为害

主要是采前果实感染轮纹病和炭疽病菌，导致采后果实腐烂。加强果园栽培管理和防控措施，减少采后病害发生。

十四、玉露香梨贮运保鲜技术

玉露香梨是山西省农业科学院果树研究所，以库尔勒香梨为母本、赵县雪花梨为父本，选育而成的优质中熟梨新品种。玉露香梨可以说是近年来不可多得的优良品种，从1974年人工杂交开始，历经29年，于2003年通过了山西省农作物品种审定委员会的品种审定。树体适应性强，对土壤要求不严，适合沙质壤土栽培，黏土地需要改良土壤，凹洼地带栽植管理表现较差，山地、丘陵、平原表现都很好，适应性极强，玉露香梨独具特色的优势，获得果农和消费者的一致好评。

（一）贮藏特性及品种

山西、河南、河北、北京均有栽植，抗寒、抗旱、抗病能力强，主要虫害：梨木虱、黄粉虫、食心虫。在石家庄地区4月初开花，果实8月下旬开始成熟，采摘前15 d开始控水、控肥，9月10—15日完熟，可溶性固形物含量可达 14%~16%，口感品质最佳，单果重 250 g 左右，最大果重 600 g，果形端正，近球形，果皮黄绿色，局部具有红晕及暗红色纵向条纹，果点细密不明显，果面光洁细腻具有蜡质，果皮薄、果核小、肉质细嫩、汁液极多、石细胞极少、口味香甜酥脆具有独特清香，品质极佳。可溶性固形物含量可达 12.5%~16.1%，继承了库尔勒香梨的优点，克服了库尔勒香梨果小、核大、可食率低、果形不正的缺点，是一个优质、耐贮藏中熟的库尔勒香梨型大果梨新品种。玉露香梨幼树生长势强，结果后树势转中庸，萌芽率高，成枝力偏弱，一般嫁接苗 3~4 年结果，高接 2~3 年结果，易成花、坐果率高、丰产、稳产，果实发育期 130 d 左右，11 月上旬落叶，营养生长期 220 d 左右。

（二）玉露香梨的贮藏保鲜

采收质量的好坏，也是贮藏的关键，直接影响最后的好果率和商品性，所以一定要引起重视。玉露香梨果肉细嫩，果皮薄，采摘时要格外小心，所以在采摘前，要先修剪指甲，戴上手套。摘果时，手托梨果向上轻抬采下，剪掉果柄，直接在外面套上泡沫网套，在装箱和运输途中要尽量轻拿轻放，避免挤、压、碰、刺等机械伤。

果品的贮藏质量和贮藏效果与采收期有很大关系，所以采收期的确定至关重要。采收期的确定一般根据果实底色转变、着色程度、种子颜色、果实硬度、可溶性固形物含量和盛花期后的天数等多项指标综合判断。当玉露香梨阳面红色条纹开始显现、可溶性固形物达到10%以上、种子变褐时，即可采收。

入库前库间消毒灭菌完成后，提前一天开机降温，使库温达到 0~0.5 ℃ 开始入库，玉露香梨采摘后可直接 0 ℃入冷藏库，同时可利用库间预冷，预冷的目的是排除田间热，将果实温度迅速降到贮藏要求的温度，这也是果品贮藏的一个重要环节。预冷温度控制在 0 ℃，预冷时间以果心温度达到要求的贮藏温度时为宜，一般需要 16~24 h，应分次分批入库预冷，但要注意的是入库时间不应超过 5 d。冷藏适宜温度为 -1~2 ℃，短期贮藏采用 0~2 ℃，中长期贮藏 -1~0 ℃，需要注意的是贮藏期间库温波动小于 ±1 ℃，库内 RH 应保持在 90%~95%，短期贮藏则可以稍微低一点。贮藏质量的好坏，温度是关键，在整个贮藏期内都要严密监视贮藏温度，严格控制贮藏温度，保证库温在 0 ℃，不低于 -1 ℃，还要保证库温不上下波动。

库房应在库门相对方向一侧安装换气扇，在贮藏期间要定期进行通风换气，主要是排除贮藏过程中产生的 CO_2、乙烯等不良气体，保证梨果不受伤害。通风换气一般每周一次，选择清晨气温最低时进行通风，每次 10~

30 min，当外界气温低于-2 ℃时不可换气。另外，还要定期对梨果的贮藏质量进行抽样检查，发现问题及早解决。

应该注意：果实采收前禁止大水漫灌，不然贮藏期会发生严重的病害，影响玉露香梨的耐贮性；果实采收后应尽快入库预冷，防止果皮褪绿转黄，延长贮藏期；贮藏期间定期检查冷库不同部位温度，避免发生冻害；运输温度宜控制在0~5 ℃，这样可以减缓果皮货架期转黄速度，延长货架期寿命。

十五、草莓贮藏保鲜技术

草莓原产南美，目前在中国各地及欧洲等地广为栽培。草莓营养价值高，含有多种营养物质，且有保健功效。草莓营养价值丰富，被誉为"水果皇后"，含有丰富的维生素 C、维生素 A、维生素 E、维生素 PP、维生素 B_1、维生素 B_2、胡萝卜素、鞣酸、天冬氨酸、铜、草莓胺、果胶、纤维素、叶酸、铁、钙、鞣花酸与花青素等营养物质。

(一) 贮藏特性及品种

草莓在我国南北都有栽培，比较耐贮藏运输的品种有鸡心、狮子头、戈雷拉、保交早生、绿色种子、布兰登保、硕丰、硕蜜等。草莓是一种非呼吸跃变型果实，采后没有后熟，所以应该充分成熟后采收风味品质才好。草莓果实娇嫩、多汁、营养价值高，色泽鲜丽，芳香宜人，是一种经济价值较高的水果，但是草莓是一种浆果，皮薄，外皮无保护作用，采后常因贮运中的机械损伤和病原物侵染而导致腐烂。灰葡萄孢霉是草莓腐烂的主要致病菌。在常温下放置1~2 d就变色、变味和腐烂，商品率很快下降。

(二) 采收及采后商品化处理

1. 采收成熟度及采收方法

用于贮藏和运输的草莓应该在果实表面3/4变红时采收，因为此时草莓硬度较高，风味品质已佳。采摘最好在晴天进行，早上采收应在露水干后再采，气温高时避免在中午采收。采收时应剔除次果、病果，并将草莓轻轻放入特制的浅果盘中，果盘大小一般为90 cm×60 cm×15 cm，也可放入20 cm×15 cm×10 cm带孔的小箱内。

2. 采后商品化处理

(1) 挑选

去除烂果、病果、畸形果，选择着色、大小均匀一致、果蒂完整的草莓果。

（2）清洗

用草莓清洗机，草莓清洗后，用0.05%高锰酸钾水溶液漂洗30~60 s，再用清水漂洗后沥去水分。

（3）预冷

预冷应在草莓采收后尽快进行，缩短采收、分级、包装的时间。预冷时的注意点：收获后应尽快放进冷藏库，数量大时要做到边收获边入库。库内收获专用箱成列摞起排放，两列之间间距应大于15 cm。库内冷风直接吹到的部位不宜放置收获箱，以防草莓果受冻。库内湿度要保持90%以上，温度保持5 ℃左右，不要降至3 ℃以下，4—5月气温升高，库内相对温度则可维持在7~8 ℃，适当提高温度可减少草莓装盒时结露。入库后2 h尽量不启动开闭库门。如果草莓收获时果实温度达15 ℃左右，一般要在预冷库内放置2 h以上，才能使草莓果降到5 ℃左右。

（三）草莓的贮藏

草莓在0 ℃和90%~95%的RH下能贮藏一周，冷藏虽然能推迟果实的不良变化，但是草莓从冷库中移出后，其败坏速度比未经冷藏的还要快。草莓是一种耐高CO_2的果实，用气调方法贮藏和运输可延长草莓的采后寿命，减轻灰霉病引起的腐烂。但CO_2的浓度不能超过40%，否则草莓会产生异味。草莓较适合的O_2浓度为5%~10%，CO_2浓度为10%~20%，当CO_2浓度到达30%时，草莓会有些异味，放到空气中可消失。气调贮藏期为2~3周。

（四）草莓的运输

草莓最好用冷藏车运输，如用带篷卡车只能在清晨或傍晚气温较低时装卸和运行，运输中要采用小纸箱包装，最好内衬塑料薄膜袋，充入10%的CO_2。

十六、北方硬溶质桃贮藏保鲜技术

桃是我国居民主要消费的水果之一，人人喜食，素有"仙桃养人"之美誉。它具有芳香诱人、色彩艳丽、汁多味美、营养丰富等特点，富含人体所需的有机酸、蛋白质、维生素C、维生素B_1、维生素B_2及类胡萝卜素等。

硬溶质桃是根据桃果实肉质所划分的一种类型。果肉脆、硬，离核，当果实充分成熟时，肉质既柔软多汁，又较紧密带有韧性，如肥城桃等，这类品种较耐贮运。

（一）贮藏特性及品种

1. 品种

桃种质资源丰富，全世界共有5 000余个品种，我国拥有1 000余个品种，根据其果肉质地可以分为硬溶质、软溶质、不溶质和 Stonyhard 4 种类型，硬溶质桃成熟后，果肉紧致，有韧性，软溶质桃成熟时柔软多汁，非常适宜鲜食。不溶质型果实成熟时质地坚韧，富弹性，适于加工制罐。Stonyhard 果实初熟时果肉硬而脆，完熟时呈黏质，故以完熟前食用品质为佳。

2. 贮藏特性

桃属呼吸跃变型果实，低温、低 O_2 和高 CO_2 都可以减少乙烯的生成量和作用，从而延长贮藏寿命。桃果实对低温非常敏感，一般在 0 ℃贮藏 3~4 周即发生低温伤害，表现为果肉褐变、生硬、木渣化，丧失原有风味。桃品种间耐藏性有很大差异，水蜜桃一般不耐贮藏，硬肉桃中的晚熟种耐贮性较好，如青州蜜桃、肥城桃、中华寿桃、陕西冬桃、河北晚香桃等品种都较耐贮藏。

（二）采收及采后商品化处理

1. 采收成熟度及采收方法

当果实横径已停止膨大、果面丰满、尚未泛白者为六成熟，开始泛白者为七成熟，大部分泛白且呈现微红色者为八成熟，大部分呈现红色为九成熟，进市销售的桃子以八成熟为最宜，九成熟的桃子，以当地销售为宜，七成熟的桃子作加工制罐用为宜。桃的采收成熟度对耐贮性影响很大，作为贮藏的桃应该在果实充分肥大，现出固有色泽，略具香气，肉质紧密，八成熟时采收。采收过早风味差，过晚果肉软化不耐贮藏。采收时间应选择晴天和露水干后的清晨或傍晚，同一棵树上的桃果实成熟期也不一致，应分次采收。采收时要用手托住果子扭转，防止果子落地或刺伤，果实最好带果柄。

2. 采后商品化处理

预冷：预冷是桃的一项重要采后处理措施，桃采收时气温较高，桃果带有很高的田间热，刚采收的桃呼吸旺盛，释放的呼吸热多，如不及时预冷，桃很快软化衰老、腐烂变质。因此采后要尽快将桃预冷到 4 ℃以下，桃采用的预冷方法有冷风冷却和水冷却两种，水冷却速度快，直径为 7.6 cm 的桃在 1.6 ℃水中 30 min，可将其温度从 32 ℃降到 4 ℃，直径 5.1 cm 的桃在 1.6 ℃水中 15 min 可冷却到同样的温度。但水冷却要晾干后再包装。风冷却速度较慢，一般需要 8~12 h 或更长的时间。

包装：桃子皮薄肉软，不易贮运，在贮运过程中很容易受机械损伤，特别成熟后的桃柔软多汁，不耐压，因此，包装容器不得过大，一般装 5~10 kg 为宜。良好的包装除提高商品外观质量外，还有利于桃子的贮运，一般可用硬纸板箱，进行定量包装，果实外面用洁净纸包好后分层放置，最多放 3 层，每层用纸板隔开，层间最好用"井"字格支撑，防止挤压。将选好的无病虫害、无机械伤、成熟度一致、大小均匀的非畸形果放入瓦楞纸箱中，箱内加纸隔板或塑料托盘。若用木箱或竹筐装，箱内要衬包装纸，每个果要用软纸单果包装，避免果实摩擦挤伤。

（三）北方硬溶质桃的贮藏

1. 低温贮藏

温、湿度对桃贮藏效果有重要影响，桃在常温下一般只能贮藏 2~3 d，晚秋桃贮期长一些。桃在低温贮藏中易遭受冷害，在-1 ℃就有受冻的危险。因此，桃的贮藏适温为 0 ℃，适宜 RH 为 90%~95%。在这种贮藏条件下，桃可以贮藏 3~4 周或更长时间。然而低温下贮藏的桃风味会随贮期的延长逐渐变淡，不适低温冷藏还会导致桃子产生冷害，果肉褐变，特别是桃移到高温环境中后熟时，果肉会变干、发绵、变软，果核周围的果肉明显褐变，冷害严重时，桃的果皮色暗淡无光。在冷库内采用塑料薄膜小包装可延长贮期。

2. 气调贮藏

桃在 0 ℃和 2%O_2+5%CO_2条件下，贮藏期可为 6~8 周或更长的时间，并能减轻低温伤害。在气调帐或气调袋中加入浸过饱和高锰酸钾溶液的砖块或沸石吸收乙烯则效果更佳。低温结合简易气调和防腐措施，也可提高桃的耐贮运性。将八九分成熟的桃，采后单果包纸后装入内衬 PVC（无毒聚氯乙烯薄膜袋）或 PE（聚乙烯薄膜袋）的纸箱或竹筐内，或不包纸直接装入上述袋中。立即进行预冷，果实降温后，在袋内加入一定量的仲丁胺熏蒸剂和乙烯吸收剂及 CO_2脱除剂，将袋口扎紧，封箱、码垛。使库温保持 0~2 ℃，大久保、白风桃贮藏 50~60 d 好果率在 95%以上，基本保持原有硬度和风味；深州蜜桃、绿化 9 号、北京 14 号保鲜效果次之；岗山白耐贮性最差。袋中 CO_2 的浓度低于 10%效果好，O_2 的浓度为 5%~14%对果实耐贮性影响不大。

（四）运输

运输桃子鲜嫩多汁，果实成熟时柔软易腐。经试验证明，把桃放在箱中，当运输时受到震动，由于果实下沉的缘故，使箱的上部产生了空间，逐渐地使桃与箱子发生二次运动及旋转运动。上部的速度有时为下部的 2~3 倍，这样越是上部的桃受伤越多。箱子越深桃子受损伤越严重，在运输过程中 48 h 内最高许可温度为 7.2 ℃，但温度以 0.5~1 ℃为宜。桃可与李、杏、苹果、梨、柿、樱桃等混合装运，运输温度维持在 0~1 ℃，RH 为 90%~95%。中晚熟品种的桃子可进行长途运输，尽管运输时间较贮藏要短，但是也应维持较低的运输温度。运输前一定要先预冷再装车。果实用塑料袋包装，自发气调效果也好。

（五）贮期病害及预防

桃在高温下贮运容易发生褐腐病和软腐病。褐腐病多在田间侵染果实，在贮藏期也可蔓延，软腐病是从伤口侵染传播的。采后可以采取的措施如下。

采后用 100~1 000 μg/L 苯菌灵和二氯硝基苯胺 450~900 μg/L 混合液浸果，可防褐腐病和软腐病。果实在 52~53.8 ℃ 水中浸 2~2.5 min，或 46 ℃ 热水浸 5 min，也可杀死孢子和阻止初期侵染发展。热水浸泡要严格控制温度，温度过高或时间过长会造成果皮损伤。由于桃子有毛和浸果后需要风干，所以使用上不是很方便。较简便的方法是用仲丁胺熏蒸，每升容积中需要仲丁胺 0.05~0.1 mL，使用时可将药液沾在棉球上，再将棉球挂在库中、帐内或袋内。利用臭氧及负离子空气处理果实，起到杀菌及调节果实生化过程、延长贮藏期、降低腐烂损耗的作用。

十七、蟠桃贮藏保鲜技术

蟠桃是蔷薇目、蔷薇科、桃属植物桃的变种，叶为窄椭圆形至披针形，长 15 cm，宽 4 cm，原产山东胶东半岛。蟠桃果形独特，个大鲜艳（最大果 300~400 g），肉质细腻，甘甜可口，味道鲜美，果实中富含多种营养成分，食用后可以补心活血、清热养颜、润肠通便、帮助消化，深受消费者喜爱。果实成熟采收期较集中，以鲜食销售为主，果实不耐贮运，易褐变、腐烂。蟠桃营养丰富，风味优美，外形美观，被人们誉为长寿果品。盆栽蟠桃，不但美化环境，而且春华秋实，具观赏与食果双重作用。一般说来，蟠桃比普通的桃更有营养，是人体保健比较理想的果品。

（一）贮藏特性及品种

1. 品种

根据成熟时间的不同，蟠桃可以分为早熟蟠桃优良品种、早中熟蟠桃优良品种、中晚熟蟠桃优良品种三大品系。

（1）早熟蟠桃优良品种

早露蟠：果实在黄淮地区 6 月初成熟，果形扁圆，平均单果重 140 g，最大果重 216 g，在早熟蟠桃中果个较大。果皮黄白色，着玫瑰红晕。果肉乳白色，可溶性固形物的含量为 12%，比同期成熟的普通早熟桃要甜。该品种当年栽培次年株产可达 6~8 kg，效益佳。生产上要强化疏果，确保果个均匀、硕大。

早硕蜜：果实在黄淮地区 5 月底成熟，比早露蟠早 3～4 d，平均单果重 95 g。果皮黄白色，着玫瑰红色。果肉乳白，可溶性固形物含量为 11%，味甜。该品种在生产上一般与早露蟠搭配栽培，互为授粉树。

早油蟠：系从国外引进的油蟠桃品种，在黄淮地区 6 月中旬成熟。果形扁圆，平均单果重 96 g，果皮全面着鲜红色。果肉黄色，可溶性固形物含量为 12%。

瑞蟠 1 号：属大果型早熟蟠桃品种，在黄淮地区 6 月底成熟，平均单果重 150 g，最大果重 220 g。果形扁圆，果皮底色黄白，果面着玫瑰红晕。果肉乳白，硬溶质，可溶性固形物含量为 14%，味香甜。

（2）早中熟蟠桃优良品种

瑞蟠 2 号：果实在黄淮地区 7 月底成熟，果形扁圆，平均单果重 156 g。果皮底色乳白，可溶性固形物含量为 14.5%，耐贮耐运。

瑞蟠 3 号：果实在黄淮地区 7 月底成熟，平均单果重 200 g。果形扁圆，果皮底色乳白，面着玫瑰红色。可溶性固形物含量为 14.5%，口感脆甜。早果丰产，耐贮运。

瑞蟠 5 号：果实在黄淮地区 7 月下旬成熟，平均单果重 200 g。果形扁圆，果皮着玫瑰红晕。可溶性固形物含量为 15%。

紫蟠：果实在黄淮地区 7 月中旬成熟，平均单果重 195 g。果形扁圆，果皮底色黄白，着紫红色。可溶性固形物含量为 14.5%，脆甜。

燕蟠：果实在黄淮地区 7 月中旬成熟，平均单果重 148 g。果形扁圆，果皮底色黄白，着深红色。可溶性固形物含量为 15%，味甜。

美国大红蟠：系从美国引进的大果型蟠桃新品种，果实在黄淮地区 7 月底成熟，平均单果重 220 g。果形扁圆，果面鲜红色，可溶性固形物含量为 14.5%，味甜。

（3）中晚熟蟠桃优良品种

蟠桃 4 号：是瑞蟠系列中成熟期最晚的品种。果实在黄淮地区 9 月初成熟，果个大，平均单果重 221 g。可溶性固形物含量为 16%，味浓甜。早果丰产，耐储运。

仲秋蟠：属中国传统的优良晚熟蟠桃品种，果实在黄淮地区 9 月底成熟，正赶上中秋节上市。果实扁圆端正，平均单果重 175 g，果面着红晕。可溶性固形物含量为 16.8%，味浓甜。从 9 月中旬到 10 月中旬可陆续采收。

巨蟠：属特大果型蟠桃品种，鲜果在黄淮地区 8 月中旬成熟上市，平均单果重 320 g。果皮底色黄白，果面着鲜红色，可溶性固形物含量为 14.5%，味甜，香味浓。

2. 贮藏特性

蟠桃在采后贮藏中极易出现失水失重、硬度下降、果实腐烂、果肉褐变，因而耐贮性差，鲜果供应期短。采收成熟度与贮藏品质有极大的相关性，采的早，果个小、品质差；采的晚，果实过熟、不耐贮。

（二）采收及采后商品化处理

1. 采收成熟度及采收方法

判断红蟠桃成熟度的方法，一是果实充分发育后，果皮开始褪绿，白肉品种底色呈现乳白色，黄肉品种呈浅黄色，果面光洁，果肉稍硬，茸毛稀易脱落，果面充分着色，果肉弹性大，有芳香味时为硬熟期；二是当果实底色呈绿或呈淡绿色，果面茸毛开始着色时为七八成熟。若采收过早，会降低果实风味，而且易受冷害；若采收过晚，则果实过于软化，易受机械伤，腐烂严重，难以贮藏。采收时要轻握全果，稍微扭转，顺着果枝侧上方摘下。对于果柄短、果肩高的品种，因果枝在果肩上，就要顺枝向下摘，不可扭转。否则果实易被果枝划伤。应注意在采果时折断枝条的行为。采下的果要轻拿轻放，需严防碰压伤和刺伤，将果实带柄采下。一天中以早晨低温时采收为佳，随采随处理，拣出残伤、劣质、畸形、污垢的果实。搬运过程中轻拿轻放，轻装轻卸，防止碰压，果实采摘后要放在阴凉处分级装箱。可分为一等、二等、三等 3 个等级。做到优质优价销售，才能提高经济效益。

2. 采后商品化处理

预冷：蟠桃采后应该及时预冷，因为蟠桃采收时气温较高，桃果带有很高的田间热，加上采收时蟠桃呼吸旺盛，释放的呼吸热多，如不及时预冷，就会很快软化衰老、腐烂变质。因此采后要尽快将蟠桃预冷到 4 ℃以下。采用的预冷方法有冷风冷却和水冷却两种。水冷却速度快，据测定，直径为 7.6 cm 的桃在 1.6 ℃水中 30 min，可将其温度从 32 ℃降到 4 ℃；直径 5.1 cm 的桃在 1.6 ℃水中 15 min，也可以从 30 ℃冷却到 4 ℃，但水冷却后要晾干后再包装。风冷却速度较慢，一般需要 8~12 h 或更长的时间。

包装：蟠桃在贮运过程中很容易受机械损伤，不耐压，因此包装容器不宜过大，一般装 5~10 kg 为宜。将选好的无病虫害、无机械伤、成熟度一致、大小均匀的红蟠桃放入瓦楞纸箱中，箱内衬纸或聚苯泡沫纸，高档果用泡沫网套包装。若用木箱或竹筐装，箱内要衬包装纸，每个桃用软纸单果包装，避免果实摩擦挤伤。

（三）蟠桃的贮藏

1. 气调贮藏

气调贮藏即通常所称的 CA 贮藏，它利用机械制冷的密闭贮库配用气调装置和制冷设备，使贮库内保持一定的低氧、低温和适宜的 CO_2 和湿度，并及时排出贮库内产生的有害气体，从而有效地降低所贮藏水果的呼吸速率，以达到延缓后熟作用、延长保鲜期的目的。

蟠桃入库前，要认真检查气调库内各项设备的功能是否完好，是否运转正常，及时排除各种故障。启动制冷机，库内温度降至 0 ℃后方可入库；入库初期，启动制氮机和 CO_2 脱除器，分别进行快速降氧和脱除 CO_2，使库内温度及气体成分逐渐稳定至长期贮藏的适宜指标。对库内温度和 O_2、CO_2 浓度的变化，应坚持每天测定 1~2 次，掌握其变化规律，并加以严格控制；中后期的检查、检测工作要认真定时进行，以防库房各种设施出现故障；桃果出库前要停止所有气调设备的运转，小开库门缓慢升氧，经过 2~3 d 库内气体成分逐渐恢复到大气状态后，工作人员才能进库操作。商业上一般推荐的气调冷藏条件为 0 ℃及 1% O_2+5% CO_2 或 2% O_2+5% CO_2。入贮后要定期检查。短期贮藏的蟠桃果每天观察 1 次，中长期的果实每 3~5 d 检查 1 次。

2. 减压贮藏

减压贮藏利用真空泵抽出库内空气，将库内气压控制在 13.3 kPa 以下，并配置低温和高湿，再利用低压空气进行循环，桃果实就不断地得到新鲜、潮湿、低压、低氧的空气，一般每小时通风 4 次，就能够去除果实的田间热、呼吸热及代谢产生的乙烯、CO_2、乙醛、乙醇等，使果实长期处于最佳休眠状态，不仅使果实中的水分得到保存，而且使维生素、有机酸和叶绿素等营养物质减少了消耗，同时贮藏期比一般冷库延长 3 倍，产品保鲜指数大大提高，出库后货架期也明显延长。

（四）蟠桃的运输

尽管运输时间较贮藏要短，但是也应维持较低的运输温度，适宜的运输温度为 1~2 ℃，最好不要超过 12 ℃。运输前一定要先预冷再装车。桃果用塑料袋包装，自发气调效果也较为理想。

（五）蟠桃贮期病害及预防

蟠桃含水量和含糖量都很高，果实特别容易造成机械损伤，因此为细菌微生物提供了一个优势生长的平台，造成了蟠桃在贮期大量腐烂变质，严重影响了蟠桃的经济价值。

由病原物侵染引起的桃采后常见真菌病害有：青霉病、软腐病、褐腐病、灰霉病等。青霉可以侵染果实细胞引起青霉病、根霉可以侵染果实细胞引起果实的软腐病、果生链核盘菌可以侵染果实细胞引起果实的褐腐病、灰霉葡萄孢菌可以侵染果实细胞引起的果实灰霉病等。这些病害主要通过机械伤口侵染果实，这些病原物有较强的低温抵抗力，即使在低温贮藏下也很容易发病，造成果肉的腐烂变质。侵染桃的病原菌大多为真菌，包括根霉、黑曲霉、青霉、灰霉、交链孢霉、芽枝霉、匐柄霉、葡萄球座菌、粉红聚端孢9个属的真菌。黑曲霉在蟠桃常温运输下就可以发病，病程时间很短；青霉、灰霉、交链孢霉、芽枝霉和匐柄霉等一般在桃的冷链运输以及贮藏过程中发病。其中，桃果实的最主要的病害是灰葡萄孢引起的灰霉病，该真菌在低温条件下（0.5 ℃）仍能生长繁殖，桃对灰霉病的抗性很低，所以要延长桃的贮藏期，就必须采取相应措施做好抑菌防腐工作，避免桃在贮藏和运输过程中发生微生物病害。

十八、油桃贮藏保鲜技术

油桃（拉丁学名：*Prunus persica var. nectarina*），又名桃驳李。油桃（Nectarine）是普通桃（果皮外被茸毛）的变种，是一种果实作为水果的落叶小乔木，油桃源于中国，在亚洲及北美洲皆有分布。近球形核果，肉质可食，为橙黄色泛红色，直径7.5 cm，有带深麻点和沟纹的核，内含白色种子。油桃表皮无毛而光滑，发亮，颜色比较鲜艳，好像涂了一层油，风味特佳，香、甜、脆一应俱全，十分符合中国人喜甜的饮食习惯。普通的桃子表皮有茸毛，颜色发红或微黄，无亮光，而油桃以其果皮无毛、果色鲜红迷人、香味浓郁的外观深受市场的欢迎。油桃的部分品种成熟后果实脆硬，极耐长途运输，其耐贮运性大大超过水蜜桃。

（一）贮藏特性及品种

1. 品种

（1）瑞光5号

瑞光5号，果实为短椭圆形，平均单果重145 g，大果重158 g。果顶圆，缝合线浅，两侧较对称，果形整齐。果皮底色黄白，果面着紫红或玫瑰红色点或晕，不易剥离。果肉白色，肉质细，硬溶质，味甜，风味较浓，黏核。果实7月上中旬采收，果实发育期85 d左右。落叶期为10月下旬，年生育期210 d左右。该品种为优良的早熟油桃品种，果个大且圆整，风味甜，丰产，多雨年份有少量裂果。

（2）瑞光7号

瑞光7号，果实近圆形，平均单果重145 g，大果重183 g。果顶圆，缝合线浅，两侧对称，果形整齐。果皮底色淡绿或黄白，果面 1/2 至全面着紫红或玫瑰红色点或晕，不易剥离。果肉黄白色，肉质细，硬溶质，耐运输，味甜或酸甜适中，风味浓，半离核或离核。北京地区 7 月 13—20 日成熟。

（3）红杧果油桃

红杧果油桃树势中庸，因其果面红色，果形奇特像杧果而得名，优质、特早熟、甜香型黄肉油桃品种。果个中等，平均单果重 92～135 g，果形近长卵圆形，果皮底色黄，成熟后 80% 以上果面着玫瑰红色，较美观。果肉黄色，硬溶质，汁液中多，可溶性固形物 11%～14%，品质优良，无裂果，黏核。郑州地区的红杧果油桃树 3 月下旬至 4 月初开花，果实 5 月下旬成熟，果实发育期 55 d 左右。

（4）华光油桃

树体生长健壮，树形紧凑，果实近圆形，平均单果重 80 g 左右，最大可达 120 g 以上，表面光滑无毛，80% 果面着玫瑰红色，改善光照条件则可全面着色，果皮中厚，不易剥离，果肉乳白色，软溶质，汁多，黏核。果实发育期 60 d 左右，郑州地区的华光油桃 6 月初成熟，若果实发育后期雨水偏多，会出现轻度裂果现象。

（5）艳光油桃

属早熟品种，白肉甜油桃。果实为椭圆形，平均单果重 105 g 左右，最大可达 150 g 以上，表面光滑无毛，80% 果面着玫瑰红色，果皮中厚，不易剥离，果肉乳白色，软溶质，汁液丰富，纤维中等，黏核。果实发育期 70 d 左右，郑州地区的艳光油桃 6 月 10—12 日成熟。

（6）红芙蓉油桃

全红型中晚熟白肉甜油桃，北京地区 8 月中旬成熟，果实发育期 120～126 d。果实长圆形，整齐。果形大，单果重 164～180 g，最大果重 252 g。果圆形正，对称或较对称，果顶部圆，略呈浅唇状，梗洼深，广度中等，缝合线浅。果皮表面光滑无毛，底色乳白，全面或近全面着明亮玫瑰红色。果肉乳白色，有稀薄红色素，硬溶质，风味浓香。黏核，果核偏大。耐贮运性好。多年未见裂果。光照不足会影响果实着色。

2. 贮藏特性

油桃属典型的呼吸跃变型果实，呼吸强度比苹果高 1～2 倍，在常温下极易变软，油桃因皮覆蜡质且无绒毛，失水则显著少于桃。油桃对低温的敏感性比其他水果强。采后低温贮藏可强烈抑制呼吸强度，但在 −1 ℃下长期贮藏极易产生冷害，风味淡化，果肉变硬发糠和维管束褐变。油桃对 CO_2 极为敏感，贮藏环境 CO_2 浓度超过 1%，即可能产生 CO_2 伤害，出现异味。油桃耐贮性较好，可作 2 个月以内的贮藏。

（二）采收及采后商品化处理

1. 采收成熟度及采收方法

采收时期根据油桃的品种特性、果实用途、销售距离、运输工具等条件，具体确定桃果采收的时间。如果过早采收，果实的品质、风味和色泽欠佳，影响商品价值；采收过晚，则果肉变软，风味下降，不耐贮运，还可能导致落果。如果就地销售，可在九成熟时采收；近距离运销，在八成熟时采收；远距离运销，则七八成熟就可采收。

采收前要准备好采收用的箱、筐等包装材料。因油桃果实含水量高，稍有损伤即易腐烂，所以采收时用全掌握桃，均匀用力，轻微扭转，顺果树侧上方摘下。对果短、梗洼深、果肩高的品种，则应顺枝向下拔取。采收的顺序从下往上，从外向内，逐枝采摘。大棚内桃果，因其花期不同成熟期也不同，所以要选成熟的采，做到边熟边采。应注意轻拿轻放，避免碰伤和挤伤。采下的桃果应放在阴凉处，包装箱、筐要用软质材料衬垫。

2. 采后商品化处理

包装：油桃果柔软多汁，在成熟时皮薄肉嫩，对碰撞、震动和摩擦的耐力很弱，包装容器要浅而小，装载数量不宜过多，一般 5 kg 为宜。包装容器最好选用苯板箱，也可选用双瓦楞纸箱，纸箱装桃果前先用 PE 或 PVC 保鲜袋衬入箱内，苯板箱则先装果预冷后再将保鲜袋套在箱的外围。

预冷：在油桃入库前先进行库房消毒，办法是用库房专用烟雾消毒剂或 $10 \sim 20 \ g/m^3$ 碎硫黄点燃密闭 24 h，打开门窗散出库内的残留雾，打开制冷机先将库房充分预冷。因油桃采后温度很高，降低果实温度，能很快降低果实呼吸强度，如使果实从常温降至 0 ℃，则其呼吸强度降低 10 多倍，果肉软化率减缓近 10 倍。此外为了防止结露导致桃果腐烂，在预冷时要打开包装箱，将箱内的保鲜袋敞开，防止结露。一般预冷 12 ~ 24 h，还可用 0.5 ~ 1 ℃ 的冷却水与液体保鲜剂浸泡结合。预冷结束后放入油桃专用保鲜剂，再扎紧袋口。

（三）油桃的贮藏

冷藏：油桃采后对温度的反应比其他果实都敏感。如果冷库温度波动过高，就会出现两次呼吸高峰，第一次呼吸高峰会使果实开始变软；第二次呼吸高峰到来后，果实微管束开始变褐，继而发展到整个果肉褐变。因此冷藏温度应控制在 0 ~ 1 ℃ 恒温下贮藏。温度过高，果实呼吸强度会成倍增大，贮藏寿命成倍减少。最好在库内放 3 ~ 4 只水银温度计。

码垛：在预冷结束后要进行码垛，码垛时要离开地面 20 cm，离开蒸发器对面墙 20 cm，两面侧墙 10 cm，要离开库顶 50~70 cm。码垛最好是从里边开始，在码垛时应尽量减少库内工作人员，以免造成 CO_2 伤害和库温升高，造成果实第二次呼吸，缩短贮藏寿命。

气调贮藏：气调贮藏较为简便，将油桃贮藏在 0 ℃，O_2 为 8%~10%，CO_2 为 3%~5% 的气体环境中，可贮藏 60~80 d。

（四）油桃的运输

运用冷藏、保温、防寒、加温、通风等方法，在铁路上快速优质地运输。冷藏车车体隔热，密封性好，车内有冷却装置，在温热季节能在车内保持比外界气温低的温度，在运送的过程中，需将温度控制在 0 ℃ 左右，环境湿度在95% 左右，那样才可以让油桃尽快冷藏。运输过程中避免颠簸，到达目的地后，将油桃尽快搬移至冷库中，在出库时，间歇升温，防止桃子烂掉。

十九、樱桃贮藏保鲜技术

樱桃（*Cerasus pseudocerasus*），是某些李属类植物的统称，包括樱桃亚属、酸樱桃亚属、桂樱亚属等。果实可以作为水果食用，外表色泽鲜艳、晶莹美丽、红如玛瑙、黄如凝脂，果实富含糖、蛋白质、维生素及钙、铁、磷、钾等多种元素。世界上樱桃主要分布在美国、加拿大、智利、澳洲、欧洲等地，中国主要产地有黑龙江、吉林、辽宁、山东、安徽、江苏、浙江、河南、甘肃、陕西、四川等。

（一）贮藏特性和品种

樱桃属于非呼吸跃变型水果，成熟果实对乙烯反应不敏感，对环境中高浓度 CO_2 具有较强的忍耐力。10%~25% 的高浓度 CO_2 可以显著抑制樱桃果实乙烯的合成和果实的衰老，对于病害也有较好的抑制作用。成熟早（发育期较短），采后生理代谢旺盛，果实贮藏期短。甜樱桃果肉质地比较硬，果实大，含糖量高，适合贮运。

樱桃的品种很多，在我国有悠久的栽培历史，樱桃于 4 月、5 月先百果而熟，果实晶莹艳丽，营养丰富，尤其含铁量高，在春夏之交最受欢迎。但是，樱桃采后极易过熟、褐变和腐烂，常温下很快失去商品价值。我国的樱桃主栽品种可分为中国樱桃和甜樱桃，用于贮藏和远销时最好选用甜樱桃，因其含糖量高，果肉质地比较坚硬，果实较大。其中有些品种耐贮运，例如，那翁樱桃最耐贮运，日之出、早红稍耐贮运。一般说来，早熟和中熟品种不耐贮运，晚熟品种耐贮性较强。酸樱桃一般不作长期贮藏，多用于加工。

（二）采收及采后处理

用于贮藏的樱桃要适当早采，一般提前1周采收，带果把采收，尽量避免机械伤。采后立即将果实预冷到2℃，在不超过2℃的温度条件下运输，基本上可控制采前浸染的灰星病导致的腐烂。因为樱桃的果实娇小、不耐压，宜采用较小的包装，每盒2~5 kg。樱桃采后处理不当，容易过熟和衰老，湿度过低、温度过高时，果柄会枯萎变黑，果实变软、皱缩、褐变，并引起腐烂。表面凹陷是影响樱桃鲜销品质的主要问题，采后浸钙处理和减压贮藏可以降低果实表面凹陷的发生率。

1. 预冷

果实在贮藏或运输之前，迅速将其温度降低到规定的温度范围内。预冷的目的是迅速消除大樱桃采摘后自身存在的田间热，降低温度，抑制大樱桃采后依然旺盛的呼吸，从而减缓新陈代谢，减少贮藏期间水分损失、营养消耗和病原菌的侵染，保持其较高硬度、弹性和鲜度等。从采收到预冷的时间越短越好。预冷现分为水预冷和空气预冷两种，水预冷时间短、效果好，但需要专门设备，空气预冷在少量贮存中应用较多。具体做法是，将采收后的樱桃装入0.03~0.05 mm PVC保鲜袋内，敞口放置，迅速放在已降至0~1℃的预冷间内，按照品种、采摘时间的不同分别摆放，当樱桃果实的温度降至（1±0.5）℃时即为已冷透，然后扎紧塑料薄膜袋装入塑料筐内，再将预冷后的樱桃果实放入库温为-1~1℃的冷库中贮藏。

2. 保鲜剂处理

大樱桃在采后过程中极易受到微生物的侵染，造成腐烂变质。通常用于控制果实采后腐烂的技术主要包括：①每千克樱桃可用0.1~0.2 g仲丁胺熏蒸杀菌。②在保鲜袋中放保鲜剂防腐保鲜。③采前7~14 d喷1次1 000倍液甲基托布津，采后用100~500 mg/kg苯菌灵浸果或SO_2片剂熏蒸，用量1.4 g/kg。

（三）樱桃的贮藏

1. 低温冷藏保鲜

樱桃在-1~1℃和RH为90%~95%时机械冷藏，可以贮藏20~30 d。贮藏前将冷库提前消毒并降温至-1~0℃，待刚采摘的大樱桃被挑选后，分批量放入冷库内并使果温迅速降至2℃以下。低温贮藏可以降低大樱桃的呼吸及其他代谢活动，减少水分消耗，延缓成熟、组织软化以及颜色变化，增强对病原微生物侵入引起劣变的抵抗能力，能够有效地保持大樱桃的新鲜度，并且可以贮藏2~3个月。

库内湿度低，易使樱桃果柄枯萎变黑，表现皱皮和变褐。大樱桃果实贮藏的适宜 RH 为 90%~95%。樱桃在贮藏期间防止失水萎蔫的一个重要措施，就是要防止樱桃果实自身的水分损失，保持樱桃果实本身果肉组织的水分。简单有效的方法就是采用 0.03~0.05 mm PVC 保鲜袋来保持水分，袋内湿度始终处于稳定状态，增加外部环境的渗透压，抑制樱桃果实内水分的外渗，从而防止其失水萎蔫。其次可采用加湿器加湿的方法，即通过加湿器向库内喷水使库内的 RH 达到 90%~95%，减少果实失水。若樱桃果实失水或者失水过多，这种方法则能达到预期的效果。反之，水分会附着在大樱桃果实表面，易引起果实腐烂变质，缩短贮期。

大樱桃属于冷敏性水果，而低温贮藏又是保持大樱桃质量最有效的办法，通过控制温度可以降低代谢速度，如呼吸强度、乙烯释放率等，从而控制果品质量下降。但是当冷敏性水果低温贮藏不当时，冷藏的优越性不仅不能充分体现，果品还会迅速败坏，缩短贮藏寿命。需要注意的是，大部分冷害症状在低温环境或冷库内不会立即显现出来，而是在果品被运到温暖的地方或销售市场时才显现出来。大樱桃果实的冰点为 -1.9 ℃左右，温度低于 -1.9 ℃大樱桃容易受冻害。目前大部分采用的贮藏温度为 -1~1 ℃。

2. 气调贮藏保鲜

气调保鲜是调整果实贮藏环境中气体成分的一种贮藏方法。它是由冷藏减少环境中 O_2 浓度、增加 CO_2 浓度的综合保鲜方法。入贮前，将大樱桃果实置放于 40 mg/kg 氯化钙溶液中浸泡 2 h 后晾干，以增加钙离子从果皮向果肉转运，有效地增加果实的硬度。果实经预冷后入库，可以显著地降低其自身的呼吸强度，减少水分和营养物质的消耗，有助于提高耐贮性和保鲜效果。气调贮藏期间的温度应保持在 0 ℃左右，RH 保持在 80%~90%，CO_2 浓度控制在 10%~20%，O_2 浓度尽量控制在 5% 以下。

3. 自发气调贮藏

简单易行的自发气调贮藏，可获得较好的贮藏效果。一般做法是在小包装盒内衬 0.06~0.08 mm 的聚乙烯薄膜袋，扎口后，放在 -1~0.5 ℃下贮藏，使袋内的氧和 CO_2 分别维持在 3%~5% 和 10%~20%，樱桃可贮藏 30~50 d。需要注意的是 CO_2 浓度不能超过 25%，不然会引起果实褐变和产生异味，此外，为了防止不良气味，果实从冷库中取出后，必须把聚乙烯薄膜袋打开。

4. 涂膜保鲜

涂膜处理是在果实表面形成一层薄膜，大樱桃果实可用 N，O-羧甲基壳聚糖涂膜贮藏保鲜 60 d。涂膜能够抑制果实气体交换，降低呼吸强度，从而减少其营养物质的消耗，减少水分蒸发造成的损失。使果实外表饱满新鲜，硬度较高。由于有一层薄膜保护，可以明显地减少病原菌的侵染而避免果实腐烂，从而更好地保持果实的营养价值及色、香、味、形，延长果实的货架寿命。

不论用何种气调方式，都要将环境温度控制到-1~1 ℃。控制 RH 为95%左右。晚熟耐贮品种可贮藏3~4个月，好果率达90%以上。

（四）运输

樱桃适宜的运输温度为0~2 ℃，最高不要超过5 ℃。短途运输，大部分运输工具都是小型机械车。距离较远时，建议采用全程冷链运输。在运输时，宜采用减震包装，以免使樱桃受到挤压和碰撞造成烂果。

二十、智利车厘子贮藏保鲜技术

车厘子是樱桃（英文名：cherry）的音译，属于蔷薇科落叶乔木果树。车厘子果大多汁，外形红若玛瑙，色泽艳丽；果肉柔软甘甜，鲜食风味极佳。富含蛋白质、糖、维生素及铁、磷、钙、钾等多种营养元素，每百克果肉含维生素 C 10 mg，胡萝卜素0.15 mg，钙11 mg，磷27 mg，钾258 mg，镁12 mg，硫胺素0.04 mg，核黄素0.08 mg，是世界公认的"生命之果"，深受广大消费者的青睐。车厘子果肉富含维生素 A、维生素 C 等抗氧化剂，这些抗氧化剂既可合成视网膜上的主要原料视紫红质，保护眼睛、保护视力，又能够清除体内的自由基，延缓衰老、祛斑美白；车厘子果肉还对咽喉炎、口腔溃疡等炎症有一定的治疗作用；其果肉中含有的花青素、维生素 E 等，具有一定的还原作用，可缓解由于乳酸分泌过多引起的肌肉酸痛。

（一）贮藏特性及品种

1. 品种

车厘子，原特指产于美国、加拿大、智利等美洲国家的个大皮厚的樱桃，品种属于欧洲樱桃。中国山东、辽宁、河南、湖北、四川、山西等地已有车厘子果树的引种，形成了多品种的中国大樱桃，已具有相当产能规模，品味、质量与国外相当。车厘子的品种有美早、黑珍珠、大红灯、拉宾斯等。美早是常见的车厘子品种，果皮鲜艳亮丽，口味酸甜多汁，果柄粗壮，果肉呈紫红色，风味极佳；黑珍珠的果实完全成熟后表面呈黑红色，光亮似珍珠，果肉呈黑紫色，含糖量较高，口感松软，汁水较多；大红灯是众多车厘子中成熟最早的品种之一，5月初便可成熟上市，表皮鲜红，果肉较硬，肉质肥厚，呈淡黄色；拉宾斯果皮紫红色，果肉呈黄白色，酸甜可口，多汁脆爽。

2. 贮藏特性

车厘子果实柔软、皮薄汁多，细胞壁和外壁角质均很薄，且呼吸速率较高，加之成熟于夏令时节高温高湿的 5—6 月，采收时间过于集中，果实易受损伤，易感病，风味和品质下降快，不耐贮运，常温贮运极易出现褐变腐烂变质等现象。常温下只能存放 2~4 d，大大降低商品价值。此外，车厘子同桃果等其他核果类一样，在贮运过程中极易发生果肉褐变、口味下降等生理性病变，不耐贮运。因此，将采收后的部分车厘子进行贮藏，以延长车厘子的销售期，是车厘子产业亟待解决的问题。

（二）采收及采后商品化处理

1. 采收成熟度及采收方法

车厘子采收期正值高温季节，属于鲜果中最早上市的一个树种。是一种高档的鲜食及加工型水果。其品种繁多、色泽艳丽、品质优良、味道香甜浓郁。成熟期比较集中，因此，各品种的采收期也随之相对集中。车厘子的早熟品种一般在 5 月下旬至 6 月中下旬成熟，果实发育期短，果皮薄，肉质密度不大，常温下极易变质。6 月下旬以后成熟的晚熟品种，质地较硬，可贮藏保鲜。所以，根据采收后的用途不同，车厘子果实在采收时期上也有所区别。

用于贮藏保鲜和远途运输：采收后作为贮藏保鲜用的车厘子，一般应选择晚熟的品种，如先锋、那翁、施密特晚红、晚黄、秋鸡心等品种。晚熟的品种果肉致密，硬度相对较大，适合于贮藏保鲜。采收时应在八成熟左右采收，这样可以降低在运输途中的烂果率，同时，可以提高贮藏质量、延长其保鲜时间。

当地鲜销鲜食：鲜食的车厘子一般要求口感香甜，色泽艳丽，果个和单果重普遍偏高。所以，采收应在车厘子完全成熟时采收。选择一些早熟品种，采收后应在最短的时间内销售至消费者手中。

车厘子在采收后无论鲜销还是加工，其采收方法都是一致的。车厘子的成熟期不一致，在采收时应该分期分批进行，时间最好在晴天的 9：00 以前或者下午气温较低、无露水的情况下采收。采收后进行初选，剔除病烂果、裂果和碰伤果。采摘后的车厘子果实不能在太阳的直射下放置。阳光直射不仅影响车厘子果实的贮藏寿命，而且也有损于其商品质量，从而影响其经济效益。车厘子在采收时最关键的一点就是"无伤采收"。无伤采收顾名思义就是在采收时，尽可能地将车厘子果实的损伤降低到最小程度或者无伤。因此，车厘子果实目前还是以人工采收为主。由于车厘子果个小，皮薄，硬度相对较小，在采摘过程中很容易造成伤果。采摘时应用手捏住果柄轻轻往上扳动，连同果柄采摘。在采摘过程中应配置底部带有一小口的容器，容器不能太大，而且必须内装有软衬，以减少其机械碰撞。将采摘下的车厘子果实轻轻地放入容器内，往外倒时可以从底部流口处轻轻倒出，做到轻拿轻放。

2. 采后商品化处理

新鲜的车厘子极易腐烂，经过预处理和筛选分级后，贮藏保鲜技术将决定车厘子的保质期和货架期。车厘子的保鲜技术主要可以分为物理保鲜技术、化学保鲜技术和生物保鲜技术三大类。物理技术主要包括低温冷藏、热处理、气调、超声波、减压、辐照、等离子体、脉冲电场等；化学保鲜主要利用氯气（Cl_2）、二氧化氯（ClO_2）、过氧乙酸、二氧化硫（SO_2）、次氯酸钠（$NaClO$）等化学保鲜剂涂膜、浸泡等方式实现车厘子的保鲜；生物保鲜主要是利用壳聚糖、氯化钙、水杨酸等生物保鲜剂延长车厘子贮藏期。

（三）车厘子的贮藏

车厘子采用的主要保鲜方式有 CA 保鲜、MA 保鲜、减压保鲜、普通冷藏保鲜、化学保鲜、涂膜保鲜等。

普通冷藏：普通冷藏是通过降低环境温度来抑制水果新陈代谢和致腐微生物的活动，使水果在一定时间内保持其新鲜度、颜色、风味的技术。将车厘子预冷后，在-1~1 ℃的冷库内堆垛贮藏。堆垛底部垫上空塑料筐，各垛之间间隔2~5 cm，垛顶距库顶60 cm，以利于气流流通。

减压贮藏：在冷藏条件下，将车厘子放置于密闭的贮藏室内，用真空泵抽气来降低贮藏单元的气体分压，使其在低于大气压力的环境条件下贮藏。减压贮藏可以保持新鲜车厘子的品质、硬度、色泽等。在相同贮藏环境下，减压贮藏明显要比冷藏效果好。研究指出，车厘子在（0±0.5）℃条件下，减压机压力控制在0.06~0.08 MPa，每隔4 h 启动换气1次，每次3 min 左右，贮藏60 d好果率达96%。

气调贮藏：车厘子对高浓度 CO_2 具有强忍耐力，气调贮藏能延缓车厘子果实的衰老进程，延长贮藏期。低浓度 O_2 和高浓度 CO_2 的 CA 贮藏有利于减缓果胶的分解、抑制果实褐变及成熟衰老进程、保持果实硬度、色泽和风味品质。同时采用高浓度 CO_2 处理车厘子还能减少由病原真菌引起的腐烂损失。

参考贮藏条件：温度为-1~1 ℃，湿度为90%~95%，在此条件下，车厘子贮藏期可达30~40 d。

（四）车厘子的运输

车厘子在采摘后一定要采取无伤运输及保鲜运输。无伤运输就是果品在运输的过程中不受到任何损伤。甜樱桃适宜的运输温度为0~2 ℃，最高不要超过 5 ℃。运输期限建议不超过 3 d。短途运输，大部分运输工具都是小型机械车，分级、包装要做到和上述一样，应该特别注意防止日晒雨淋和焐热，要求通风散热。距离较远时，建议采用空运或者冷藏气调车、移动式多功能自动冷库运输车。在运输时，宜选择平坦道路，尽量减少颠簸，以免车厘子受到挤压和碰撞造成烂果。

（五）车厘子贮期病害及预防

车厘子采后容易发生侵染性病害。侵染性病害是水果在采后贮运过程中腐败变质的重要原因之一。依据侵染源的不同，又可以分为真菌性病害、细菌性病害和病毒性病害等，车厘子的侵染性病害主要为真菌性病害。常常在田间病原真菌就已经附着在车厘子表面，在车厘子采摘、运输及销售过程中伺机侵染。在贮藏期间逐渐显现，进一步将病害扩散，使周围车厘子也受到侵染，因此即使在采前未受到侵染的车厘子也可能在采后染病。真菌性病害会导致车厘子采后腐烂损失高达 25%～50%。

二十一、野樱桃贮藏保鲜技术

野樱桃隶属蔷薇科李亚科樱属，起源于我国，其栽培历史已达 3 000 余年之久，是我国古老的具有较高经济价值的栽培果树之一。主要分布在宁夏、湖北、陕西等地。花期 3—4 月，果期 5—6 月成熟期较早，有"早春第一果"之美誉。核果近球形，较小，呈鲜红色、黄色或暗红色，色泽艳丽，果直径约 10 mm，风味独特，富含糖、蛋白质、维生素及钙、铁等多种元素，特含樱桃苷、槲皮素、维生素 C、松稀油等，营养价值高；具有美容养颜的效果，适量食用对皮肤有好处，而且可以清血热，益肾，治疗咽喉肿痛，野樱桃的汁水可以活血化瘀、治疗烫伤。其在生长过程中几乎不使用农药，属无公害果品，深受消费者喜爱。

（一）贮藏特性

野樱桃采摘周期短，果皮薄不耐运输，并且货架期和储存期也远低于市场上出现的柑橘、苹果等水果，从而易造成大量鲜果堆积腐烂。

（二）采收及采后商品化处理

1. 采收成熟度及采收方法

果实应选择在八九成熟时采摘。采摘时要尽量减少机械损伤，搬运时注意轻拿轻放。

2. 采后商品化处理

(1) 药剂处理

准备用来贮藏的野樱桃，可在野樱桃现蕾期、幼果期、采果前分别喷施1.5%~2%浓度的硝酸钙或氯化钙溶液，或在采后用2%氯化钙溶液浸泡几分钟。另外再配合防腐、涂膜保鲜剂进行涂膜处理。涂膜后具有抑制果实呼吸，保持养分，抑制灰霉病、炭疽病、黑斑病等多种采后病害的发生的功能。

(2) 包装

选无伤、无病虫害、大小均匀的果实，经药剂处理后阴干，预冷装袋，每袋1.5 kg左右，并配以包装箱。包装袋可用水果气调保鲜袋，贮藏效果较好。

(三) 野樱桃贮藏

低温冷藏：野樱桃冷藏适宜温度为-1~1 ℃，RH 为90%~95%，在此条件下，贮期可达30~40 d。野樱桃在入贮前先预冷，进行采后处理包装，最后入库贮藏。预冷降温速度越快贮藏效果越好，入贮后使果温迅速降至2 ℃以下，要保证恒定低温高湿条件。

气调贮藏：野樱桃可耐较高浓度的 CO_2。气调贮藏的指标，温度 0 ℃，CO_2 20%~25%，O_2 3%~5%，RH 为90%~95%。目前大多采用 MA 气调贮藏方法。

(四) 野樱桃的运输

野生樱桃果实极易变软，不宜长途运输，目前通常是产地直销，大多种植户采用泡沫箱、纸箱包装，垫卫生纸，其中客运运输较多，基本上随采随销。在运输过程中，往往会承受静载、震动、挤压、跌落冲击等诸多载荷形式的作用，这些都会导致野生樱桃果实机械损伤，进而影响野生樱桃后期的贮藏及销售。

二十二、李子贮藏保鲜技术

李子是蔷薇科、李属植物。李子分布于中国陕西、甘肃、四川、云南、贵州、湖南、湖北、江苏、浙江、江西、福建、广东、广西和台湾；世界各地均有栽培。生于海拔400~2 600 m的山坡灌丛中、山谷疏林中或水边、沟底、路旁等处。李子花期大概在4月，果实于7—8月成熟。果实饱满圆润、玲珑剔透、口味酸甜，富含胡萝卜素、维生素 B_1、维生素 B_2、维生素 C 等多种维生素及微量元素钙、磷、铁、钾、钠、镁，蛋白质，氨基酸等。李子能促进胃酸和胃消化酶的分泌，有增加肠胃蠕动的作用，因而食李能促进消化，增加食欲。新鲜李子肉中含有多种氨基酸，如谷酰胺、丝氨酸、甘氨酸、脯氨酸等，生食可以清肝利水。《本草纲目》记载，李花和于面脂中，可以"去粉滓黑暗""令人面泽"，对汗斑、脸生黑斑等有良效，美容养颜。

（一）贮藏特性及品种

1. 品种

中国李子的品种很多，按果形、果皮和果肉色泽可分为黄、绿、紫、红四大类。按果实食用期的软硬可分为水蜜类和脆李两大类。水蜜类果实完全成熟后肉质柔软多汁，硬熟时风味较好，如南华李等。脆李类果实硬熟时肉脆汁多，风味好，软熟时风味减退，如潘园李、红美人李、白美人李、迟蜜李等。

醉李果大色艳，平均果重 50 g 左右，皮色殷红，密密麻麻地点缀着黄点，外披白粉，底部有一圈凹痕为其主要特征，果肉淡橙黄色，初采的果实肉质致密，甘美爽口，经 4~5 d 后果肉变软，富浆液，甜蜜中还带有一股酒香。桂花李，因有桂花香味而得名，成熟时肉软汁多，味甜，果核很小，品质优良。金塘李，味鲜甜，有香气，风味优美。北方产的御李，果大肉厚，核小味甜。江南建宁产的均亭李色紫肥大，味甜如蜜。江西靖安县出产的朱砂李，其颜色为黑红色，皮薄，肉细嫩多汁，味鲜甜微酸。还有李与杏嫁接的优良品种，如香扁、荷包李、雁过红、腰子红等，这些品种具有李和杏的双重优点，果大色红，滋味甜美。

2. 贮藏特性

温度是果实贮藏保鲜的第一要素。采用适宜的贮藏温度，可有效提高李子果实的耐贮性。0~1 ℃条件下贮藏的青脆李可保鲜至 70 d，且果实质地良好、风味正常、新鲜可口，且未表现出低温冷害症状。但不同品种的果实具有不同最适贮藏温度，温度太高，会增强果实呼吸作用，营养被大量消耗，引起腐败劣变；温度过低，会导致果实发生病害，如冻害、冷害等。贮藏湿度与贮藏温度相比，环境湿度属于次要因素，但贮藏环境湿度的影响不容忽视。低湿环境贮藏李果实，会引起果实失水、组织萎蔫、代谢失调，刺激呼吸作用，加快乙烯的合成，使水果的营养成分损失；高湿环境贮藏李果实，有利于微生物滋生，引起果实腐烂。降低 O_2 浓度和提高 CO_2 浓度，可降低呼吸作用强度和乙烯释放量，从而减少营养物质和水分损失，抑制微生物生长繁殖，延缓果实后熟衰老和果肉褐变。但是 O_2 浓度不宜过低，CO_2 浓度不宜过高，否则会发生 CO_2 中毒现象，引起果肉褐变和厌氧呼吸等不良情况，造成更大的损失。

（二）采收及采后商品化处理

1. 采收成熟度及采收方法

李子采收的成熟度直接影响了其贮藏性，李子属于呼吸跃变型果实，采摘主要集中于高温季节，呼吸强度大，后熟和衰老较快。采摘成熟度过低，其果实难以到达良好的色泽和口感；采摘成熟度较高时，极易发生后熟衰老、腐败变质等现象。

李子的采收应安排在凉爽、干燥的清晨或傍晚进行。对于鲜食的果实，采摘时应尽量避免接触果体，以免破坏蜡质层，可用手指轻轻捏住果梗并向上提扭动，使之与树枝分离。对于加工用果实，则统一用竹竿、木棒敲落即可。

采收要点：一是根据不同品种的李子特点不同，采收时期也有区别，以适口性最好、耐贮藏性最佳为标准。例如，安格诺李等品种，口感爽脆，便于储存，则在其完熟期进行采收即可；而黑布朗等品种，口感绵软多汁，不便储存，则在以完熟期的前 3~4 d 采收为佳。二是采收鲜食品种时，须将果柄连同果实一并摘下，避免产生伤口，引起病原菌侵入。

2. 采后商品化处理

良好的包装能高效抑制细菌与病虫害传播，可大幅延长果实的贮藏寿命。首先需要对李子进行分级，然后放入箱中，合理安排李子间的间隙，以免果实相互碰撞、挤压。李子分层码放，每层间加一层瓦楞纸隔板，每箱装李子 10~15 kg。

装箱前，应人工仔细筛选剔除掉虫害果、腐败果等次品，以免发生交叉感染，污染箱体中的其他果实，损失经济利益；包装单个果实时，应选用透气性好的低密度薄膜，如聚乙烯、聚丙烯等，可有效减少运输或贮藏过程中的水分流失，抑制病原菌入侵，从而最大限度地保持李子的风味。

目前适用于水果保鲜的保鲜剂主要是一些防腐剂、杀菌剂、乙烯抑制剂、脱氧剂、植物生长物质和天然植物提取物等。防腐剂或杀菌剂的添加，可使果实防止病原微生物浸染，杀死表面附着的微生物，从而减少病害。1-MCP 是一种有效的乙烯抑制剂，它作为一种安全有效的生物保鲜剂，已广泛应用于水果贮藏保鲜技术，1-MCP 处理可以有效推迟麦李、青脆李和歪嘴李等的呼吸高峰出现、降低呼吸强度，同时抑制果实相对电导率的增加和 MDA 的生成，有效维持 SOD、POD 和 CAT 的活性，维持细胞膜的完整性，在延缓果实成熟衰老和减轻果实营养价值损失等方面具有积极的作用。臭氧作为一种强氧化剂，在水果保鲜中也有广泛研究，而它与其他杀菌剂相比具有无化学残留的优点。臭氧处理可有效抑制黑宝石李果实的硬度下降和呼吸作用，推迟呼吸高峰出现并降低峰值，减少 SSC、TA、维生素 C 和酚类物质的损失，降低失重率、褐变率和腐烂率，提高抗氧化酶 CAT 和 POD 的活性，并抑制 MDA 含量积累和 PPO 的活性。此外，一氧化氮、二氧化氯、抗坏血酸和水杨酸等保鲜剂在李果实的保鲜上也具有显著的保鲜效果。

（三）李子的贮藏保鲜

冰窖贮藏：用碎冰块平铺窖底，然后将预冷后的果筐（箱）放在冰上码垛，层与层之间填满碎冰，垛与垛之间也用碎冰填充，垛好后再用碎冰覆盖果垛，其上再覆盖塑料薄膜，然后在薄膜上堆厚 70~100 cm 的锯末等隔热材料。此法贮藏必须注意封闭窖门，窖温以控制在 0~1 ℃为好。

冷藏：李子放入保鲜库当中贮藏，最适宜的温度为 0~1 ℃，库内的 RH 为 90%。温度若是过低，会导致冻害现象发生；而温度过高，则会影响保鲜的效果，加速李子变软，影响果品品质。一般的保鲜库能够将李子的保鲜周期延长到一个月左右，超过这个时间就会引起果肉的变化，甚至产生异味。李子最好在 15 d 左右销售完毕。

气调贮藏：黑宝石李进行 6.0% O_2+5.0% CO_2 的气调冷藏，可延缓果实硬度下降、降低腐烂指数，提高果实中 SOD、POD 和 CAT 的活性，减轻果实的膜脂氧化程度，保鲜效果最佳，贮藏期可达 75 d。MA 贮藏是指用包装材料对李果实进行包裹，使其在贮藏期间进行自发气调，利用果实自身的呼吸作用和包装材料的不同透气性营造高 CO_2 和低 O_2 的环境，如使用 0.002 5 mm PE 材料包装澳李可延长果实的贮藏期，保鲜效果显著。

（四）李子的运输

运输期间应用专用纸箱，箱内分隔，一果一纸单独摆放，每箱净重 5~10 kg。每箱用喷洒 1-MCP 保鲜纸一张。美国的红布朗包装采用开口黏结折叠纸箱，箱内用打孔的塑料膜作内包装。所有的包装之前都应该做预冷处理，避免热果装箱，以免引起大量的腐烂和软化。

（五）李子贮期病害及预防

1. 侵染性病害

李子在贮藏期间的侵染性病害主要有褐腐病和软腐病。褐腐病多在田间侵染果实，贮藏期可蔓延侵染其他果实；软腐病则从伤口侵染传播。一般情况下，常采取以下防治措施来防治侵染性病害的发生：①防治与消毒，加强采前田间病害的防治及盛装容器等用具的消毒；②避免损伤，尽量减少在采收、分级、包装和贮运等一系列操作过程中机械损伤的发生；③快速预冷，将采收后的果品温度尽快降到 4.5 ℃以下（软腐病菌在 7.3 ℃以下即不能生长），可有效地抑制褐腐病的发生；④钙素处理，采收前 15 d 喷施 5%的氯化钙可起到增加李子表皮细胞膜的稳定性和完整性，抑制呼吸酶活性的作用，延缓其衰老，同时钙素具有抑制果胶酶活力的作用，能有效地防止果实变软；⑤杀菌剂浸果，若常温条件下贮运李子，采收后可用 100~1 000 mg/kg苯菌灵和 450~1 000 mg/kg的氯硝基苯胺（DCNA）混合液浸果，前者主要防治褐腐病，后者对软腐病有特效；⑥热水浸果，果实在 52~53.8 ℃热水中浸泡 2~2.5 min，或 46 ℃热水中浸 5 min，可杀死病菌孢子，也可在 46 ℃温水中加 100 mg/kg苯菌灵杀菌剂，浸果 2~3 min，晾干后入贮。

2. 生理性病害

李子果实对 CO_2 气体很敏感，当 CO_2 的浓度高于 5%时，易发生病害。表现为果皮褐斑、溃烂，果肉及维管束褐变，果实汁液少、生硬、风味异常，因此在贮藏过程中必须控制好各项气体指标。

二十三、杏贮藏保鲜技术

杏树产于中国各地，尤以华北、西北和华东地区种植较多，少数地区为野生，在新疆伊犁一带野生成纯林或与新疆野苹果林混生，海拔可达 3 000 m。

（一）贮藏特性及品种

1. 品种

（1）食用杏类

果实大形，肥厚多汁，甜酸适度，着色鲜艳，主要供生食，也可加工用。在华北、西北各地的栽培品种 200 个以上。按果皮、果肉色泽约可分为三类：果皮黄白色的品种，如北京水晶杏、河北大香白杏；果皮黄色的品种，如甘肃金妈妈杏、山东历城大峪杏和青岛少山红杏等；果皮近红色的品种，如河北关老爷脸、山西永济红梅杏和清徐沙金红杏等，这些都是优良的食用品种。

（2）仁用杏类

果实较小，果肉薄。种仁肥大，味甜或苦，主要采用杏仁，供食用及药用，但有些品种的果肉也可干制。甜仁的优良品种，如河北的白玉扁、龙王扁、北山大扁，陕西的迟梆子、克拉拉等。苦仁的优良品种，如河北的西山大扁、冀东小扁等。

（3）加工用杏类

果肉厚，糖分多，便于干制。有些甜仁品种，可肉、仁兼用。例如新疆的阿克西米西、克孜尔苦曼提、克孜尔达拉斯等，都是鲜食、制干和取仁的优良品种。

2. 贮藏特性

杏属呼吸跃变型果实，有后熟过程，呼吸跃变后，果实迅速变软，衰败腐烂，属不耐贮藏的果品之一。所以，适时采收后预冷处理，进行气调及排除乙烯是贮好杏果的关键。杏果成熟正值高温季节，采后呼吸旺盛，后熟过程很快，常温下仅能贮 5~7 d。低温有利于降低其呼吸作用，抑制后熟衰老和病害发生，一般能贮 20 ~ 30 d。杏果适宜的贮藏温度为 - 0.5 ~ 0.5 ℃，RH 为 90%~95%。

杏果不耐 CO_2，应注意防止高 CO_2 带来的伤害。预冷后，再在 0~1 ℃、RH 为 90%~95% 条件下冷藏，20 ~ 30 d 后再逐步升至室温，经后熟后上市销售。

（二）采收及采后商品化处理

1. 采收成熟度及采收方法

适时早采（约八成熟）的杏果，经预冷后装入衬有 0.03 ~ 0.04 mm 薄膜袋的包装箱中，加乙烯吸收剂和 CO_2 吸收剂，封袋入冷库后堆垛贮藏，贮藏在温度为 - 1 ℃，RH 为 90%~95%，2%~3% 的 O_2 和 2%~3% 的 CO_2 的环境中，避免 CO_2 过高（5%以上）造成伤害，一般可贮 1 个月左右。

杏果多以手工采摘为主，尤其以鲜果供应市场或用于出口的杏果，为了保证果面的鲜艳和完整无损，手工采摘最为可靠。应尽量使用高凳采果，减少上树采果人数和次数。

2. 采后商品化处理

分选分级：果实的挑选采用人工方法。首先剔除受病害侵染和机械伤的果实，然后按果实的大小、色泽、形状、成熟度等分级。分级的目的是使果品规格、品质一致，便于包装、贮运和销售。果实包装一般分为内包装和外包装两种。

内包装：通常为衬垫、铺垫、浅盘及各种塑料包装膜、包装纸及塑料盒等。

外包装：包括筐及各种材料的箱子等。外包装必须抗压、防水。为防止机械磕碰、再装入果箱内损伤果实，包装宜采用浅盘或小塑料盒或小篓。

（三）杏果的贮藏

1. 贮藏环境条件

贮藏温度：-0.5~1 ℃；气体成分：O_2 浓度 2%~3%；CO_2 浓度 2%~3%；RH 为 90%~95%；冰点：-1.1 ℃。

2. 贮藏保鲜方法

(1) 普通贮藏法

将带果柄采收后的果实，放入浅而小的容器中，不要堆放，常温下能贮藏7 d。

(2) 冷库贮藏

目前最有效的贮藏保鲜技术是低温贮藏，在-0.5~0 ℃，RH 为 90%~95%的条件下，可贮藏 25 d 左右。

(3) 气调贮藏

气调贮藏和低温贮藏相结合，可更有效地延长杏果的贮藏期，但在最佳环境，即 0 ℃，CO_2 2%~3%，O_2 3%，可贮藏 50 d。

自发气调贮藏：在 0 ℃贮藏条件下，使用塑料小包装袋可采用厚度为0.03~0.04 mm 的聚乙烯材料，或采用无毒聚乙烯薄膜，因为薄膜有一定的透气性，在一定时间内，可以维持适当的低氧和高 CO_2，但不会达到有害的程度。这种气调方式简便实用，短期贮藏、远途运输或零售时都可采用。

(四) 杏果的运输

有条件的可采用机械保温车、空调车运输或空运、船运。汽车、拖拉机、畜力车和人力车，只能短途运输。运输时应掌握 12 个字："快装快运，轻装轻卸，防热防冻"。

快装快运：果实采摘后，只能凭自身部分营养物质的分解，来提供生命活动所需的能量。所以能量消耗越多，果品的质量就越差。运输时间越短，果品损失越少。

轻装轻卸：杏较鲜嫩，稍一碰压，就会发生破损，导致腐烂。因此，装卸时，要像对鸡蛋一样，严格做到轻装轻卸。

防热防冻：以汽车、拖拉机、畜力车和人力车运输杏时，既要防雨淋，又要防日晒。日晒会使果品温度升高，提高果品的呼吸强度，增加自然损耗。因此，在温度较高时，须注意通风散热。长途运输时间为 2~3 d，杏的最高装载温度为 3 ℃，建议运输温度为 0~3 ℃。运输时间为 5~6 d 时，杏的最高装载温度不得超过 2 ℃。

二十四、黑布林贮藏保鲜技术

黑布林原产美国，为美国加州李十大主栽果品之首，20 世纪 90 年代引进我国，至今已在多地栽培。该品种树势强，半开张树姿，萌芽率和成枝率均较强，自然结实率高，抗寒、抗旱，适应性强，但抗细菌性穿孔病能力较差，不宜在多雨地区和沿海地区栽培。果实呈扁圆形，果柄短粗，梗洼宽浅，果面紫黑色，果肉乳白色，肉质细嫩，硬而脆，汁液较多，味甜爽口，鲜果离核，核极小，可食率达98.9%。黑布林的果实含有丰富的糖、维生素、果酸、氨基酸等营养成分，具有很高的营养价值，其保健功能十分突出，有生津利尿，清肝养肝，解郁毒，清湿热的作用。每年9月上旬成熟，果大，平均单果重100 g，最重达157 g，果实具后熟性，属于罕见的耐贮运品种果实，在0~5℃温度条件下可贮藏90 d以上。

（一）贮藏特性及品种

1. 品种

（1）黑琥珀

该品种为黑宝石与玫瑰皇后杂交之最新品种。果实6月下旬成熟，椭圆形，果皮紫黑色，单果重120~200 g，果肉含糖量13%~14%。定植后翌年始花结果，第三年亩产可达1 000 kg以上。果实较耐贮藏。

（2）威克逊

果实桃形，果顶有红晕，单果重100~150 g，果肉含糖量13%，果实7月下旬成熟。定植后翌年始花结果，第三年亩产可达1 250 kg左右。果实耐贮运，贮藏期长达2个月。

（3）黑宝石

果实扁圆，顶部平圆，缝合线明显、两半对称，果柄粗短，果面紫黑色，果籽少，无果点，果肉乳白、硬，果汁较多，果肉含总糖10.4%、总酸0.8%，糖酸比11.3∶1，可溶性固形物11.5%，离核可食率98.9%。果实耐贮运，在0~5℃条件下可贮藏6个月以上。

2. 贮藏特性

新鲜果品的品质主要是指食用时的外观、风味和营养价值的综合，对贮藏果实品质分析主要包括色素物质、香气物质、硬度、糖、酸、可溶性固形物、维生素C和水分等指标的变化，这些品质成分在果实采后随着果实的成熟衰老不断变化，决定着果品的市场竞争力。随着贮藏时间的延长，黑布林可滴定酸含量逐渐下降，可溶性糖先上升后下降，硬度变化幅度较小。

（二）采收及采后商品化处理

1. 采收成熟度及采收方法

每年的6月初至6月中下旬都是黑布林丰收的季节，成熟的黑布林一般在夏末初秋也就是每年的7—8月上市。黑布林表皮绿色消退，呈现特有的紫红颜色，是果实成熟的象征，此时果肉质地依然较硬，其表皮会出现果粉，为了更好地贮藏保鲜黑布林，采收黑布林应以阴天清晨或晴天上午采收为宜，切忌在强烈阳光时采收，采收后必须运到阴凉处摊开，以免被暴晒导致水分有流失的情况。

2. 采后商品化处理

筛选：黑布林采收后，按大小品质分级，同时应剔除病虫果、畸形果、伤果、小果和裂果。

预冷：预冷是黑布林贮藏的必要环节，预冷的主要目的是降低黑布林的呼吸强度，以利于贮藏和运输。黑布林采摘后本身温度较高，导致呼吸频率较快，若不进行预冷处理就会造成黑布林萎蔫、变质等情况。一般预冷温度控制在 0 ℃。

（三）黑布林的贮藏

黑布林的贮藏保鲜技术可分为化学保鲜、物理保鲜及生物保鲜三大类。其中物理保鲜最为简便可行，节省成本与人力资源，因而在农业生产中被广泛采用。而物理保鲜则分为冰窖贮藏、气调贮藏、冷库贮藏三类。

1. 冰窖贮藏

我国最为传统的一种保鲜方式，利用冰块的低温来贮藏果实。这样保存的黑布林可贮存至春节时期，直接供应市场。要点：①采用此种方法要在果垛上铺放 70~100 cm 的木屑等隔热材料，以减缓冰块的融化速度。②进出冰窖时，应注意随手关门，使窖内温度保持在-1.0~-0.5 ℃。

2. 气调贮藏

在发达国家使用较多，其原理通过控制气调库中不同气体的浓度及气压，营造出一个不同于自然条件下的气体环境，抑制果实的自身氧化与微生物繁殖。要点：①在将果实放入气调库前，应先用浓度为 0.1% 的 $KMnO_4$ 液浸泡 10 min 左右，取出阴干。黑布林堆放时，箱体之间要保留 3~5 cm 的距离，以保证气体能正常流通。②气调库中的温度应保持在 0.5 ℃ 左右，并维持 85%~90% 的湿度，同时，向气调库中释放 3.0% O_2 与 5.0% CO_2 气体。③由于果实在离开气调库后，其贮藏寿命与外界温差成反比。因此，在黑布林出库后，应使其缓慢升温后再做处理。

3. 冷库贮藏

通过制冷系统使室内保持低温，降低黑布林的新陈代谢速率，以达延长保质期的目的。要点：①在冷库使用前，为防止病原菌造成果实感染，应用仲丁胺熏蒸剂或用甲醛对空气进行消毒。②冷库内温度应控制在 0.5~1.0 ℃，湿度则应保持在 85%~90%，若温度过高、湿度过低，则会引发果实表皮皱缩、果肉糠心等症状。③在黑布林贮藏期间，应注意通风，以便果实呼吸产生的乙烯、乙醇等物质可及时排出。

(四) 黑布林的运输

选用冷藏卡车、加冰保温列车和冷藏轮船等现代化的运输工具，能够满足黑布林在运输过程中对温度、湿度的要求，可以减少运输中的损失，应大力提倡这种冷藏式的运输、贮藏方式，以保证李果的商品性不被降低。

二十五、冬枣贮藏保鲜技术

冬枣 (*Ziziphus jujuba cv. Dongzao*)，为鼠李科 (*Rhamnaceae*) 枣属 (*Ziziphus*)，又名冰糖枣，是目前公认的鲜食优质栽培品种。传统意义上的冬枣泛指枣果生育期在 120 d 以上的晚熟枣品种，成熟期一般在 10 月上中旬。目前我国冬枣栽培主要集中在山东、河北两省，河南、陕西、山西等省也有少量分布，总面积约 150 万亩。近年来，冬枣的市场需求量较大，种植效益较高，种植面积不断扩大。冬枣果实近圆形，果面平整光洁，似小苹果，汁多味甜，含天门冬氨酸、苏氨酸、丝氨酸等人体必需氨基酸。冬枣的氨基酸总含量为9.8 mg/kg、蛋白质 1.65%、总黄酮 0.26%、膳食纤维 2.3%、总糖 17.3%，抗坏血酸含量是苹果抗坏血酸含量的 70 倍，还含有抗癌物质：环磷酸腺苷、环磷酸鸟苷等，有"百果之王"的美誉。冬枣不耐贮藏，果实极易失水、皱缩、软烂，常温下仅能贮藏一周。采用低温、气调贮藏等保鲜手段，可以使保鲜期延长到 70 d 左右。

(一) 贮藏特性及品种

1. 品种

目前冬枣地方品种有 10 多个，其中成规模和发展前景较好的主要有以下4 个。

沾化冬枣：沾化冬枣由山东省果树研究所选育，果实近圆形，果面平整光滑，平均果重 14.0 g，大小整齐。果皮薄而脆，白熟期呈浅绿色，后转呈褐红色。皮薄肉脆核小、果肉细嫩多汁，食之无渣，甘甜清香、酸甜适口。果实 9月下旬进入白熟期，10 月初着色，11 月中旬完全成熟。果实进入白熟期至完熟期可陆续采收鲜食，鲜食采收期长。沾化冬枣主要分布在山东的滨州、德州、潍坊、聊城等地，适应性和抗病虫能力较强，耐盐碱，但在幼树期不耐严寒，尤其是不适应冬季温度骤升骤降，易受冻。

成武冬枣：成武冬枣别名甜瓜枣，也叫"金杠果"。原产山东西南部的成武、菏泽及曹县等地。成武冬枣果实为长椭圆形或长卵圆形，纵径 3.5～5.0 cm、横径 2.3～3.3 cm，平均果重 25.8 g，大小整齐，小果少。果皮厚，白熟期呈黄绿色，后转呈赭红色。果肉厚，乳白色，质地细脆较硬，汁液较多，味甜微酸，10 月上中旬成熟。风土适应性差，不耐干旱，果实生长期遇旱则落果严重。适于土质好、夏季降水量较多又稳定的地区栽种。

薛城冬枣：主产于山东枣庄薛城区，是冬枣中成熟最晚、结果能力最强的品种。果实圆形略扁，平均单果质量 20～30 g，果肉稍粗，味甜微酸，品质中上，果肉容易木质化，形成核外木栓层，食后口中有渣，10 月中下旬成熟，果实生育期 130 d 左右。

九月青：主产于山东济宁和菏泽，果实细长椭圆形，平均单果质量 13 g 左右，果个整齐，果面平整光亮，赭红色，果肉较致密，甜味浓，可溶性固形物含量 28%左右，宜鲜食、制干，品质上乘。10 月上中旬成熟，果实生育期 120 d 左右。

2. 贮藏特性

冬枣采收后应尽快预冷到 0 ℃，可直接进入预冷间预冷，预冷时间一般为 1～3 d。预冷时注意不要让冷风直吹冬枣。冬枣属呼吸跃变型果实，温度越低呼吸强度越小，呼吸高峰出现得越晚。低温环境是保证贮藏品质的基础条件，在高于冬枣冰点温度的温度范围内，温度越低贮藏效果越好，低于冰点会发生冻害。成熟度不同的冬枣其冰点也有差别，一般半红果冰点在-2.4 ℃左右，初红果偏高，全红果偏低，所以不同成熟期的冬枣应分别贮藏。冬枣也是极易失水的果实，在冷藏条件下，适宜的 RH 为 90%～95%。不同产地的冬枣，由于果皮厚度、口感等方面存在差异，所以对气体指标的要求也有差异。

（二）采收及采后商品化处理

1. 采收成熟度及采收方法

采收成熟度是影响冬枣贮藏性的重要因素，适宜的采收成熟度对提高冬枣的耐贮性和贮藏后的商品价值至关重要。冬枣果实采收过早会导致果实尚未充分成熟、果个小、糖分积累不足、外观色泽差、不能充分体现品种应有的风味，并且由于果皮角质层未发育完全，果实采后极易失水萎蔫，贮藏期间表皮易皱缩；采收过晚会导致果实过分成熟、果肉绵软、易发生品质劣变等现象，不利于贮藏且显著降低果实的经济价值。枣果可分白熟、微红、少半红、半红、大半红、全红 6 个成熟度等级。每个成熟度间完好脆果率相差 10%～20%。一般长期贮藏要选择白熟期、微红、少半红和半红果。研究发现，盛花后 100 d，1/2～2/3 果面呈绿色的冬枣果实在采后贮藏期间能保持较低腐烂率、失重率、呼吸速率，可以较好地保持冬枣果实的硬度和外观品质，采后贮藏可选择盛花后 100 d 的冬枣果实。采收时要做到无伤带柄采收，这样可以减少果柄处的软烂，不能采用木棒击打或摇动的方式，也不可使用乙烯利辅助，以免造成损伤。在挑选时严格去除病虫果、畸形果、伤口果。按照成熟度与大小进行分级，大半红以及半红的果实进行短期贮藏，点红的可以中长期贮藏。

2. 采后商品化处理

无论是用于贮藏加工还是直接进入流通领域，采收之后都应该进行严格挑选，剔除有机械损伤、病虫害、畸形、色泽差等不符合商品要求的产品，以利下一步的分级、包装和贮运。

（1）分级

采摘下来的果实大小混杂、良莠不齐，需要通过分级才能按级定价，便于收购、贮藏、包装和销售，并可实现优质优价。分级的主要目的就是使产品达到商品标准化。我国的果品分级标准有国家标准、行业标准、地方标准和企业标准 4 个级别。不同果品甚至同一种果品不同品种分级标准不同。分级方法一般根据果实大小、重量和色泽等进行。采摘的冬枣最好在 24 h 内降温至 0 ℃左右，这样可降低冬枣温度，释放出田间的热量，有效抑制冬枣的呼吸强度和酶的活性，防止微生物的生长，延缓果实衰老，延长贮存的期限。应设置专门的预冷库，当冬枣温度达到贮藏标准时再存入气调库中。及时进行冬枣质量的检测，防止坏枣入库影响整体贮藏效果。

（2）清洗

清洗是商品化处理中重要的环节，一般是采用浸泡、冲洗、喷淋等方式水洗或用干（湿）毛巾、毛刷等清除果品表面的脏污，减少病菌和农药残留，使之清洁卫生，符合商品要求和卫生标准，提高商品价值。洗涤水要干净卫生，其中还可加入适量杀菌剂，如次氯酸钠、高锰酸钾等。水洗后要及时进行干燥处理，除去表面水分，否则在贮运过程中会引起腐烂。若田间管理好，果实清洁卫生，可免去洗果环节。

（3）保鲜剂处理

在做好田间防治微生物潜伏侵染的基础上，一般在采后还要进行药物处理，除了可采用杀菌剂来杀灭果皮表面病原微生物外，还可采用一些植物生长调节剂以及乙烯吸收剂或抑制剂来延缓冬枣成熟衰老，提高果实抗病性和耐藏性。此外也可使用一些涂膜保鲜剂来抑制枣果呼吸作用，减少水分散失和营养物质的消耗，延长贮藏期。涂料中加有防腐剂，还可抑制病原菌侵染，减少腐烂。更重要的是涂膜可以增进果品表面光泽，使外皮洁净、美观、漂亮，提高商品价值。冬枣一般是连果皮食用的，要注意所使用药剂的毒性和残留问题，不能使用有毒防腐剂。目前常用、较安全的防腐剂有脱氢醋酸、苯甲酸钠及山梨酸钾等。

（4）包装

包装起保护、保鲜和改善外观的作用。新鲜冬枣含水量高，果皮脆嫩，不耐碰撞和挤压，易受机械损伤和微生物侵染，而且极易失水皱缩。通过良好的包装，可以保证产品安全运输和贮藏，减少产品间的摩擦、碰撞和挤压，减少病虫害和水分散失，使冬枣在流通中保持良好的稳定性。

（5）销售

冬枣企业可以借助互联网建立覆盖冬枣整个生命周期的可追溯系统，对生产流程的每一个节点进行全天候管控，精准管理冬枣生产，帮助沾化冬枣大规模提高其安全和品质，实现农业产值利润提升，实现真正意义上的"从枣田到餐桌"的全程溯源。

（三）冬枣的贮藏

1. 冷藏

在冬枣采摘前进行制冷设备的检修，将库房进行消毒并预冷，配备充足的采收用品，入库前将温度稳定在-1 ℃。将果实放入塑料膜保鲜袋并装入保鲜剂，调整贮藏室温度，控制塑料膜内的 CO_2 含量，减少温度波动。

2. 气调贮藏

在冷藏的基础上，加上对 O_2、CO_2 等气体的调节，具有双重贮藏、保鲜作用。在冷藏的条件下，O_2 含量应控制在 3%~6%，温控精度高的贮藏环境，O_2 含量应偏高，以防发生无氧呼吸。冬枣对 CO_2 非常敏感，不宜全密封包装贮藏。CO_2 含量高于 5% 的条件下，会加速冬枣软化和褐变，适宜的 CO_2 含量为 1%~4%。

3. 自发气调贮藏

①入袋，把冬枣装入规格（长×宽×厚）650 mm×650 mm×0.03 mm 并打有 6 个直径为 0.5 cm 圆孔的塑料薄膜保鲜袋，每袋装果 5~7.5 kg，也可使用相同规格的微孔膜袋，但不需打孔；②装入保鲜剂，未经保鲜剂处理的冬枣，可在袋子的上部放入缓释吸收型保鲜剂；③温度，贮藏库的温度要控制在 (-2.5±0.5)℃；④RH，将贮藏环境的 RH 保持在 95% 以上，可通过地面洒水的办法提高空气 RH；⑤气体成分，塑膜袋内 CO_2 的体积分数要控制在 2% 以下的范围内。当库内枣果由青果转向半红和全红果时应开始销售。选用冷藏车或保温车运输，保证枣果在冷链中运输、销售。总之，在贮存技术中，要依据冬枣的生长成熟情况分级、分期采收，并在 14 h 内完成预冷工作。分级和运输中

要尽量减少碰撞，贮存过程中要求库温度在±1 ℃范围内波动，湿度在95%以上。气体组成控制在 O_2 3%~5%，CO_2 小于2%。要及时排除制冷气流中由于电力不足或停电造成的库温升高的情况。

4. 速冻保鲜法

将冬枣经过适宜的冷冻处理后，可在低温条件下保鲜储藏12个月以上。冷冻贮藏抑制了枣的生命代谢活动，减少了水分损失，可以长时间、最大限度地保存果实的营养成分和鲜食风味。经过长期冷冻贮藏的冬枣，解冻后仍然果实饱满、颜色鲜艳，果肉脆甜。维生素 C 保存率达89%，腐烂率低于1%。贮藏后果实不变形，果肉不变色，平均感官品质可达到贮藏前的80%~95%。水分和可溶性固形物含量保存率不低于95%。其贮藏果实不使用任何化学物质或放射性物质处理，可以周年供应市场。

（四）冬枣的运输

将装箱完成的冬枣放在运输车上，注意放置整齐，防止因摇摆而产生损害。在运输过程中尽量选择平整的路，避免颠簸。卸货时注意轻拿轻放，避免损害果实。

（五）冬枣贮期病害及预防

在贮藏时期，冬枣果肉营养基质逐渐被消耗，果实组织结构易老化皱缩，细胞的透氧性能逐渐下降，枣果由于缺乏 O_2 造成枣果内部呼吸困难，从而累积一些乙醛、乙醇，致使果实酒化、变软。因此，可以使用一些物理防治方法，如低温贮藏、气调贮藏、减压贮藏、热水处理等，这些方法主要是对冬枣生理活动进行调节，抑制酶的活性，同时抑制病原微生物的生长和蔓延。研究表明，在-0.5 ℃条件下，在一定时间内可迫使病原菌进入休眠状态，冬枣一般贮藏60 d 左右进入发病高峰期，低温能推迟发病高峰期。

低温贮藏能有效降低冬枣果实呼吸速率，延缓其软化衰老进程。但贮藏温度过低会使冬枣果实发生冻害与冷害。冬枣果实遭受冻害以后，果实表面出现水渍状凹陷斑点，失去新鲜感，变软变褐。

冬枣果实采后易发生侵染性病害，且致病菌种类较多，有真菌侵染，也有细菌侵染，但大部分是多种病菌混合入侵。从侵染方法上看，大部分病原菌为弱致病菌，入侵方法主要以伤口为主，还有自然孔口侵入和表皮直接侵入。采后冬枣果实黑腐病是由链格孢菌引起的，造成冬枣果实表面近圆形或不规则黑褐色病斑，而且大多为墨绿色或黑色的菌落，枣果中心下陷，在环境湿润下病斑表层容易长出黑色的霉层，导致冬枣软腐或溃烂。此时可以通过直接杀灭或抑制冬枣表面的病原菌来防止腐烂。利用臭氧对冬枣进行灭菌处理，不仅能快速杀死霉菌，还能氧化贮藏过程中产生的乙烯和乙醇，防止冬枣的酒软和霉烂，延长贮藏期。

二十六、拐枣贮藏保鲜技术

拐枣，可食部分是其膨大弯曲、形似鸡爪的果梗部分，而并非坚硬的种子。拐枣原产于东亚地区，特别是在中国、日本、韩国，有着悠久的食用和药用历史，是一种可安全食用和开发利用的果实。拐枣果梗含丰富的营养成分，如糖类、有机酸、维生素，以及生物活性多糖、生物碱、酚类、黄酮类化合物等，具有抗氧化、缓解酒精中毒、解酒保肝等功效。中医则认为拐枣果梗具有健胃、滋养补血等功效。拐枣的果梗除鲜食外，还可用作酿酒、制醋、制糖的原料，可加工成果露、香槟、汽酒、汽水等饮料，还可加工成罐头、蜜饯、果脯、果干等。

（一）贮藏特性及品种

1. 品种

拐枣属于野生水果，目前在陕西旬阳已经开始规模种植，其主要品种有红拐枣、绿拐枣、白拐枣、胖娃娃拐枣和柴拐枣（多为野生）5 种。其中以白拐枣和胖娃娃拐枣两个品种较佳，果大、味好、产量高，耐贮藏。

2. 贮藏特性

拐枣采后，由于蒸腾作用和呼吸作用，加之拐枣形状呈树杈状，其表面积相对其他果实较大，容易失水，导致其品质下降和腐烂增加。随着贮藏温度升高，拐枣的失重和腐烂情况加剧，而在-5 ℃下贮藏，有极显著抑制失重和腐烂的效果。而随着贮藏时间的延长，失重率和腐烂指数越来越大。

（二）拐枣的采收

拐枣一般 10 月左右成熟。拐枣果实成熟期可以分为白熟期、脆熟期和完熟期 3 个阶段。判别它是否成熟的办法可以通过果梗的色泽来判别，果梗色泽是红褐色，则果子已经成熟。拐枣成熟的时候会自然掉落，将它的果枝剪下，放在阴凉房间 7~10 d 就能够食用。

（三）拐枣的贮藏

采后的拐枣，常温下可以放 3~5 d，或者晾晒一下，然后放置于干燥阴凉处。目前最有效的贮藏保鲜技术是低温贮藏，在-0.5~0 ℃，RH 为 90%~95%的条件下进行贮藏。

（四）拐枣的运输

拐枣的运输可以使用专业冷藏车、棉被车、保温车等，操作控制灵活方便，能充分满足拐枣的运输质量要求。再配有高低温临时周转冷库，可以快速将新鲜拐枣流通全国。在运输过程中，一定要保证拐枣原料的品质，保证保鲜贮运工具设备的数量与质量，保证处理工艺水平高、包装条件优和清洁卫生。

（五）拐枣贮期病害及预防

拐枣在贮运期间环境湿度太高，很容易发生霉变，发病初期果面呈黄白色，之后出现下陷病斑，并且果皮果肉深层呈漏斗状腐烂。在潮湿空气中病斑上有白色菌丝，后变为青绿色粉状孢子（孢子易随风飞散传播侵染其他果实），腐烂果有特异霉味。为防止发病，采收、分级、包装和运输过程中尽量避免机械损伤，入库前严格剔除病伤果；贮藏期间要定期检查、及时清除病果，防止病害蔓延。对贮藏库和库内的各种用具要进行严格消毒，主要方法有：用喷过仲丁胺 300 倍液的包装纸进行包装；贮前用 50%多菌灵 2 000 倍液或 1 000~2 500 mg/L 的喹苯咪唑等洗果；用 50%多菌灵 1 000 倍液喷洒果窖、果筐等；用 2%福尔马林熏蒸果窖，或用 4%漂白粉澄清液喷洒窖壁、地面，喷后密闭一昼夜。

二十七、磨盘柿贮藏保鲜技术

磨盘柿果实扁圆，腰部具有一圈明显缢痕，将果实分为上下两部分，形似磨盘，体大皮薄，平均单果重 230 g 左右，最大可达 500 g 左右，果顶平或微凸，脐部微凹，果皮橙黄至橙红色，细腻无皱缩，果肉淡黄色，适合生吃。脱涩硬柿，清脆爽甜；脱涩软柿，果汁清亮透明，味甜如蜜，耐贮运，一般可存放至翌年的 2—3 月。磨盘柿营养丰富，100 g 鲜果中含蛋白质 0.7 g，是苹果的 3.5 倍、梨的 7 倍；含维生素 A 0.16 mg，是苹果的 2 倍、梨的 16 倍；含维生素 C 4.16 mg，是苹果的 3 倍、梨的 5 倍；含烟酸 0.2 mg。此外还含有大量的碳水化合物和铁、钙、磷、钾等矿物质及多种人体所需的氨基酸。"磨盘柿"果味独特，口感甘醇，不仅食之味美，而且还有较高的药用价值，能清湿热，润肺，化痰止咳，预防动脉硬化、心脏病和中风发作。柿叶加工后代茶饮用，气味清香，常饮有稳定血压、软化血管和消炎的作用，是肝炎、肾炎、浮肿、冠心病、高血压等病人的有益饮料；还有健脾、消食、生津止渴的功效。除鲜食外，磨盘柿还可以深加工做成柿饼、柿脯、柿酒、柿醋、柿酱、柿糖、柿霜等产品。

（一）贮藏特性及品种

柿果实采后自身的呼吸与新陈代谢仍在进行。而温度是影响果实呼吸的主要因素，低温贮藏能有效地抑制果实呼吸作用，降低乙烯生成量与释放量，并且能够抑制病原微生物的滋生，减轻褐变腐烂。柿果实冰点温度因含糖量不同而异，一般在-2 ℃左右。柿果实最适贮藏温度为0~1 ℃，而保持冷藏期间温度的恒定是关键环节，温度波动不应超过0.5 ℃。在贮藏实践中，往往采用冷藏与其他保鲜措施相结合的方法进行柿果实贮藏保鲜。柿果实因能耐受高浓度的 CO_2 而适合气调贮藏，采用保鲜膜处理柿果实，利用果实自身呼吸作用产生的 CO_2 来提高包装内小环境的 CO_2 浓度可抑制果实呼吸速率，减少乙烯释放量，延缓果实衰老且延长贮藏期。低 O_2、高 CO_2 环境还能有效地减少柿果实呼吸作用，既脱涩又保鲜。由于磨盘柿采后极易软化，尤其脱涩后会导致软化现象加重，贮运困难，不耐贮藏，因此软化是影响柿果贮藏的关键因素。

（二）采收及采后商品化处理

1. 采收成熟度及采收方法

用于贮藏的柿子应该在果实成熟而果肉仍然脆硬、表皮由青转为淡黄色时采收。一般采收期在9月下旬至10月上旬。涩柿因不能在树上脱涩，故宜适当早采。采收时要轻拿轻放，尽量避免机械伤害，最好用手采摘；因柿树高大，采收时可用上端有采果夹的长竿剪取，每个果实要保留较短的果柄和完好的萼片。剪掉的果实随即落入布袋内，使果实不受损伤，然后轻轻装入篓等容器，放在阴凉通风处。

2. 采后商品化处理

柿果要剔除病虫果及伤果，进行分级，选择硬实的柿果进行包装，包装筐或篓内衬干净稻草、蒲包或2~3层包装纸。每件装20~25 kg。远销的柿果不要进行脱涩处理。柿果的冰点为-2.5 ℃，如果温度降到-2 ℃以下，即会造成柿果褐变率增加，为使柿果逐渐适应这一贮藏温度，在柿果采收后应立即预冷，使果温降到5 ℃，然后逐渐降到0 ℃。如果采收后立即放入0 ℃贮藏，因有氧吸收受到抑制，会造成柿果中心部 O_2 不足，进而发生无氧呼吸不利于长期贮藏。1-MCP结合单果真空包装处理有效抑制了柿果实硬度的下降、乙烯生成量和呼吸强度的增强、果实丙二醛（MDA）和果皮组织相对电导率的升高，可防止贮藏期间果实水分的散失，促进果实可溶性单宁向不溶性单宁的转化，并使得磨盘柿常温货架寿命延长14 d。使用0.50 μL/L 1-MCP处理对磨盘柿果实褐变有较好的抑制作用，SA结合1-MCP处理可以有效维持果实的营养品质，减缓果实硬度的下降。生理活性调节剂 GA_3 及BA处理采后柿果，可延缓后熟软化、抑制 ABA 的积累。采前果实喷布 GA_3 不仅可保硬并且明显抑制总体色素含量。适宜浓度的 SA（$0.1 \sim 0.3$ g/L）处理，可延缓磨盘柿常温贮藏下硬度的降低。10.0 mmol/L 的高浓度外源亚精胺处理柿果，可降低乙烯释放及硬度的下降。乙烯吸收剂（主成分 $KMnO_4$、$CaCl_2$ 及硅藻土）结合 GA_3 浸果，可大大降低 PE 袋中柿果的完熟率及腐烂率。乙烯吸收剂（主成分高锰酸钾和沸石）结合自发式气调贮藏，可在 25 ℃下延缓柿果实软化及影响其糖分组成。将乙烯吸收剂（主成分 $KMnO_4$）、脱氧剂（主成分铁粉）与柿果密封于 0.08 mm 厚 PE 袋中，保硬效果明显，又可脱涩。此外，用 4% 的 $CaCl_2$ 减压渗透可降低柿果乙烯释放和呼吸强度，抑制果实软化。

（三）磨盘柿的贮藏

以硬柿供食为目的柿果适宜的贮藏温度为 $-1 \sim 0$ ℃，RH 为 85% ~ 90%，柿果能忍受较高的二氧化碳，适合气调贮藏，2% ~ 5% O_2、3% ~ 8% CO_2 的气体配比较适合。以软柿供食的柿果除了可在上述条件下贮藏外，还可在 0 ℃以下低温冻藏，或在 -20 ℃下人工速冻后在 -18 ℃中贮藏。

1. 冷藏和气调贮藏

目前我国柿子大规模冷藏和气调贮藏较少，在 0 ℃、8% CO_2 和 3% ~ 5% O_2 条件下，能够贮藏 3 个月。柿果硬度的变化与气体成分组合有关，氧浓度越高，硬度下降越快；但当气体中含有 3% CO_2 时，氧浓度的高低对硬度的变化无影响。0 ℃下，用 0.06 mm 聚乙烯薄膜包装，可以贮藏 150 d 左右，而不用薄膜包装的仅贮藏 80 d。在 5 ℃下，用薄膜包装的可贮藏 110 d，不包装的贮藏 60 d。室温下用薄膜包装的可贮藏 50 d 左右，不包装的贮藏 40 d。

2. 室内堆藏

选择阴凉、干燥、通风好的空室或窑洞，清扫干净，铺一层（15 ~ 20 cm 厚）谷草或稻草，将选好的柿果轻轻摆放在草上，摆 3 ~ 4 层，不宜摆放过厚，摆放过厚时下层容易压伤。数量多时，室内可设架，进行架藏。初期注意通风散热。柿果数量不多时，置于阴凉通风处，也可取得同样效果。在北方可贮藏到春节前后气温回升以前。

3. 自然低温冻藏

我国北方或高寒地区，将采下的柿果，放在阴凉通风处，搭架或挖沟，利用自然低气温，任其冻结贮藏，并完成柿的脱涩。贮藏中上面覆盖一层席子，以防日晒及鸟害，一般是在 1 月完全冻结，可陆续销售。装入容器时注意勿使冻果果面受伤，以免引起变色和伤口发霉。

4. 冷冻贮藏

随着低温冷库的发展，近些年来一些地区在低温冷库，将脱涩后的柿果放在-25 ℃以下低温冻结 1~2 d，然后放在-18 ℃条件下冻藏；或直接放-18 ℃条件下冻藏，均较好地保持柿果的色泽和风味，并可以较长时期保持品质不坏，甚至可以做到周年供应。柿果从冷藏库取出后，如气温升高，必须及时销售，否则果实迅速变软、变褐。

(四) 柿果脱涩方法

涩柿类型的品种，在果实完全成熟时，仍具有强烈的收敛性涩味，不堪入口，必须经过脱涩处理才能食用。这是因为涩柿中有大量的单宁细胞，在咀嚼时破裂，单宁与口腔黏膜的蛋白质结合成为有收敛感的涩味。涩味是因为单宁处于可溶性状态时发生的现象，当单宁变为不溶性时，就失去其涩味。柿子在无氧呼吸时的中间产物乙醛与单宁结合，凝固成为不溶性树脂状物质时，则感觉不到涩味。根据这个道理，在脱涩处理时，就是加速柿果的无氧呼吸，使之产生的乙醛与单宁结合，则柿果可在短时间内脱涩。柿脱涩方法很多，下面介绍几种生产上常用的方法。

1. 温水脱涩法

将柿子放入缸、桶、水池或铁锅等容器中，倒入 35~40 ℃温水，水量以淹没柿果为度，尽量保持水温，一般经过 1~2 d 即可脱涩。这是由于水温高，水中又缺少 O_2，使柿子无氧呼吸加强，促进脱涩，且硬度较好；但温水脱涩的果实容易变质，适于小规模进行。

2. 二氧化碳法

目前在大量供应柿子的销地，多采用高浓度 CO_2 处理，强制柿子进行无氧呼吸，使其迅速脱涩。方法是将柿子装箱或装筐码垛，用塑料薄膜大帐密封，再向帐内充入 60% 以上的 CO_2，在室温下，几天即可脱涩。

3. 混果法

将柿果与少量呼吸强度大，易产生乙烯、乙醛、乙醇等物质多的果实，混放在一个密封室内，在室温下，经 5~7 d 即可脱涩。将柿果与少量苹果、梨等混装于容器内，除使柿子脱涩外，还能使柿果具有特殊的芳香气味。

4. 乙烯脱涩法

在密闭容器内，用 0.05%~0.1% 浓度的乙烯，温度为 18~25 ℃，RH 为 85%，经处理 2 d 后取出，再放置 2~3 d，即可完全脱涩。此法效果好成本低，但果实易软化，不耐存放。

5. 乙烯利脱涩法

乙烯利（二氯乙基磷酸）为酸性棕色液体，加水稀释后，逐渐分解，同时缓慢地放出乙烯气体。这是目前较为广泛使用的一种脱涩剂。使用浓度一般为 0.025%~0.1%，田间喷果或采后蘸果均可。经 3~5 d 即可脱涩。据陕西省果树研究所报道，在柿果开始着色时，在田间用 0.025%乙烯利喷果，3 d 后就成熟脱涩。用此法处理挂树的柿果，一般可提前 20 d 采收。

6. 酒精脱涩法

将柿果放入容器内（大缸等），每放一层，将酒精或烧酒喷洒于果面上，放满后，密封起来，在室温下 3~5 d 即可脱涩。酒精脱涩果实的软化率与采收期有关

7. 石灰水脱涩法

将柿果浸泡在 10%左右澄清的石灰水溶液中，密封起来，在室温下，2~3 d 即可脱涩，且果肉质地保持脆硬。

（五）磨盘柿的运输

运输情况对柿果后期保鲜贮藏的效果影响很大。在水果运输的四大主要方式中，公路运输是柿果的主要运输方式，主要利用重型卡车运输，在将装箱的柿果装车后，用遮阳和遮雨棚覆盖即可。柿果在国内的消费区主要是东北、新疆、广东、广西、湖南等省份，温度适宜时运输一般采用重型卡车覆盖遮雨遮阳棚的方式，温度较低时可采用带货箱的汽车保温运输的方式，一般柿果的运输温度在 25 ℃左右。

二十八、牛心柿贮藏保鲜技术

牛心柿为我国地标性保护特产之一，在国内外都享有很高的盛誉。牛心柿产于渑池县石门沟，因其形似牛心而得名。历史悠久，享有盛誉，是当地群众在长期的栽培实践中，筛选出来的一个优良品种。牛心柿属柿科，落叶乔木，6 月初开花，花期 7~12 d，果实牛心状，且顶端呈奶头状凸起，果实由青转黄，10 月成熟果色为橙色。牛心柿产于陕西省眉县、周至、扶风等县，树势强健，枝条稀疏。果实平均重约 175 g，方心脏形，阳面橙红色，阴面橙黄色，无纵沟或甚浅；皮薄易破，肉质细软，纤维少，汁特多，味甜无核，品质上乘。10 月中下旬成熟，不耐贮运，宜软食或干制，干制率稍低。脱涩吃脆酥利口，晒制的牛心柿饼，甜度大、纤维少、质地软、吃起来香甜可口。将柿饼放在冷水中搅拌，能化成柿浆，可和蜂蜜媲美，别有风味。牛心柿具有清热润

燥、生津止渴的作用，还能化痰止咳，可以用于治疗喉痛咽干、口舌生疮、肺热咳嗽等疾病。但柿子都含有单宁物质，易与铁质结合，从而妨碍人体对食物中铁质的吸收，所以贫血患者应少吃，糖尿病人忌食。

（一）贮藏特性及品种

牛心柿属晚熟类，与贮藏的涩柿类品种相比，该品种对乙烯十分敏感，极低浓度的外源乙烯就可诱发呼吸高峰出现，使柿子成熟。对用于贮藏的牛心柿要在果实绿色基本消失，皮色刚转黄，种子呈褐色，果肉仍然脆硬时采收。采收时间一般是在 9 月下旬至 10 月上中旬。

（二）采收及采后商品化处理

1. 采收成熟度及采收方法

采收的方法，大致分为折枝法和摘果法。

折枝法：是用手或夹竿、挠钩等将果连同果枝上中部一起折下。使用此法易把连年结果的果枝顶部花芽摘掉，影响翌年产量，也常使二三年生枝折断。但折枝后也可促发新枝，使树体更新或回缩结果部位，便于控制树冠，防止结果部位外移，可起到粗放修剪的作用。此方法适于进入盛果期后使用。

摘果法：是用手或摘果器将果逐个摘下，此方法虽不伤连年结果的枝条，但柿树易衰老，结果部分外移，内膛空虚，易出现大小年现象，适合未进入结果盛期的幼树使用。采收后要剪去果柄，摘掉萼片。因为果柄与萼片干后发硬，在贮藏和运输中易使果实间碰伤，影响商品价值。

2. 采后商品化处理

牛心柿采收商品化处理需要进行脱涩，一般脱涩方法包括石灰水脱涩、温水脱涩、冷水脱涩和 CO_2 脱涩等。无论采用哪种脱涩方法，果实必须精心挑选，剔除伤病果，以免引起感染，影响商品价值。

（1）石灰水脱涩

每 100 kg 柿子用生石灰 4~6 kg，先用少量水把石灰溶化，再加水稀释，淹没柿果搅匀后密封，常温下，经 4~5 d 即可脱涩。脱涩时间与水温有关。由于钙离子能阻碍原果胶的水解作用，所以用此法果实肉质较脆硬甜。但脱涩后果实表面附有石灰迹，不易清洗。

（2）温水脱涩

将新柿果装进容器内，加入 40 ℃左右的温水，淹没柿果加盖密封，保持温度在 40 ℃左右，一般经 10~24 h 便能脱涩。但是如果脱涩温度过高或者脱涩时间过长，柿子果皮容易发生胀裂。此法处理的果实肉质较脆硬，色泽艳丽，呈橘黄色，味淡、不能久储，常温下，经 3~4 d 后果色就发褐霉变，果实变软，不宜大规模进行，但脱涩速度快，方法简单易行，适合家庭采用。

（3）冷水脱涩

将柿子放入锅中，倒入冷水浸没果实，常温下，经 8~10 d 可以脱涩。水若变味应重新换水。脱涩时间长短与水温有关，水温高则时间短。此法脱涩虽时间较长，但不用加温或经常掺热水，不需特殊设备，果实也较温水脱涩处理的脆硬。但跟温水脱涩类似不宜久贮，脱涩时间长，脱涩后的柿子果面有黏状东西附着，易于腐烂变质，不宜大规模进行。

（4）二氧化碳脱涩

由于条件有限，此方法仅参考文献报道，目前多采用高浓度 CO_2 处理柿果，林菲等报道将柿果置于密闭容器内，注入 CO_2 气体，室温下 2~3 d 即可脱涩，果实脆而不软。

（三）牛心柿的贮藏

1. 简易贮藏

（1）室内堆藏

选择阴凉、干燥、通风好的空室或窑洞，清扫干净，铺 15~20 cm 谷草或麦草，将选好的牛心柿轻轻摆放在草上，摆 3~4 层，数量多时，可进行架藏，初期注意通风散热。由于柿子采后软化快，简易贮藏场所不宜调控温度，只能做短期存放，所以柿子不宜在简易贮藏场所内贮藏太久。

（2）自然冻藏

将柿果放在阴凉通风处的搭架上，利用自然低气温，任其冻结贮藏，上面覆盖 1 层席子，以防日晒及鸟害，一般是在 1 月完全冻结，可陆续销售。

2. 冷冻贮藏

将脱涩后的柿果放在 $-25\ ^{\circ}C$ 以下低温冻结 1~2 d，然后放在 $-18\ ^{\circ}C$ 条件下冻藏；或直接放到 $-18\ ^{\circ}C$ 环境下冻藏，均较好地保持柿果的色泽和风味，并可以较长时期保持品质不变，甚至可以做到周年供应。

3. 冷藏

牛心柿适宜的冷藏温度为 $-1~0\ ^{\circ}C$，RH 为 85%~90%。可以使用气调贮藏的方式进行贮藏，适宜的气体条件为 O_2 2%~5%、CO_2 3%~8%。在 $0\ ^{\circ}C$ 下，用 0.06 mm 聚乙烯薄膜包装的牛心柿可以贮藏 150 d 左右；在 $5\ ^{\circ}C$ 下，用薄膜包装的可贮藏 100 d 左右；室温下用薄膜包装的可贮藏 30 d 左右。

（四）牛心柿的运输

在运输过程中，温度影响水果的物理、生化及诱变反应，是决定水果质量的重要因素。低温可以抑制水果呼吸和其他一些代谢过程，并且能减少水分子的动能，使液态水的蒸发速率降低，从而延缓衰老，保持水果的新鲜与饱满。

运输中码货的安排也是十分重要的，即便货物没有超载，也必须小心地将一车水果有序地堆好、码好、最大限度地保护好。各包装之间要靠紧，这样在运输中各包装物间就不会有太大的晃动。包装要放满整个车的底部，以保证货物中的静压分布均匀。要注意垛码不要超出车边缘。要使下层的包装承担上层整个包装件的重量而不是由下层的商品来承受上层的重量。因此，长方形的容器比较好，形状不规则的容器，如竹筐、荆条筐，要堆放成理想的格式就困难得多。

（五）牛心柿贮期病害及预防

果肉组织中发生褐色斑点，与此处的单宁细胞凝结在一起，并出现褐色的原生质体。贮藏期间，CO_2含量大于10%，贮藏1个月以上，将导致果肉褐变，并有异味产生。O_2含量低于3%，贮藏1个月以上，果实难以后熟，且常出现异味。

二十九、蓝莓贮藏保鲜技术

蓝莓，别名笃斯、越橘等，属杜鹃花科越橘属植物，原生于北美洲与东亚，分布于朝鲜、日本、蒙古国、俄罗斯、欧洲、北美洲，以及中国的黑龙江、内蒙古、吉林长白山等地，生长于海拔900~2 300 m的地区，为蓝色的浆果果实，果实种子极小。蓝莓果实中含有丰富的营养成分，尤其富含花青素、黄酮类物质，它不仅具有良好的营养保健作用，还具有防止脑神经老化、强心、抗癌、软化血管、增强人体免疫等功能。蓝莓栽培最早的国家是美国，但至今也不到百年的栽培史。因其具有较高的保健价值所以风靡世界，是世界粮食及农业组织推荐的五大健康水果之一。

（一）贮藏特性及品种

1. 品种

（1）矮丛

树体矮小，高30~50 cm。抗寒，在-40 ℃低温地区可以栽培。对栽培管理技术要求简单，极适宜于东北高寒山区大面积商业化栽培，亩产量500 kg左右。

美登（Blomidon）：是加拿大农业部肯特维尔研究中心从野生矮丛越橘选出的品种Augusta与451杂交育成，中熟种（在长白山区7月中旬成熟）。果实圆形、淡蓝色，果粉多，有香味，风味好。树势强，丰产，在长白山区栽培5 年生平均株产 0.83 kg、最高达 1.59 kg。抗寒力极强，长白山区可安全露地越冬，为高寒山区发展蓝莓的首推品种，并且该品种已经被确认为供应日本市场加工冷冻果的指定品种。

芬蒂（Fundy）：加拿大品种，中熟。果实大小略大于美登，淡蓝色，被果粉，丰产，早产。

（2）半高丛

由高丛和矮丛蓝莓杂交获得。果实大，品质好，树体相对较矮，抗寒力强，一般可抗-35 ℃低温，适应北方寒冷地区栽培。树高 50~100 cm。

北陆（Northland）：1967 年密歇根州（密执安州）发表的品种，是由Berkeley×（Lowbush×Pioneer 实生苗）杂交育成，早中熟品种。树势强，直立型，树高为 1.2 m 左右，为半高丛蓝莓种类中较高的品种。果实中粒，果粉多，果肉紧实，多汁，果味好。甜度 12.0%，酸度中等。不择土壤，极丰产，耐寒。

北蓝（Northblue）：1983 年美国明尼苏达大学发表的品种，是由 Mn-36×（B-10×US-3）杂交育成，晚熟种。树势强，树高约 60 cm；叶片暗绿色、有光泽是其一大特征。果实大粒，果皮暗蓝色，风味佳，耐贮藏。收获量在1.3~3.0 kg/株，较温暖地区收获量会有所增加。排水不良情况下易感染根腐病。除了及时剪除枯枝外，没有必要特意修剪。

（3）高丛

包括南高丛蓝莓和北高丛蓝莓两大类，南高丛蓝莓喜湿润、温暖气候条件，适于中国黄河以南地区如华中、华南地区发展、北高丛蓝莓喜冷凉气候，抗寒力较强，有些品种可抵抗-30 ℃低温，适于中国北方沿海湿润地区及寒地发展。此品种群果实较大，品质佳，鲜食口感好。可以作鲜果市场销售品种栽培，也可以加工或庭院自用栽培。

夏普蓝（Sharpblue）：1976 年佛罗里达大学发表的品种，是由 Florida61-5×Florida63-12 杂交育成，中熟种。树势中到强，开张型。果粒中到大，甜度15.0%，pH 值为 4.00，有香味。果汁多，适宜制作鲜果汁。果蒂痕小、湿。低温要求时间 150~300 h。土壤适应性强，丰产，但不适宜运输。

蓝丰（Bluecrop）：1952 年由美国新泽西州发表的品种，是由（Jersey×Pioneer）×（Stanley×June）杂交育成，中熟品种，是美国密执安州主栽品种。树体生长健壮，树冠开张，幼树时枝条较软，抗寒力强，其抗旱能力是北高丛蓝莓中最强的一个。丰产，并且连续丰产能力强。果实大、淡蓝色，果粉厚，肉质硬，果蒂痕干，具清淡芳香味，未完全成熟时略偏酸，风味佳，甜度为

BX14.0%，pH 值为 3.29，属鲜果销售优良品种，建议作鲜食品种栽培。

2. 贮藏特性

蓝莓果实属于小浆果，在夏季高温气候条件下成熟，不耐贮藏。采收后极易发生失水、变软、褐变甚至腐烂等不良变化，常温下存放数日便会腐烂，品质降低较快。许多研究采用气调、高压静电场、辐照、熏蒸处理等对蓝莓进行保鲜，虽然有一定效果，但是成本较高。低温贮藏是目前蓝莓采后贮藏保鲜的最常用且最直接的方法，然而单一的低温保藏技术仍然具有一定的不足，例如蓝莓仍易失水、硬度下降较快、表面易产生褐变等。蓝莓采后容易发生失水萎蔫、果实软化、气体伤害、冻害等生理病害。

（1）失水萎蔫

由于蓝莓很容易蒸腾失水，贮运和处理的环境湿度太低会导致果实失水萎蔫。所以保持 90%~95% 的高湿环境十分必要。

（2）果实软化

由于衰老引起的果肉细胞内原果胶降解而发生果实软化。采后及时预冷和保持适宜稳定的贮藏温度是防止软化的首要条件。气调处理对减缓果实的衰老软化有显著作用。

（3）气体伤害

虽然气调贮藏可延缓果实的衰老，但不良的气体成分也会导致果实出现生理伤害，加速果实的败坏。对于蓝莓，当 O_2 浓度低于 2%，CO_2 浓度大于 25% 时，就会导致果实变味、果肉褐变，这些果实在环境温度达到常温时就会快速腐烂。

（4）冻害

根据果肉可溶性固形物含量的不同，蓝莓的冰点温度为 -1.2~-0.8 ℃。贮运温度低于冰点温度，果实就会发生冻害。表现为风味劣变、解冻后果实软化和迅速腐烂。

（二）采收及采后商品化处理

1. 采收成熟度及采收方法

蓝莓成熟期一般从 5 月中下旬开始持续到 8 月上中旬。南方高丛蓝莓品种的成熟期为 4 月中旬至 6 月初，蓝莓的产地主要是在北美，7 月是蓝莓高产的时候，这个时候的蓝莓是最新鲜的。蓝莓果色浅蓝色至蓝色，果面包被一层蜡粉，达到品种原有的果实风味，即可采摘。蓝莓果实的风味和果粒大小在果实变蓝之后的 5~7 d 达到最大值，这是最佳的采摘时间。过早采摘时果粒较小，果实风味差；过晚采摘会降低果实耐贮运性能。作为鲜食出售的蓝莓果，如果等果实在地里达到最佳的成熟状态才采摘的话，蓝莓果实就太软且存放期变短。

晴天采收要避开 10：00—16：00 的高温和早上露水期，阴天可适当延长采摘时间，雨天不采摘。鲜食果宜采用人工分品种分批采摘，采摘时，工人要戴薄膜手套，轻采轻放，减少果实伤口。采摘的果实按果径>180 cm、179～151 cm 和<150 cm 分级；分级的果实采用 PET 塑料盒（125 g）包装；包装好的果实放入 1～3 ℃ 的小冷库或冷藏柜中贮藏；果实运输时，先用瓦楞纸箱进行外包装，然后选择清洁、无污染的运输工具，不能与其他有毒有害物混运，不能重压，轻装轻卸。蓝莓果实较小，人工采摘比较困难，可用快捷方便的梳齿状采收器进行人工采收。加工用果实可使用采收器采收，采收时将采收器从低处插入株丛，向上捋起，采下果实。清除枝叶、沙粒等杂物。采收后可能会有破损的果实，应及时分选，采收后放入塑料食品盒中，再放入浅盘中运输到市场。机械采收虽然效率高，但其常常造成未成熟果实被损坏和采收，损失量最高可达总产量的 30%。

2. 采后商品化处理

（1）挑选

去除烂果、病果、畸形果，选择着色、大小均匀一致的蓝莓。

（2）清洗

用蓝莓清洗机，蓝莓清洗后，用 0.05% 高锰酸钾水溶液漂洗 30～60 s，再用清水漂洗后沥去水分。

（3）预冷

预冷应在蓝莓采收后尽快进行，缩短采收、分级、包装的时间。预冷时的注意要点：收获后应尽快放进冷藏库，数量大时要做到边收获边入库。库内收获专用箱成列摞起排放，两列之间间距应大于 15 cm。库内冷风直接吹到的部位不宜放置收获箱，以防蓝莓受冻。库内湿度要保持 90% 以上，温度保持 5 ℃ 左右，不要降至 3 ℃ 以下，4—5 月气温升高，库内相对温度则可维持在 7～8 ℃，适当提高温度可减少蓝莓装盒时结露。入库后 2 h 尽量不启动开闭库门。收获时如蓝莓果实温度达 15 ℃ 左右，一般要在预冷库内放置 2 h 以上，才能使蓝莓降到 5 ℃ 左右。如蓝莓果实温度达 20 ℃ 左右，则要在预冷库放置 2～4 h。

（三）蓝莓的贮藏

蓝莓的贮藏和运输过程的保鲜技术参考农业行业标准《蓝莓保鲜贮运技术规程》（NY/T 2788—2015）执行。

1. 冷藏

草莓果实适宜贮藏温度为 0 ℃，RH 为 90%~95%。果实采后应及时运送到冷库并预冷至 1 ℃。

2. 气调贮藏

相较于单一的低温贮藏，气调贮藏的保鲜时间更长，最大限度地保持了果实原有风味和品质，维持蓝莓果实硬度和营养品质。在 (0.5±0.5)℃下使用薄膜厚度为 0.03~0.05 mm 的聚乙烯薄膜袋处理能够保持较高的维生素 C、可滴定酸含量，抑制多酚氧化酶（PPO）和多聚半乳糖醛酸酶（PG）活性，延缓迟果实衰老，延长蓝莓果实的贮藏期。

3. 化学保鲜

1-MCP 处理蓝莓能有效抑制灰霉病菌引起的腐烂，1-MCP 处理结合蓝莓鲜果采前喷施有机钙、贮藏期加入乙烯吸附剂，可显著提高果实硬度，有效延长蓝莓的贮藏期。

(四) 蓝莓的运输

蓝莓在包装、运输过程中，要遵循小包装、多层次、留空隙、少挤压、避高温、轻颠簸的原则。首先就是温度。蓝莓在被采摘后必须保存在 10 ℃以下的低温环境中，在运输过程中也是如此，要采用冷链运输。同时在装运时应轻装、轻卸，并防止挤压、颠簸。包装应采用抗压防震的装果容器，较浅的透气篓筐、纸箱、果盘等，除了必备的聚苯乙烯小盒子之外，还需要一层外包装，塑料中空板箱抗震防压的特点恰恰满足了蓝莓运输过程中的这项要求。中空板蓝莓箱的规格尺寸可根据用户需要进行定制，依照中空板抗压的特性，可以多层码放节省空间，节约运输成本。鲜销鲜食果实的包装选用有透气孔的聚苯乙烯盒或做成一定规格的纸箱，包装规格为特级和一级果每盒不超过 125 g，二级果每盒 250 g 或 500 g。加工用果实则使用大规格的透气型塑料框或浅的周转箱、果盘等直接包装运输至加工厂。

(五) 蓝莓贮期病害及预防

微生物侵染是限制采后鲜食蓝莓贮藏和物流过程中一个重要因素。贮藏后期，蓝莓衰老软化使得自身抗性减弱，潜伏在蓝莓表面或者环境中的病原菌作用致腐；机械伤口及蒂痕处也是微生物的侵染点。各种真菌病原体可侵袭蓝莓果实，其中最常见的腐烂病害主要有灰霉病、黑斑病、炭疽病等。灰葡萄孢菌通常在采收前通过花残体侵染蓝莓，采后随着自身抗性减弱，蒂痕或者机械伤口也是其主要侵染点。灰葡萄孢菌孢子萌发的适宜温度为 15~25 ℃，可在极低温度（例如-2 ℃）下生长，这使得灰葡萄孢菌在冷藏条件下也能表达其症状。经灰葡萄孢菌侵害部位的蓝莓果皮初期呈现水浸状的灰白色，之后随着组织软腐，病部表面密生大量灰色菌丝体，富含分生孢子，且伴随轻微的水果萎蔫，风干后果实干瘪、僵硬。链格孢菌是引起蓝莓腐烂的主要菌种，孢子萌发的最适宜温度为 28 ℃左右，且能在−3 ℃的温度下保持生长，因此在冷链运输和冷藏过程中也能保持生长。链格孢菌可穿透蓝莓表皮，在果实内部保持休眠状态，直到内部抗真菌物质的浓度降低后发挥作用。有研究表明，链格孢菌属在蓝莓果实上存在采前潜伏侵染，通常受链格孢菌侵染的蓝莓果实与健康果实一起采收，从而在整个采后链（包括采摘、运输、包装和贮藏）中进行病害传播。经链格孢菌侵害部位的蓝莓果皮初期呈现塌陷的黑褐色斑点，之后在病部表面密生大量的白色菌丝。

防治方法：及时剔除病果，集中进行销毁。适时采收，避免果实过于成熟后再采收。贮藏期间采取低温保存的方式，延长贮藏期。

三十、树莓贮藏保鲜技术

树莓（Raspberry）是蔷薇科（Rasaceae）悬钩子属浆果，又名覆盆子、树梅等。其果实近球形，密被短绒毛，蕴含人体所必需的 21 种氨基酸，矿物质含量丰富且含有多种维生素、超氧化物歧化酶（SOD）、花青素、黄酮等成分，被誉为"黄金水果"和"水果之王"，其口感鲜美，柔嫩多汁，营养丰富，深受消费者喜爱。作为一种质地柔软，代谢旺盛的小浆果，树莓果实的保鲜问题一直是国际上公认的难题。

（一）贮藏特性及品种

1. 品种

树莓品种多样，特性各异，适合在不同生态环境下生长，有的适宜鲜食，有的适宜加工，国外培育主要品种有黑莓和红莓两种。黑莓成熟时果实为紫黑色，平均单果重 6.5~8.6 g，亩产达 1 100 kg。抗病虫害能力强，耐旱，部分品种可耐−17 ℃的低温。树莓果实色泽多样，有红色、黑色、紫色、黄色、蓝色等。按照适地适种的原则，适宜南方栽种的以黑莓为主的夏果型山莓有 3 种：黑莓三冠王、阿甜和那好。北方以栽植红山莓为主，其中红宝珠、红宝玉、红宝达、丰满红商品性好。红宝玉具有丰产稳产的特性且品种具有颜色鲜艳、含糖量高、风味浓、香味厚、果个均匀等特点而适宜浆果速冻加工出口等规模化生产。丰满红抗高寒、耐贮运。

2. 贮藏特性

树莓果皮极薄，组织娇嫩，结构易碎，呼吸速率高，极易腐败，特别是在贮藏运输过程中易受机械损伤和微生物侵染而变质。树莓在常温下贮藏 1 d 就失去其商品价值。因此，树莓贮藏保鲜至关重要。采后预冷是延长树莓贮藏期的关键，冷却时间越长，树莓的货架期越短。

（二）采收及采后商品化处理

1. 采收成熟度及采收方法

应采收果实表面着色达 90% 以上，或者可溶性固形物达到 8% 以上的成熟果用于低温物流贮藏。在晴朗天气、气温较低时采收。采收前 3~5 d 停止灌水；如遇灌水或雨天，宜延迟 2~3 d 采收。采收时应戴上手套，大拇指、食指和中指握住果实底部，向上用力使果实与花萼、花托分离，保持果实完整，并且采摘过程中一次性装盒。

2. 采后商品化处理

将经过杀菌处理的树莓立即进入冷库预冷。装好的树莓塑料包装盒置于周转箱内进行预冷，当果实品温达到 1~2 ℃，结束预冷，预冷时间应小于 48 h。推荐采用安全、食品级吸塑材料制成的小盒包装，四周有透气孔，每盒装载量不超过 200 g。充气包装推荐采用厚度为 0.03~0.05 mm 的聚乙烯保鲜袋，充入气体成分控制 CO_2 5%~8%，O_2 3%~5%。外部包装应采用坚实、牢固、干燥、清洁卫生，无不良气味的纸箱、塑料箱、木箱及泡沫箱等。

（三）树莓的贮藏

树莓贮藏保鲜方法主要有速冻低温冻藏法、气调贮藏法、化学保鲜法和臭氧保鲜法。现以低温速冻冷藏法为主要手段。任何存储方法都需要对果实进行采后预冷处理，且最佳处理时间为 60 min 内。

1. 冷藏

低温贮藏即尽可能地不影响、不损害水果正常的代谢机能，通过维持低温度的外界环境，进而降低水果代谢，使其成熟过程减缓。树莓鲜果在采后呼吸强度维持在高水平，且与外界温度成正比。为了降低树莓的呼吸作用，通常采取低温贮藏的方法以延长保鲜期，与保鲜剂配合处理可延长贮期至半月左右。在 4~5 ℃下，配合上 RH 为 85%~90% 可以使红树莓贮藏 9 d 左右。

2. 气调贮藏法

树莓果实在 O_2 含量低，CO_2 浓度高的空气以及低温的环境下，其自身细胞的呼吸作用会明显减弱。树莓果实最佳气调贮藏的气体条件：$O_2 \geqslant 5\%$，$CO_2 \leqslant 10\%$。在最佳气体条件下贮藏 20 d，树莓果实依旧可以保持高品质、高质量。

3. 化学保鲜法

针对树莓与其他浆果类在化学保鲜上所采取的研究分为采前处理和采后处理，采前处理有喷施二氧化氯处理，钙处理和水杨酸处理，这些处理方法主要是针对树莓的细胞壁，树莓表面的微生物还有诱导树莓次生代谢物质等方式延长树莓的保质期。采前进行氯化钙处理与水杨酸处理可以提高 Prelude 品种树莓的好果率。采后处理主要有壳聚糖与纳他霉素的复合涂膜、精油处理等，主要针对的也是树莓表面的微生物和细菌，在相同时间内对比对照组可以有效地降低树莓的腐烂率，提高好果率，延长保质期。

（四）树莓的运输

树莓的运输工具及作业规范应符合《冷藏、冷冻食品物流包装、标志、运输和储存》（GB/T 24616—2019）；短途运输（500 km 以内）可采用保温运输，温度控制在 5~8 ℃；长途运输（500 km 以上），应控制适当的低温，以 0~1 ℃最为合适。装运工具应清洁、干燥，不能与有毒、有害物质混装混运；运输过程中应监测温度变化；运输应适量装载，轻装轻卸，快装快运。

（五）树莓贮期病害及预防

树莓作为营养丰富具有多种保健功能和加工前景的水果，具有很高的经济价值，但在生长过程及采后环节容易遭受病虫害的侵染，特别是在高温高湿环境中。在贮藏时也较易被各种病原细菌、微生物侵蚀感染，从而加速果实的腐败。已报道树莓果实采后常见的致病菌主要有灰葡萄孢、蔷薇色尾孢霉、胶孢炭疽菌、壳针孢属真菌、少隔多胞锈菌等，其中灰霉是主要致病菌。

灰霉病主要为害树莓的叶、花、果柄和果实。叶片发病时产生水渍状褐色病斑，边缘不规则。潮湿时叶背出现灰色霉层，为病原菌的分生孢子梗与分生孢子。花和果柄发病变暗褐色，后扩展蔓延病部枯死，由花萼延及子房和幼果，造成全果软腐。湿度大时表面密生灰色霉状物，干燥时导致果实皱缩。

灰霉病为低温高湿时常发病害，其防治措施有：生物药剂防治，发病前或初期使用50%异菌脲1 000~1 500倍液稀释，5 d 用药1次，连续用药2次，即能有效控制病情，发病严重时用40%腐霉利可湿性粉剂15~20 g 或乙霉多菌灵20 采后快速预冷，基本满足运输和消费的最大时间要求，而且避免了化学杀菌剂的使用。

三十一、蔓越莓贮藏保鲜技术

蔓越莓，又称蔓越橘、小红莓、酸果蔓，其名称来源于原称"鹤莓"，因蔓越莓的花朵很像鹤的头和嘴而得名。是杜鹃花科越橘属红莓苔子亚属的俗称，此亚属的物种均为常绿灌木，主要生长在北半球的凉爽地带酸性泥炭土壤中。花深粉红色，总状花序。果实呈浆果球形，紫红色。蔓越莓是一种很常见的浆果，但通常是制作成蔓越莓干或者其他蔓越莓类产品，而较少直接食用蔓越莓果实。蔓越莓目前在北美的一些地区被大量种植，但我国尚无规模化种植，品种和栽培技术是限制我国蔓越莓产业发展的瓶颈。

（一）贮藏特性及品种

1. 品种

蔓越莓的品种有三类：一是"牙格达"，大兴安岭野生红豆果，又叫北国红豆（当地人叫牙格达），是小矮棵植物，高不及 10 cm，叶呈椭圆形，肥厚而丰满。果实呈串，成熟时将秧压至地面。往往是通红一片，产量极丰。二是小果蔓越橘（即北方蔓越橘、酸果蔓越橘），分布于北亚、北美北部及欧洲北部和中部，生长于沼泽地；茎细韧，匍匐；叶常绿，广椭圆形或椭圆形，长不及 1.2 cm；浆果球形，绯红色，大小如茶藨子，有斑点，味酸。三是美洲蔓越橘（即大果越橘），在美国东北大部地区野生，比小果蔓越橘茁壮；浆果大，球形、长圆形或梨形；果皮颜色多种，粉红色至暗红色或红白杂色；广泛栽植于马萨诸塞、新泽西、威斯康星及华盛顿州和俄勒冈州近太平洋沿岸地区。

2. 贮藏特性

蔓越莓适宜的贮藏温度为 2~7 ℃。贮藏温度过低时，蔓越莓易发生冷害。蔓越莓适宜的贮藏环境 RH 为 70%~72%。环境的 RH 过高时，果实更易腐烂和发生各种生理紊乱现象。

（二）采收及采后商品化处理

1. 采收成熟度及采收方法

蔓越莓的成熟度主要依据果实的颜色，而蔓越莓果实的颜色受光照和温度影响。通常，位于顶端的果实颜色较红。多项研究表明，颜色较红的果实存储时间比白色或颜色较差的水果存储时间更长。

蔓越莓的采收方法分为干收和水收两种。干收是收获新鲜蔓越莓最好的办法，蔓越莓场主会用一台像剪草机的机器来收获，它可以将果实从藤下梳离出来，将它们送至机器后部的麻袋中。水收是比较节约人力的办法，蔓越莓果实本身是有空气的，因此它有极佳的浮力，果农在采摘的前晚，沼泽地会被灌水，农场主会用水中卷筒"打蛋器"，去搅动水流，将蔓越莓从蔓藤上带下，蔓越莓就会漂在水面上，这样十分便于采收。采收时要防止果蒂撕裂。

2. 采后商品化处理

对果实根据大小、着色、均匀度、缺陷等进行分级，处理掉有损伤、病害的果实以便于以后的销售和贮藏。进行预冷，采后果实堆积温度高，呼吸旺盛，应及时放于阴凉通风处降温，减少果实养分消耗，避免堆积腐烂。

防腐处理，杀灭或抑制果实表面病原菌，减少贮藏过程中果实腐烂。一般有 3 种方法：化学消毒剂浸泡清洗、射线辐射处理和化学药剂熏蒸处理。

保鲜处理，避免果实水分蒸发，以及保证果实细胞活力，延缓果实衰老变质。常见方法有：喷蜡处理、保鲜纸和保鲜膜包裹。

一定的采后处理可以延长蔓越莓的贮藏期，如熏蒸、乙烯处理、辐射和热处理。①熏蒸：国外通常采用己醛和臭氧熏蒸蓝莓，可明显降低蓝莓的腐烂率，此法对蔓越莓的贮藏有一定的借鉴性。用 900 μL/L 的己醛处理 "Duke" 蓝莓品种后，气调贮藏 7~9 d 后水果可销售率提升 4%~15%；用 700 μL/L 臭氧熏蒸 2~4 d 后再气调贮藏 4 周，蓝莓果实的市场可销售率提高了 4%~7%。②乙烯处理：0.1~10 μL/L 乙烯处理对蔓越莓采后成熟和质量的影响较小，但可提升蔓越莓果实的色泽，在光照条件下，此作用效果更显著。③热处理："Stevens" 品种蓝莓用 50 ℃蒸汽处理 180 s 后，置于 86% RH、3~7 ℃贮藏 2~6 个月。结果表明，该品种的蔓越莓腐烂率减少了 20%。

（三）蔓越莓的贮藏

蔓越莓适宜的贮藏条件为 RH 90%、1~3 ℃低温贮藏。蔓越莓果实的贮藏时间长短与品种也有十分紧密的关系。在温度为 3 ℃环境中贮藏期约 1 个月。

（四）蔓越莓的运输

出库时的蔓越莓果实应保持各品种应有的风味和品相，无破裂、腐烂。长途运输时要求冷链运输，运输环境温度为 1~3 ℃，堆码时注意保证车厢内冷却循环通畅。运输时要行车平稳，转载适量，快装快运，轻装轻卸。

（五）蔓越莓贮期病害及预防

腐烂是蔓越莓贮藏过程中普遍的问题。腐烂导致的原因有真菌感染和病原菌感染。因此蔓越莓采摘后要及时将坏果去除并用防腐剂进行处理。真菌和病原菌更易感染受机械损伤的果实，因此将坏果去除可有效延长蔓越莓的贮藏期。若贮藏温度过低，蔓越莓会发生冷害现象，因此要在适宜的温度和 RH 条件下进行蔓越莓的贮藏。

三十二、美味（翠香）猕猴桃贮藏保鲜技术

美味系猕猴桃是水果店里最常见的猕猴桃之一，以长果枝结果为主，多为

绿心猕猴桃，代表品种是海沃德、翠香、徐香、金香等。

（一）翠香猕猴桃贮藏特性及品种

翠香猕猴桃，原名西猕9号，果实于8月底成熟，填补了美味系猕猴桃中早熟品种的空白。该品种平均单果重82 g，最大单果重可达130 g。果实端正美观，果肉翠绿色，肉质细，汁多，甜，芳香味极浓，适口性好，品质佳。硬果可溶性固形物含量11.57%，较软果可溶性固形物含量可达17%，总糖含量5.5%，总酸含量1.3%，维生素C含量1 850 mg/kg。其最大特点是维生素C含量高，营养丰富，果皮绿褐色，果皮薄，易剥离，食用方便。采后室温下可存放20~23 d，0~1 ℃可贮藏四个半月，较耐贮藏运输，且货架期长。农业行业标准《猕猴桃采收与贮运技术规范》（NY/T 1392—2015）规定了猕猴桃采收、贮藏与运输的技术要求，翠香猕猴桃的采收、贮藏和运输过程的保鲜技术参照此标准执行。

（二）猕猴桃采收及采后商品化处理

1. 采收成熟度及采收方法

刘占德研究发现，陕西关中美味系猕猴桃徐香适宜采收期为9月中旬至10月上旬（盛花期后125~132 d），采收指标为可溶性固形物含量达6.67%~8.00%，干物质含量20.0%以上，有利于保持果实较好的品质、耐贮性以及商品价值。

采果时保留果柄，堆放贮藏果实时用剪刀紧贴果蒂剪断、剪平果柄，只保留连接果蒂处的基部果柄，防止留果柄过长戳伤果实。在早晨或者傍晚进行采摘。

2. 采后商品化处理

采摘后及时进行预冷，采用逐步降温 [10 ℃→5 ℃2 d→2 ℃2 d→（0±0.5)℃] 可有效减轻低温贮藏时的冷害发生。要对果实进行分级处理，剔除伤病果。

（三）翠香猕猴桃的贮藏

目前对于翠香猕猴桃采后贮藏技术的研究有低温贮藏和气调贮藏。

1. 低温贮藏

翠香猕猴桃在（0±0.5)℃下能够降低果实呼吸强度，推迟呼吸高峰的出现保持较高的硬度，但随着贮藏期的延长，果实会出现表皮组织增厚，果肉水浸状，褐变和木质化等冷害症状，并出现逐渐加重的苦味现象。

2. 气调贮藏

翠香猕猴桃适宜的气体成分为 O_2 2%、CO_2 5%时，贮藏期间猕猴桃能得到较好的保鲜效果。

3. 二氧化氯（ClO_2）处理

进入冷库前用 ClO_2 处理可有效保持翠香猕猴桃果实的硬度，较好地保持了猕猴桃的可溶性固形物含量，抑制了可滴定酸、可溶性糖和维生素 C 含量的下降，延缓了果实衰老，有效保持了猕猴桃的贮藏品质。不同 ClO_2 处理对翠香猕猴桃贮藏期的品质影响不同，50 mg/L 处理对翠香猕猴桃的贮藏保鲜效果较好。

（四）翠香猕猴桃的运输

同中华系猕猴桃一样，美味系猕猴桃在运输过程中也要注意不能让果子在运输途中相互碰撞、挤压导致果子损坏，而且运输过程中环境不能太密封，这样会造成温度过高加速果子后熟时间，导致果子变软被压坏。

（五）翠香猕猴桃贮期病害及预防

1. 软化

翠香猕猴桃软化是影响贮藏保鲜的主要问题，也是引起猕猴桃果实腐烂的重要原因。生产上防止软化的措施主要有以下几项：①采收后及时预冷；②采用聚乙烯薄膜袋包装，有效的保持环境内较高的 RH 和较高浓度的 CO_2，抑制果实的呼吸作用，防止果实的衰老。③放置乙烯吸收剂；④采用气调贮藏。

2. 腐烂

翠香猕猴桃腐烂主要是由于微生物引起的，防治方法如下：①采前用杀菌剂喷洒或浸泡果实，晾干后入库；②采后及时预冷并入库维持恒温，可减缓果实的代谢和微生物的生长繁殖；③采用气调贮藏，利用环境中高 CO_2 和高 N_2 环境，抑制微生物病害的蔓延。

3. 冷害

翠香猕猴桃发生冷害时会导致果实味道偏苦，因此在进行低温贮藏时要注意温度不宜过低，保持在 2 ℃即可。

三十三、软枣猕猴桃贮藏保鲜技术

软枣系猕猴又名软枣子、奇异莓，果实卵圆形，近球状，葡萄大小，光滑无毛可带皮食用，被誉为"水果之王"。软枣猕猴桃富含丰富的维生素、蛋白质等多种营养成分，其医疗保健作用优于美味猕猴桃和其他传统水果。经测定软枣猕猴桃果实中维生素 C 含量可达 4.5 g/kg，显著高于其他水果。软枣猕猴桃营养价值丰富，具有极佳的市场发展前景。

（一）贮藏特性及品种

1. 品种

我国从 20 世纪 60 年代开始软枣猕猴桃品种选育工作，现已选育出魁绿、丰绿、佳绿、猕枣 2 号、天源红等品种。魁绿是早熟品种，树势旺，挂果能力较好，耐旱耐涝（相对），抗风，长型果，果的口感好，但下果时间多赶上雨天，影响口感；丰绿果实较小但丰产性好，风味佳，适合加工，一般 8 月上旬成熟，属早熟品种；天源红是从野生软枣猕猴桃中经过自然选种选育出的全红型猕猴桃新品种，果实在 8 月下旬至 9 月上旬成熟，卵圆形，平均单果重为 12.02 g，可溶性固形物含量为 16%，果实味道酸甜适口，有香味，果实较小、无毛，成熟后果皮、果肉和果心均为红色，且光洁无毛。

2. 贮藏特性

软枣猕猴桃果实贮藏寿命短，常温条件下贮藏期一般在 7 d 左右，果实的不耐贮性制约软枣猕猴桃规模化、产业化发展。使用保鲜剂处理、气调冷藏、确定采收时间等方法均可延长软枣猕猴桃果实贮藏期。

通常软枣猕猴桃果实的贮藏温度范围为 2~4 ℃。在这个范围内，果实进行维持生命代谢活动消耗能量最少，因而有利于果实长期保存保鲜。在贮藏期间要注意果实的通风，避免果实出现 CO_2 中毒现象。

（二）采收及采后商品化处理

1. 采收成熟度及采收方法

八成熟果实适合长期贮藏及长途运输，九成熟果实适合鲜食及加工。盛花期后第 110 天为常规采收日，长期贮藏及长途运输的果实最适于采收日前 20 d 采收，鲜食果宜于采收日前 5 d 采收。成熟期在地区海拔高度之间，植株之间，同一果穗上的几个果子之间，都有明显的差异。因此在采收时，不应采取一次采完的办法，尽可能分成 2~3 次采收。符合采收标准的先采收。采收人员必须剪齐指甲、戴手套；整个采收过程中必须轻拿轻放，减轻碰、刺伤。减少周转次数，严防机械损伤。

2. 采后商品化处理

采摘时要有坚固的盛装容器，如果筐、木质果箱，以便运回，绝不能用麻袋、塑料袋、布袋盛果，更不能散堆散运，采回后应根据果实大小，成熟度高低，分别包装，尤其要剔出伤果，进行及时处理，果箱大小要以既不重压、又便于运送到收购加工地点或鲜果市场销售给消费者的为宜。

1-MCP、甲壳素、水杨酸等保鲜剂处理在水果中已有大量研究，在软枣猕猴桃果实中开展的相关研究结果表明，在 1~2 ℃低温下，软枣猕猴桃魁绿、苹绿、馨绿果实 1-MCP 最适处理浓度分别为 1.5 g/L、1.0 g/L、2.5 g/L，贮藏期分别为 49 d、70 d、63 d。甲壳素处理可有效抑制果实软化、失水，增加果实可溶性固形物含量，提高果实的贮藏性。用 1 mmol/L 水杨酸浸果处理可提高果实的耐贮藏性。

（三）软枣猕猴桃的贮藏

气调和低温冷藏技术目前已在软枣猕猴桃果实贮藏上取得了一些进展。气调冷藏可延缓淀粉酶和果胶酶活性上升，推迟果实的软化进程。CO_2 和 O_2 体积分数分别为 3%、16% 为软枣猕猴桃果实最适宜的气调贮藏环境，贮藏期达 48~64 d。低温贮藏是目前园艺产品采后贮藏的主要物理手段之一，但长期低温贮藏会增加软枣猕猴桃的苦味。0 ℃下软枣猕猴桃的贮藏效果最佳。

（四）软枣猕猴桃的运输

果实在中、长途运输前应对其进行预冷处理。所有运输的果实都要用箱包装，但每箱果实重量宜控制在 2.5 kg 以内，采用更大包装时应分层或结合小包装使用。采用冷链运输，冷藏车、船应控制温度为适宜温度，温度以 2~10 ℃为宜。运输工具应清洁、卫生、无异味、无污染，严禁与其他有害、有毒、有异味的物质混装混运。需用运输要求有调温和调湿的集装箱运输。

（五）软枣猕猴桃贮期病害及预防

黑斑病亦称霉斑病，在软枣猕猴桃植株及果实上较为常见，是人工栽培软枣猕猴桃较为常见的一种病害。软枣黑斑病的致病因子主要有两种，一是气候潮湿或干热，尤其在高温和高湿的 7 月中旬和 8 月上旬发病较重。二是树体营养积累较差，抗逆性较弱，在长势较差和营养不良的软枣园发病较重。果实初染期为果面有褐色小斑点，随着病原体不断扩散，褐色小斑转变成黑色或褐色，最后引起果肉组织变软发酸而腐烂。

防治措施：在春季树液流动之前喷施 5°Bé 石硫合剂农药，花后喷施多菌灵和百菌清各 800 倍液，每隔 10 d 喷 1 次，连喷 2 次。发病期喷洒 50%异菌脲 1 000 倍液或 50%醚菌酯 600 倍液，进行有效的防治。

三十四、玫瑰香葡萄贮藏保鲜技术

玫瑰香葡萄是葡萄的一个品种，属于欧亚种，又译为莫斯佳、汉堡麝香、穆斯卡特、慕斯卡、麝香马斯卡特等。玫瑰香是一个古老的品种，是世界上著名的鲜食、酿酒、制汁的兼用品种。玫瑰香葡萄含糖量高、麝香味浓、着色好，深受消费者喜爱。

（一）贮藏特性及品种

1. 品种

玫瑰香葡萄未熟透时是浅浅的紫色，就像玫瑰花瓣一样，口感微酸带甜；成熟时颜色为紫中带黑，入口有一种玫瑰的沁香醉入心脾，甜而不腻。每年的中秋之季是玫瑰香的成熟之季，其含糖量高达 20 度，麝香味浓、着色好看，深受消费者喜爱。玫瑰香葡萄的品种有黑玫瑰香葡萄、巨玫瑰葡萄、大粒玫瑰香葡萄、红双味香葡萄、巨峰葡萄等。黑玫瑰香葡萄叶面呈现紫色，且叶片背面有稀疏的白色绒毛，果实平均重 8 g，呈现紫黑色，味道酸甜浓郁可口，受大众喜爱，并且黑玫瑰葡萄生命力较旺盛，对土壤的要求不严苛，也不需要过多的水肥。巨玫瑰葡萄是最新选育成功的中熟葡萄品种，其果实果粒整齐，呈现鸡心形状，果实外皮为紫红色，果肉松软香甜，具浓郁的玫瑰花香味，适宜生长在土质疏松且排水性和透水性较为良好的土壤。大粒玫瑰香葡萄果粒较大、不易贮藏，种植时需满足每日不少于 5 h 的自然光照，但当光照过于强烈时，要有遮阴措施，避免晒伤。

2. 贮藏特性

果肉肉质坚实易运输，耐贮藏，搬运时不易落珠。玫瑰香葡萄用 O_2 10%＋CO_2 8%～10% 的气体组分处理能达到很好的贮藏效果。进行长期贮藏的葡萄需进行预冷，在短时间内将葡萄温度降到 5 ℃以下。

（二）采收及采后商品化处理

1. 采收成熟度及采收方法

当葡萄种子变成褐色，可溶性固形物含量不再增加时，即可采收。按成熟情况分期分批采收。注意轻采、轻放，防止对果粒造成机械伤害和碰掉果粉。采收后及时分级、包装，对要贮存的果穗及时进行保鲜贮藏。

2. 采后商品化处理

玫瑰香葡萄采后商品化处理应重点抓好以下两个环节：①严格分级；②精细包装。良好的包装，可以保证果品安全运输和贮藏，减少果品间的摩擦、碰撞和挤压造成的机械伤，阻止病虫害的蔓延和水分的蒸发，便利果品仓储堆码，使水果质量在流通过程中保持稳定。

(三) 玫瑰香葡萄的贮藏

1. 物理保鲜

葡萄果实非常娇嫩，不易保存。这是由于葡萄采摘后脱离母体，光合作用随即停止，但果实内仍在发生着呼吸作用，释放热量，并为其他生理生化反应提供能量。在我国对于水果的普遍贮藏操作中，降低贮藏温度是首先考虑的重要环境因素，实际生产运输中，普遍采用冷库贮藏，最佳贮藏条件为：果温在-0.5~1 ℃，湿度90%~95%。一般新鲜葡萄采摘后，在室温下的贮藏周期最多停留15 d，若冷藏温度控制得好，能将贮藏期延长至2个月，甚至更久，同时保持葡萄甘甜的口感和浓郁的香气，有效减少烂果率。

2. 化学保鲜

目前，国际上葡萄商业化贮藏普遍采用向冷库中通 SO_2 的方式进行葡萄保鲜，一般这种方法可使葡萄贮藏期在2~3个月。在 SO_2 保鲜剂的基础上结合绿色的保鲜方式（1-MCP、O_3、ClO_2）的保鲜处理，不仅可以减少化学保鲜剂的使用，还能更好地保证玫瑰香原有的风味和色泽，减少玫瑰香葡萄的营养损失。

玫瑰香葡萄在 (-0.5±0.5)℃ 的贮藏条件下，采用1-MCP、ClO_2 结合的方式进行处理，玫瑰香葡萄保鲜效果较好。

在 (0±1)℃ 条件下对玫瑰香葡萄分别用 6.42 mg/m^3、10.7 mg/m^3、14.98 mg/m^3 3种不同浓度臭氧化空气在密封大帐内进行处理，每天处理30 min。结果表明，14.98 mg/m^3 臭氧处理效果最好，延缓葡萄的衰老进程，达到较好的贮藏保鲜效果。

3. 复合保鲜

冰温结合 SO_2 两段释放法。研究表明，冰温（-1.0 ℃、-1.5 ℃）结合 SO_2 两段释放法避免了果梗褐枯和果粒漂白问题，减轻了贮藏期间果实的腐烂现象，贮藏至120 d 腐烂率分别为1.5%、0.9%，果粒 SO_2 残留不超过3.2 mg/kg，糖、酸含量接近于葡萄采收值，且与-1.0 ℃相比，-1.5 ℃贮藏葡萄穗梗冷害率30%，表现为穗梗鲜绿色转暗并呈现水渍状，而前者未发生冷害。因此，-1 ℃结合 SO_2 两段释放处理更适合玫瑰香葡萄低硫贮藏。

(四) 玫瑰香葡萄的运输

进行玫瑰香葡萄的运输时，应保证运输工具清洁卫生，不与有毒、有害物品混运。装卸时应轻装、轻卸，防止葡萄出现碰伤或者果粒掉落现象。长途运输时应使用冷藏车，注意防冻和通风散热，避免日晒雨淋。

（五）玫瑰香葡萄贮期病害及预防

裂果、烂果出现的突出症状是果面有不同程度的纵裂痕，沿裂痕处扩延呈不同大小、不规则的褐色斑块，果皮色泽由紫红色变为淡褐色。严重的则整个果粒褐色。

防治措施：一是贮藏运输时选用质量好、含糖量高的果穗；二是提高果穗的整齐度，缩小粒间质量差异；三是入贮时应随时剔出受炭疽病感染的果穗；四是玫瑰香葡萄对 SO_2 有较强抗性，较易贮藏，但要适量使用。

三十五、阳光玫瑰葡萄贮藏保鲜技术

阳光玫瑰，又名夏依马斯卡特、耀眼玫瑰，因其果肉有玫瑰的香味而被称为阳光玫瑰。阳光玫瑰是欧美杂交种，由日本果树试验场安芸津葡萄、柿研究部选育而成，其亲本为安芸津 21 号和白南。近年来，开始陆续引入我国，进行栽植试种和推广。阳光玫瑰的果肉中含有丰富的钙，适量的食用有降低血糖和胆固醇的功效。其集丰产稳产、抗病、大粒、耐贮运、口感等优点于一体，深受大家喜爱。

（一）贮藏特性及品种

1. 品种

阳光玫瑰葡萄丰产、稳产，大粒，抗病，耐贮性好，栽培简单。果穗圆锥形，穗重 600 g 左右，大穗可达 1.8 kg 左右，平均果粒重 8~12 g。果粒着生紧密，椭圆形，黄绿色，果面有光泽，果粉少。果肉鲜脆多汁，有玫瑰香味，可溶性固形物含量 20% 左右，最高可达 26%，鲜食品质极优。不裂果，不脱粒，丰产，抗逆性较强，综合性状优良。阳光玫瑰对葡萄病毒类病害非常敏感，尤其是用未经脱毒的贝达等砧木嫁接葡萄苗木病毒症状更为突出。在各地栽培过程中感染此病毒的普遍表现为叶片反卷、畸形、褐绿斑驳、透明斑等。

目前，我国阳光玫瑰葡萄产地主要是在陕西、新疆、甘肃、江苏、云南、宁夏等地区。地区不同成熟时间也是有区别的。在江苏地区一般是在 3 月中上旬开始萌芽，5 月开花，到 6 月上旬开始第一次的幼果膨大，7 月中旬果实开始变色，8 月成熟。阳光玫瑰的挂果时间长，可在树上挂两三个月的时间。

2. 贮藏特性

阳光玫瑰是目前新兴的品种，属于浆果类水果，葡萄皮薄汁多，含糖量高，但是在采摘后如果贮藏条件不当，易造成脱粒，果柄干枯萎蔫，果实腐烂等，使葡萄的食用品质和商品价值大打折扣。

（二）采收及采后商品化处理

1. 采收成熟度及采收方法

当葡萄充分发育成熟，果皮呈浅绿色或绿色泛黄，表现出阳光玫瑰葡萄固有色泽和风味时采收，采收前 15 d 应停止灌水。采收应在天气晴朗的早上和下午气温下降后进行，避开中午高温时段采收。

2. 采后商品化处理

采收下来的葡萄应进行果穗修整，剔除病、伤、烂果粒及小果粒，分级包装。分级包装的葡萄，采用瓦楞纸箱盛装。箱的大小以市场适销为宜。暂不上市销售的葡萄，入贮存库暂存。入库前先在预冷库预冷 12~24 h，预冷温度控制在 -2~0 ℃，预冷结束后入保鲜库贮存，保鲜库温控制在 0~1 ℃，RH 为 90%左右。

（三）阳光玫瑰葡萄的贮藏

近年来，阳光玫瑰葡萄基本是以鲜果销售为主，且销售价格较高，贮藏保鲜加工的较少，因此关于阳光玫瑰葡萄保鲜技术的研究也较少。

1. 低温贮藏

通过对阳光玫瑰葡萄采后不同贮藏温度下贮藏期 8 周内的研究表明，低温处理能有效减缓其果实好果率、耐拉力值、硬度和可滴定酸含量的下降，保持阳光玫瑰葡萄果面色泽及果实形态，但是对 pH 值、总糖及可溶性固形物含量的影响较小。在 0 ℃、4 ℃、10 ℃、15 ℃ 这几个贮藏温度条件下，0 ℃贮藏效果最佳。阳光玫瑰葡萄的最佳贮藏条件为：果温在 0~1 ℃，湿度 90%~95%，在贮藏过程中，通过控制贮藏温度，能有效地延长阳光玫瑰葡萄的货架期。

2. SO_2 熏蒸与保鲜剂协同作用

SO_2 具有还原性，可以有效地抑制植物体内相关代谢酶的活性，对保持果实的外观以及果肉品质有很好的效果。但葡萄对 SO_2 的吸收很容易受到贮藏环境的影响，SO_2 浓度过大也会导致其在果实内部的残留。预冷前使用 SO_2 熏蒸葡萄果实，可有效降低来自试验田的病菌体，在贮藏过程中再结合保鲜剂使用，可以减轻果实病害的发生和漂白伤害，从而延长贮藏时间。因此，适宜的 SO_2 使用量或与其他保鲜剂的合理配套使用变得尤为重要。

研究表明，SO_2 熏蒸与 6.6 g CT2 保鲜剂（国家农产品保鲜工程技术研究中心研制）配合使用能够有效降低葡萄贮藏过程中的掉粒和腐烂，并较好地维持果实硬度和果柄耐拉力；同时，该处理的果实可溶性固形物和可滴定酸含量均高于其他对照组。

（四）阳光玫瑰葡萄的运输

葡萄采摘时，要严格选择果穗和田间喷布杀菌剂，控制葡萄运输过程中霉菌的侵染。运输过程中，选用质量好、适合葡萄包装规格的纸箱做包装，方可获得较高的效益。短途（1 000 km之内）常温运输，采、运、销要抓好一个"快"字，即快采、快冷、快装、快运、快卸、快销，长途运输时要采用冷链运输。

（五）阳光玫瑰葡萄贮期病害及预防

引起葡萄果粒田间和采后腐烂的病原菌有30个属的真菌及一些细菌。鲜食葡萄的所有采后病害主要是由真菌引起的，灰霉葡萄孢所引起的灰霉病是鲜食葡萄上最具毁灭性的病害，在黑暗和潮湿的条件，灰霉病从一个浆果迅速扩展，大面积连片发展，从而造成整袋葡萄被侵染而腐烂。裂果是葡萄贮藏期易发生病害之一，因此贮藏与装箱时，每串葡萄之间空隙要适宜，防止因晃动或挤压而造成裂果。

三十六、巨峰葡萄贮藏保鲜技术

巨峰葡萄属于葡萄中的中熟品种，由日本专家用欧美葡萄品种杂交而成，中国于20世纪60年代引入栽培，在全国各地推广开来。巨峰葡萄易栽培，适应性强，抗病、抗冻；果实硕大，平均每串葡萄重400~600 g，单果粒重12~20 g；口味甘美，果肉肉软滑口、果汁味甜芳香；外形美观，果穗紧实完整、果粒大小均匀、果实表面新鲜清洁。巨峰葡萄集食疗价值、医用价值、美容价值和商业价值于一身，商业价值较高。

（一）贮藏特性及品种

巨峰葡萄具有抗病性强、适应性强和在市场上受欢迎等特点。巨峰葡萄着色容易，对气候适应性强，基本全国都能栽培，露天、避雨棚、大棚栽培表现效果也不错，其抗病性明显优于红提、红宝石、克瑞森、玫瑰香、蓝宝石等品种。但在栽培过程中，若树势过旺或花期天气不好，就很难坐好果且果实较易产生裂口。果实一旦裂口，就会出现酸腐病、灰霉病、炭疽病等，影响葡萄产量和质量。无核处理可解决巨峰坐果问题，但其无核处理成功率低。处理早，果穗会出现大小粒现象；处理晚，无核率低。无核处理后，果实更易发生裂口和掉粒。目前巨峰葡萄的产地有辽宁的北镇，河北秦皇岛的昌黎、卢龙，邢台的威县，衡水的饶阳，山东的大泽山，江苏的连云港等。巨峰葡萄不耐贮藏，易发生掉粒、腐烂、干梗等现象，影响商品品质。一般采用低温贮藏来延长其贮藏期，推荐贮藏条件：果品温度−1~0 ℃，RH 为 90%~95%。巨峰葡萄的贮运保鲜技术参照农业行业标准《鲜食浆果类水果采后预冷保鲜技术规程》（NY/T 3026—2016）执行。

（二）采收及采后商品化处理

1. 采收成熟度及采收方法

当巨峰葡萄果实充分成熟、可溶性固形物达 16%~18%时，即可采收。但适时晚采，可充分利用秋季昼夜温差大的有利条件，使果霜增厚，糖分提高，还可节省预冷工序及预冷所需的能量，提高果实抗病力。采收时间应以天气晴朗、气温较低的上午或傍晚为好，早晨果面无露水时开始采收，雨天和雾天不宜采收。采收时，将果穗从穗梗处剪下，避免碰伤果穗、穗轴和擦掉果霜，采摘时要轻拿轻放，不能用手扭断果梗，这样会增加果梗受伤面积，使在贮藏中更易变色、干枯。同时，将病果、伤果、小粒、青粒一并疏除，以提高巨峰葡萄的耐贮性和商品价值。

2. 采后商品化处理

葡萄随采随修整，剪去病、烂、伤果及小粒、软粒、未成熟果，放入衬有塑料袋的箱内。避免葡萄被多次翻倒，减少机械损伤和贮藏过程中的腐烂。葡萄果实从田间带来大量的田间热和表面水分，为了尽快降低果品温度，装箱后的葡萄必须尽快放入 0~1 ℃的冷库内预冷 12~20 h。由于巨峰葡萄果梗上的皮孔大而多，预冷时间过长，果梗会失水干枯。采后快速入库、快速预冷和缩短预冷时间是防止巨峰葡萄贮藏干梗、脱粒的关键措施。对葡萄贮藏来说，防腐保鲜剂的应用是葡萄大规模贮运保鲜的关键环节。葡萄防腐保鲜剂的种类很多，目前生产上应用较广泛的是 SO_2 剂型，即亚硫酸氢盐及其络合物，如天津化工研究院生产的葡萄防腐保鲜剂 A 型，国家农产品保鲜工程技术研究中心研制的 CT2 号巨峰葡萄专用保鲜剂。

（三）巨峰葡萄的贮藏

1. 冷藏

巨峰葡萄最适宜的温度为−0.5~0 ℃。因此将库温维持在−1~1 ℃ 即可，不可忽高忽低。最佳湿度为 90%~95%，当湿度高于 95%时，应打开门及排气孔通风排湿；当湿度低于 90%时，应在地面喷洒水，在墙壁等地方挂湿草帘，或者使用加湿器进行加湿。在巨峰葡萄贮藏过程中，要作好库房巡查，作好记录，发现异常情况及时处理。

冰温高湿保鲜技术是适合于巨峰葡萄的保鲜技术，0 ℃的冰温环境克服了常规冷藏保鲜技术保鲜期有限、控制烂果率并不十分明显、失重率大的缺陷，也突破了冻藏法对果实质构破坏程度大的缺陷，是一种有实际应用价值的保鲜方法。在专用保鲜剂处理后巨峰葡萄在冰温条件下可以保鲜 6 个月以上。

2. 化学保鲜

ClO_2对巨峰葡萄的保鲜也有一定的作用，ClO_2可抑制病原菌对果实的侵害，由此降低腐烂率和失水率，但在使用时要注意控制浓度。高浓度的 ClO_2会对果实产生膨压后果造成裂果现象。涂膜处理时，巨峰葡萄用 1%壳聚糖在 2 ℃环境中贮藏 30 d 效果最好。

3. 生物保鲜

生物保鲜技术包括微生物拮抗作用和天然提取物保鲜。用罗伦隐球酵母拮抗菌保鲜巨峰葡萄可抑制灰霉菌的繁殖，且抑菌效果与拮抗菌的使用浓度成正比。植物天然提取物茉莉酸甲酯在 (1±1)℃的环境中对巨峰葡萄的青霉病有较好的抑制作用。

4. 复合保鲜

现多使用复合保鲜技术进行巨峰葡萄的贮藏，如气调保鲜与低温结合、室温条件下 23 ℃±1 ℃ 1-MCP+SO_2杀菌袋保鲜、CT2/CT1 以 5∶1 比例+冰温贮藏（-1.5~0 ℃）保鲜、$O_2$10%+$CO_2$15%结合冰温贮藏保鲜、热激 $CaCl_2$保鲜等。复合保鲜技术是水果保鲜技术的发展趋势。

（四）巨峰葡萄的运输

较近距离的运输（时间在 12 h 以内），在我国目前的经济和消费条件下，基本采用常温运输。远距离的运输（2 500~3 000 km），需要产地将果实预冷至 2~4 ℃后，在傍晚或晚上尽快装车，用棉被覆盖保温运输，建议用冷藏车运输。

运输过程中要尽量减少机械损伤，可以采用的方法：一是葡萄装紧实，但不要被上层箱体压破下层果实；二是垫衬泡沫网套、泡沫纸等缓冲材料；三是路途谨慎行驶，堆码装车科学。

（五）巨峰葡萄贮期病害及预防

葡萄贮藏期间的主要病原性病害是灰葡萄孢霉引起的灰霉病。在贮藏期间，患病部位开始呈圆形病斑，有时界限分明，在白色品种上呈褐色，在红色品种呈浅褐色，在蓝色品种上由于颜色差异很小，病斑难以区别。在侵染点有明显裂纹，用很小的压力，果皮即脱离感病部位，把内部组织暴露在外面，这便是灰霉病侵染的早期特征"脱皮"阶段。涨压可引起果皮开裂，病原菌通过开裂处形成灰色分生孢子梗和分生袍子而生长，致使产生灰色霉层和腐烂。

在-1~0 ℃的条件下冷藏，如果不使用保鲜剂，即使质量很好的葡萄 40 d 左右就会出现病原菌侵染造成的腐烂。良好的果园管理、入库前贮藏场所消毒、控制适宜的贮藏温度，结合 SO_2 或可以产生 SO_2 的保鲜剂，是防治灰霉病的综合措施。

三十七、夏黑葡萄贮藏保鲜技术

夏黑葡萄，原产日本，欧美杂种，又称夏黑无核、东方黑珍珠，果皮呈紫黑色，无核，果肉丰富，具有草莓香味，甜酸可口，深受广大消费者的喜爱。它抗病、丰产、极早熟、易着色、耐贮运、含糖高、口感好，但在采收过程中易受伤，且采后易受霉菌侵染而腐烂，造成严重的经济损失。

（一）贮藏特性及品种

1. 品种

夏黑葡萄果穗大多为圆锥形，无副穗。果穗大，穗长 16~23 cm，穗宽 13.5~16 cm，平均穗重 415 g。粒重 3~3.5 g。赤霉素处理后，平均粒重 7.5 g，最大粒重 12 g，平均穗重 608 g，最大穗重 940 g。果粒着生紧密或极紧密，果穗大小整齐。果粒近圆形，紫黑色或紫青色。在夜温高的地方也非常容易着色，着色一致，成熟一致。果皮厚而脆、果肉无涩味、果皮微酸涩、果粉厚。果肉硬脆、无肉囊、果汁紫红色。味浓甜、无种子、无小青粒。可溶性固形物含量为 20%~22%，鲜食品质优良。目前国内夏黑葡萄的主要产地为湖南、甘肃、山东等地。

2. 贮藏特性

夏黑葡萄是我国一种生理活性较低的非呼吸跃变型早熟品种，具有食用方便、风味浓郁、营养价值高等特点，备受市场欢迎，但葡萄采后在贮藏、运输和销售过程中，易受霉菌侵染而腐烂。葡萄霉菌引起果梗褐变、水分流失、掉粒和腐烂症状，使其货架期受到严重的影响。目前国内外葡萄贮藏保鲜主要采用 SO_2 防腐保鲜处理，易使保鲜葡萄变味，降低甚至失去商品价值。贮存夏黑葡萄时，应在采后 24 h 内把葡萄果实温度降到 0~1 ℃。存放期冷库或气调库适宜温度为-1~0 ℃，RH 为 90%~95%。

（二）采收及采后商品化处理

1. 采收成熟度及采收方法

浆果充分发育成熟，呈现出夏黑固有色泽和风味时采收。一般要求果实可溶性固形物含量达到 17% 以上，颜色为紫黑色至蓝黑色。在进行夏黑葡萄的采摘时，需要避免中午温度过高时期，在采摘过程中轻拿轻放，减少人为损失。

2. 采后商品化处理

夏黑葡萄采摘时要剔除机械伤果、病虫果、落地果、残次果、腐烂果、沾泥果等，并进行分级。采摘后在阴凉处存放或在 0~1 ℃ 冷库中预冷 12~24 h，然后包装上市。包装容器要坚固耐用，清洁卫生，干燥无异味，内外均无可刺伤果实的尖突物，并有合适的通气孔，对产品要有较好的保护作用。

3. 化学保鲜剂处理

SO_2 对保持葡萄果实品质具有较好效果，但易对果实造成一定的漂白伤害，且残留在果实中的 SO_2 会危害人体健康。可用 ClO_2 处理代替 SO_2 处理，ClO_2 是 A1 级安全消毒剂，在安全性方面优势明显。它可以杀灭各种细菌繁殖体、芽孢、真菌、病毒甚至原虫等在内的多种微生物，但对动植物机体却不产生毒效。许萍研究发现，0.5% 的 ClO_2 保鲜剂处理效果最好，能显著延缓夏黑葡萄的衰老氧化进程。

（三）夏黑葡萄的贮藏

1. 冷藏

夏黑葡萄的最适保鲜条件为：−1~0 ℃ 冷库，湿度为 90%~95%。

2. 气调贮藏

1-MCP 结合自发气调贮藏在低温贮藏期间可有效延缓夏黑葡萄果实中可滴定酸含量、维生素 C 含量和多酚含量的下降，降低果实的腐烂率。相对较低或较高浓度的 1-MCP 结合自发气调贮藏均不利于夏黑葡萄在低温下的贮藏，较低浓度可能是由于抑制乙烯效果不佳，较高浓度可能损伤了葡萄果皮导致腐烂加快。实验结果表明，1.0 μL/L 1-MCP 结合自发气调贮藏的效果最好。

（四）夏黑葡萄的运输

在运输过程中，果箱中的果穗不宜放置过多、过厚，一般放置 1~2 层为宜。同一批货物的包装件装入等级、果穗重、果粒大小和成熟度一致的夏黑葡萄。要求果穗重允许误差范围不超过 50 g，果粒大小允许误差范围不超过 1 g。运输工具清洁、卫生、无污染，有防晒、防雨和通风设施，不与有毒、有异味等有害物品混装、混运。长途运输时，应使用具有冷藏条件的工具。

（五）夏黑葡萄贮期病害及预防

夏黑葡萄易发生日灼病和气灼病。日灼病的果实向阳面会形成水渍状烫伤的淡褐色斑，后形成褐色干疤，微凹陷，受害处易遭受其他病害（如炭疽病）的侵染。气灼病是由于"生理性水分失调"造成的生理性病害。一般情况下，连续阴雨或浇水，天气突然转晴出现的高温、闷热容易导致气灼病发生。

三十八、红地球葡萄贮藏保鲜技术

红地球葡萄属欧亚种，原产美国，果皮中厚，暗紫红色，果肉硬、脆、甜，又称"红提"。果穗长圆锥形，平均穗重 500 g，最大穗重可达 1 000~1 200 g，最大粒重 15 g。红地球葡萄是美国、智利、澳大利亚、南非等新型葡萄出口国最主要的出口品种之一。红地球葡萄在我国各地普遍种植，与巨峰品种成为我国鲜食葡萄栽培最为重要的两个品种。葡萄具有耐贮运、果粒大、果肉脆、色泽艳、口感适中及产量高等一系列特点，故而被认为是鲜食葡萄中综合性状最佳的品种之一。

（一）贮藏特性及品种

1. 品种

红地球葡萄含有丰富的果酸、维生素、多种矿物质等营养成分，有利于人体的健康。红地球葡萄性平，味甘、酸，具有补益气血、强壮筋骨、养颜美容、润肺止咳、安胎等功效。红地球葡萄中含有维生素 B_{12}，有治疗贫血的作用。所含有的钾元素，有促进肾功能，调节心率的作用。红地球葡萄中含有天然的聚合苯酚，具有杀灭肝炎病毒和脊髓灰质炎病毒的作用。所含有的白藜芦醇能抑制癌细胞扩散，具有抗癌的作用。

2. 贮藏特性

红地球葡萄果皮较厚，果肉脆硬，果粉不易脱落，贮运中不易出现裂果和较重的挤压伤。红地球葡萄果梗粗壮，果刷粗而长、果刷维管束与果肉中周缘维管束连成一体，并埋藏于果肉中，果实耐拉力（果粒从果柄上脱开的拉力）强，不易落粒，但在贮藏过程中易遭受病菌的侵染。

（二）采收及采后商品化处理

1. 采收成熟度及采收方法

葡萄采收期的标准应该是：果实含糖量 16%~19%，含酸量 0.6%~0.8%，糖酸比（20∶1）~（35∶1），总果胶与可溶性果胶之比为 2.7~2.8。

采前喷化学药剂有助于防治红地球葡萄贮藏过程中发生腐烂。采收应选择上午或下午进行，不能在早晨有露水时或炎热中午采收，更不能在阴雨天采收。采收时应选择果粒紧凑、形状整齐、色泽鲜艳、无病虫害和果霜厚的果穗。可在田间直接装箱，也可将葡萄运回冷库后装箱。采后的葡萄应立即剔除病、伤、青、小果粒，将果穗轻轻地摆放在内衬PVC或PE葡萄专用保鲜袋的箱内，果穗单层摆放，装箱后应立即运到预冷库预冷。葡萄极易发生机械伤，因此在采收、装箱、运输、贮藏过程中要轻拿轻放，避免或减少磕碰、挤压、摩擦、震动造成的伤害，采收时最忌用手提拉果粒和倒箱。

2. 采后商品化处理

果实采摘后要进行分级处理，分级装箱各等级应达到以下指标。

①色泽：一、二、三级都要达到果实呈鲜红色，果粉全或深红色，果面"四无一净"，即无农药残留、无病虫害、无烂果和无机械伤痕，果面洁净的标准。②可溶性固形物：一、二、三级都要≥17.0。③穗重：一、二、三级都要达500~850 g（粒数40~80粒）。④果粒直径：一级≥26 mm；二级≥24 mm；三级≥22 mm。⑤果粒着色率：一级≥94%；二级≥92%；三级≥90%。⑥果肉：一、二、三级都要硬脆、味甜爽口，没有异味。⑦穗形：一、二、三级都要自然松散，果粒无挤压变形，穗长20~22 cm。入库前要进行预冷，入贮藏库后要对葡萄进行灭菌，运输过程中要对葡萄进行防腐保鲜处理。从采收到预冷要在12 h内完成。长期贮藏最好选择着生在葡萄蔓中部向阳的果穗，贮藏用包装箱可采用有孔隙的长方体塑料筐，其高度要求不高于25 cm，容量为可装入5~8 kg葡萄为宜，选择安全无毒的食品级透湿保鲜膜制成的塑料薄膜袋衬入筐内，厚度为0.02~0.03 mm。果实要单层装筐，摆放应尽量布满容器，密度要松紧适宜，避免挤压损伤，装好后放在阴凉通风处待贮。

（三）红地球葡萄的贮藏

1. 冷藏

红地球葡萄的最佳贮藏条件为：果温在-0.5~1 ℃，湿度90%~95%。

2. 气调贮藏

冷链结合气调技术或保鲜剂是鲜食葡萄物流的主要形态之一。常采用的气调技术是调节贮藏环境中O_2和CO_2含量，抑制葡萄的呼吸作用。高湿低温的条件下的气调保鲜，可以提高葡萄的贮藏性，保持较好的品质，但不同的葡萄品种对气体成分的耐受力不同。气调贮藏时应使果温在-0.5~1 ℃，湿度90%~95%。

3. 涂膜保鲜

采后红地球葡萄果实用不同浓度的壳聚糖涂膜处理后低温贮藏，结果表明，用壳聚糖涂膜处理能够降低红地球葡萄果实的失重率，延缓葡萄果实中的维生素 C 含量、还原糖含量、可滴定酸含量及 POD 活性和 SOD 活性的降低速度，其中以 1.5%的壳聚糖保鲜效果最好。

4. SO_2 熏蒸

100 μL/L SO_2 间歇熏蒸能显著降低果实腐烂率和 SO_2 残留量，抑制葡萄果实细胞膜透性和漂白指数的增加，有效保持果实硬度、可溶性固形物含量、果梗叶绿素含量、滴定酸含量，更好地保持葡萄的质量，延长红地球葡萄的贮藏期。

（四）红地球的运输

运输以 1 ℃低温冷链运输效果最好，运输过程中要避免强烈震动。

（五）红地球贮期病害及预防

1. 采后腐烂及病原菌侵染

葡萄组织结构比较娇嫩，在采收过程中极易受伤，而且葡萄采收后抗病能力迅速下降，含糖量提高很快，已"半培养基化"。因此，红地球葡萄在贮藏期间容易受到病原微生物侵染。引起红地球葡萄采后腐烂的主要病原菌有灰霉菌、根霉菌、交链孢菌等，但灰霉病是红地球葡萄采后流通过程中最主要的病害。

灰霉病主要发生在果实上，成熟果实及果梗。被侵染后果面出现褐色凹陷病斑，很快整个果实软腐，冷库条件下，经常出现整个果粒完全变褐，果肉软烂。在贮藏过程中加入防腐剂和保鲜剂可有效抑制病原菌侵染引起的腐烂，此外，在贮藏前要做好分级处理，去除腐烂有伤的果实。

2. 干梗

红地球葡萄贮藏过程中常出现果梗失水现象，而造成商品性下降，特别是果穗分枝的小穗梗与细弱的小果梗。引起红地球葡萄失水干梗的因素有果梗组织结构较疏松易失水、严重的病原菌侵染和 SO_2 伤害及不规范的生产过程等。在贮藏过程中要保持贮藏库的温度和湿度稳定，湿度在 90%~95% 为宜。

3. 漂白

红地球葡萄对 SO_2 相当敏感，SO_2 对红地球葡萄伤害的主要症状表现在果面发生大量漂白斑点，重者漂白斑点凹陷腐烂。利用扫描电镜对果皮进行扫描观察表明，红地球葡萄表皮蜡质层薄而不均且厚度明显低于龙眼、巨峰品种。降低 SO_2 对红地球葡萄的伤害可通过保护葡萄的果皮组织、降低 SO_2 使用剂量

和延缓 SO_2 释放速度等途径解决。

三十九、桑椹贮藏保鲜技术

桑椹为桑科落叶乔木，桑树的成熟果实又叫桑果、桑枣，味道酸甜，含有维生素 C、维生素 E、β-胡萝卜素、黄酮和微量元素等多种营养成分，具有很高的药用价值，可用于鲜食、酿酒、入药等，已成为近年发展迅速的开发利用项目。然而，桑椹属呼吸跃变型果实，成熟于 5—6 月高温季节，呼吸强度大，采后后熟衰老迅速；果实柔软多汁，常温下采后 12~18 h 即出现霉变，腐损严重，不耐贮藏和运输。因此，研究桑椹采后冷链贮运保鲜技术，对延长桑椹保鲜期、拓展销售区域、促进鲜桑果的电子商务产业发展和实现农民增收具有重要意义。

（一）贮藏特性和品种

桑是古老的落叶果树，属桑科（Moraceae）桑属（*Morus* L.），原产我国，生长在温带和亚热带。我国 6 000 多年前就已开始采桑，人工栽桑已有 4 600 多年的历史。桑树在我国分布很广，有 20 多个省份栽桑养蚕、采叶食果。桑树栽培面积较大的省份有浙江、江苏、四川、广东、山东、新疆、湖北、安徽等，其中以山东和新疆果桑栽培面积最大。桑椹又叫葚、乌葚、黑葚、桑果、桑粒、桑实、桑枣、桑椹子、文武实等。按果实颜色，桑椹分为白桑、黑桑、粉桑 3 种。桑椹早春上市极早，风味可口，甘甜多汁，营养丰富，可供鲜食。除鲜食外，桑椹还可加工成桑椹干、桑椹汁、桑椹酒、桑椹膏等。桑椹酒色鲜红，酸甜，有特殊香味。

桑椹含糖量在 9%~12%，高的可达 21%（如新疆白桑）。桑椹干含糖量可达 70%，接近葡萄干。桑椹中不溶性膳食纤维丰富，含量可达 4% 左右。桑椹还含有蛋白质和脂肪，含量分别在 2% 和 0.5% 左右。桑椹维生素 E 含量很高，接近 10 mg/100 g，是葡萄的 6~10 倍。桑椹中含有较多的类黄酮，槲皮素和杨梅黄酮含量高的均可达到 13 mg/100 g 左右。桑椹中还含有一定量的白藜芦醇，有的每 100 g 果实可含数千微克。黑桑椹中花青素含量极高，矢车菊素含量可达 200~300 mg/100 g。桑椹含有多种矿物质，包括钾、钙、磷、钠等大量元素，以及铁、锌、铜、锰、硒等微量元素。桑椹钾、钙和磷含量较高，均在 30 mg/100 g 以上。桑椹富含硒，含量是苹果的 5 倍以上、葡萄的 10 倍以上。桑椹的锰、锌含量明显高于苹果，可达后者的 6~9 倍。

（二）采收及商品化处理

首先要注意采收技巧。桑椹成熟采收期可持续 30~40 d，通常在清晨采收，最好用手摘。对于那些用手采摘不到的，可在地面用洁净的塑料软布或布单撑开，然后摇动果桑枝条。一般采收的前 10 d，约占总产量的 50%，应隔一天收一次，以后每隔两天采收一次。收获的桑果避免挤压和暴晒，注意轻拿轻放，不要碰破表皮。经过人工选择分级后，先用小塑料盒包装，再装入纸箱，一般每箱重 5~10 kg。

保鲜剂处理：防腐杀菌剂是目前国内外较为常用的水果保鲜剂。研究表明，使用安全的防腐杀菌剂进行浸果处理能延缓果实的衰老，减少腐烂的发生。丙酸、山梨酸钾和苯甲酸钠是目前世界公认的安全食品防腐剂，而苯甲酸钠更是目前生产上广泛应用的防腐剂之一。使用 2%浓度的丙酸溶液浸果处理对桑椹都有一定的防腐作用。鲜桑椹要达到较长时间的保鲜，可先采用 0.03%的高锰酸钾消毒，再用 0.01%的苯甲酸钠溶液浸泡，晾干后低温冷藏，可延长保鲜期近半个月，说明采用消毒剂清洗桑椹，能够通过其强氧化性减少果实表面的微生物，再与防腐剂结合处理可提高保鲜效果。采收后使用 400 nL/L的 1-MCP 处理可抑制桑椹硬度下降。

（三）桑椹的贮藏

桑椹采摘后仍然会不断消耗自身的贮藏营养，从而逐渐失去营养价值和品质。另外害虫也会把桑椹的贮藏营养作为美食，结果会造成桑椹腐败变质，失去鲜度和食用价值。如何使桑椹采摘后保持营养和品质，温度是重要的影响因素。一般来说，温度越低产品的营养消耗越少，病虫害为害度也越低，保持新鲜品质的时间也越长。同时温度变化越小，保鲜效果越好。贮藏温度与水果品种有关，适宜的低温有利于桑椹保鲜，但温度低于冰点温度时，易发生冷害或冻害。桑椹保鲜贮藏要求一个相对稳定的适宜低温条件。

目前采用真空预冷的效果较好，也可用强制通风冷却，但不适于用水冷却。最好用冷藏车运输，如用带篷卡车只能在清晨或傍晚气温较低时装卸和运输，运输中可借鉴葡萄和草莓的包装方式，采用小纸箱包装，加泡沫纸或泡沫网袋。主要方法有以下几种。

冷藏法：采收后，将经药剂等处理的桑椹放入特制的 0.04 mm 厚的聚乙烯薄膜袋，密封，在-0.5 ℃、RH 为 85%~95%的环境下贮藏。袋内气体指标为 3% O_2，6% CO_2。但贮藏一定时间后要检查 CO_2 浓度，不得超过 20%。在生产实践中，低温贮藏是一项基本措施，气调、保鲜剂与低温贮藏相结合，是当前国内外生产上最现代化的水果贮藏方法。在桑椹成熟度为 90%和真空度控制在-0.02 MPa 条件下，真空冷藏桑椹的寿命可比普通冷藏延长 3 倍。

第二节　热带、亚热带水果贮运保鲜技术

一、杧果贮藏保鲜技术

杧果为世界著名的热带水果，全世界共有 1 000 多个品种，主要品种有 200 多种。杧果素有"热带果王"之称，因其营养丰富，肉质细腻，酸甜可口，可食部分达 60%~80%，维生素 C 和维生素 B 含量高，尤其是维生素 A 是水果之冠，并含有适量的蛋白质、脂肪、矿物质和微量元素，所以深受消费者欢迎。除了营养价值外，其经济价值也很高，它以一种高级水果出现于国际市场，是许多国家的出口创汇产品。

（一）贮藏特性及品种

1. 品种

杧果于唐代由印度引入中国，现已有 100 多个品种，20 世纪 80 年代开始我国杧果生产迅速发展，产区主要分布在海南、广西、广东、云南、福建、台湾和贵州等地，供应季节可从 3 月下旬到 8 月下旬，我国杧果不仅品种优良，产量也逐年提高。主要品种有椰乡香杧（鸡蛋杧）、田阳香杧、吕宋杧、紫花杧、青皮杧、象牙杧、秋杧、台农一号、爱文杧等。

2. 贮藏特性

杧果为典型的呼吸跃变性果实，在常温下迅速后熟、转黄、衰老腐烂，采后寿命极短。此外，杧果属于热带水果，冷敏性很强，贮藏温度过低则会发生冷害，导致果实不能正常后熟，引起果肉组织崩溃和升温后的严重腐烂。杧果采后损失高的另一个重要原因是炭疽病和蒂腐病潜伏侵染，当果实采后转黄时才发病，使果实的品质和商品率下降。所以杧果采后不耐贮运，极易腐烂。

（二）采收及采后商品化处理

1. 采收成熟度及采收方法

杧果一般在绿熟期采收，但必须达到生理成熟，在常温下果实自然成熟或人工催熟后出售。有多种判断成熟度的方法，一般以果肩浑圆，果皮颜色变浅，果实尚硬但果肉开始由白转黄，或果园中有个别黄熟果实落地为适合采收期。也可以盛花期或坐果期至采收的天数作为采收的依据，如海南省的杧果，从谢花到果实成熟，早中熟品种需要 100~120 d，而晚熟品种需要 120~150 d。此外，也可以应用测定果实比重的方法，当果实在清水中不上浮、半

浮半沉或基本下沉的为适当采收成熟度。

果实采收时要轻拿轻放，尽可能不碰伤果面，并留 1~2 cm 的果柄，以防止果柄伤口处流胶污染果面。凡被胶液污染的果实，应该及时用洗涤剂清洗，不然果实上有胶液流过的地方很快变黑腐烂，影响果实的外观品质和贮藏寿命。采摘下来的果实应该直接放入硬纸箱或塑料箱中，如用竹制容器，应该先垫上毛纸、报纸等，以免擦伤果皮。果实采后要及时运往包装处理场所，避免高温和在日光下存放。造成杧果冷害的临界温度 6~10 ℃，因品种不同而异。

2. 采后商品化处理

采后热处理可以减轻杧果炭疽病害，因为引起炭疽病的真菌孢子短期暴露在 40 ℃ 时，孢子即被杀死，热水浸泡的温度和时间因品种而异，有效范围为 50~55 ℃ 浸果 15~25 min，加入杀菌剂则效果更加明显。但是热处理会加速果实的后熟转黄和果皮发皱，而且在杧果产区不容易使用和推广。

杧果保鲜剂是一种可以有效延缓杧果成熟、衰老和控制病害的保鲜剂，中国农业大学冯双庆教授十年来在不同地区、不同杧果品种上反复实验取得成功。使用该保鲜剂及配套保鲜技术可使杧果的好果率达 85%~90%，商品率为 90%~95%，杧果能够正常转黄，风味品质良好，而且使用方法简便，成本低廉，效益显著，可有效地延长杧果的销售期和扩大销售范围。该项成果于 1994 年通过了农业部科技司的现场验收，在此基础上，又做了改进，开发出杧果系列保鲜剂，分为 3 种剂型，是根据保存时间的长短、存放条件及销售时期的不同而配制的。使用 A 型保鲜剂，配合低温及气调贮藏条件可使杧果贮藏 40 d，常温下可贮藏 15~17 d，果实转黄缓慢。使用 B 型保鲜剂加上低温及气调环境可使杧果贮藏 30 d，常温下 12~15 d。使用 C 型保鲜剂可使果实缓慢转黄，常温下可贮藏 7~10 d。该保鲜剂及综合保鲜技术适用于杧果产区的果农及果园经营者，也适合于产业化的果品集团公司、杧果经销商或经营杧果贮运、销售的业务人员应用。

（三）杧果的贮藏

杧果经保鲜剂处理后，可在温度不低于 13 ℃ 下冷藏，或气调冷藏，具体温度及气体成分应根据品种来决定，一般可贮藏 20~30 d，出库时果实在常温中放置 1~2 d 果实风味色泽才好。常温下贮藏果实容易失水，贮藏寿命一般为 10~17 d。

（四）杧果的运输

果实运输时要注意产品的包装，箱子要坚固透气，重量一般不超过 7.5~10 kg，箱内应有纸插板将杧果隔开，并起一定支撑作用，保护产品。纸箱内只能装两层杧果。杧果的运输温度为 10~13 ℃，如果想要杧果黄熟一致，则需要催熟，催熟温度为 22 ℃。

（五）杧果贮期病害及预防

杧果炭疽病是杧果的重要病害，由胶孢炭疽菌引起。杧果炭疽病主要为害是贮藏期果实腐烂。在幼果上，初期出现针状小褐点，后病斑扩大汇合而成大的黑色坏死斑，果实脱落。果实近成熟期，初期出现针状小褐点，后扩大为圆形或近圆形深褐色凹陷斑块，多个病斑汇合成为不规则的大斑，全果逐渐腐烂。在潮湿时以上病部常出现许多橙红色分生孢子团，后期转为黑色小颗粒。细菌性黑斑病或细菌性溃疡病，是由黄单胞杆菌引起的杧果重要病害，主要为害杧果叶片、枝条、花芽、花和果实。在果实上，初时呈水渍状小点，后扩大成黑褐色，表面隆起，溃疡开裂。病部共同症状是：病斑黑褐色，表面隆起，病斑周围常有黄晕，天气湿度大时病组织常有胶黏汁液流出。另外，在高感品种上还可以使花芽、叶芽枯死。此病为害而形成的伤口还可成为炭疽病、蒂腐病菌的侵入口，诱发贮藏期果实大量腐烂。采收后经过挑选的果实通过使用防腐保鲜剂结合清洗来防治炭疽病和蒂腐病，在 52 ℃下，使用 0.05%~0.1% 的特克多溶液浸果 15 min 效果较好，防治效果在 95% 以上。

二、南方软溶质水蜜桃贮藏保鲜技术

南方软溶质水蜜桃，蔷薇科、桃属植物。果实顶部平圆，熟后易剥皮，多黏核。属于球形可食用水果类，水蜜桃有美肤、清胃、润肺、祛痰等功效。它的蛋白质含量比苹果、葡萄高 1 倍，比梨子高 7 倍，铁的含量比苹果多 3 倍，比梨子多 5 倍，富含多种维生素，其中维生素 C 最高，以其汁多味甜、香气浓郁等特点，深受广大消费者的喜爱。水蜜桃属于呼吸跃变型果实，采后有明显的呼吸高峰，肉质细嫩、皮薄易剥，易受机械损伤，且水蜜桃采收期正值 7—8 月高温高湿季节，采后成熟衰老迅速，果实极易腐败变质，常温下 2~3 d 便会软化。

（一）贮藏特性及品种

1. 品种

（1）玉露水蜜桃

玉露水蜜桃是上海龙华水蜜桃的后代，引入浙江奉化种植，此后发展成我国著名水蜜桃品种。奉化水蜜桃被誉为"中国之最"，有"琼浆玉露，瑶池珍品"之誉。果肉乳白色，肉质柔软易溶，汁液多，吃起来味甜，而且还带有浓香。

（2）阳山水蜜桃

阳山水蜜桃已有近 70 年的栽培历史，水蜜桃果形大、色泽美，皮韧易剥、香气浓郁，汁多味甜，入口即化，有"水做的骨肉"美誉。阳山水蜜桃大概在 5 月底开始上市。

（3）香山水蜜桃

该果树中等，树姿半开张，果实近圆形，花粉多，果肉乳白色，皮下近核处红色，肉质柔软，汁液多，味甜，有香气，黏核，最佳的采收期是 7 月上旬。

2. 贮藏特性

水蜜桃属呼吸跃变型果实，低温、低 O_2 和高 CO_2 都可以减少乙烯的生成量和作用，从而延长贮藏寿命。桃果实对低温非常敏感，一般在 0 ℃贮藏 3~4 周即发生低温伤害，表现为果肉褐变、生硬、木质化、絮败，丧失原有风味。

（二）采收及采后商品化处理

1. 采收成熟度及采收方法

采收成熟度是影响桃果采后软化和耐贮性的重要因素之一，桃果不同部位的果实硬度有一定的差异。水蜜桃采收过早会影响果实后熟中的风味发育，而且易遭受冷害；采收过晚，则果实会过于柔软，易受机械伤害而造成大量腐烂。因此，要求果实既要生长发育充分，能基本体现出其品种的色香味特色，又能保持果实肉质紧密时为适宜的采摘时间，即果实达到七八成熟时采收。需特别注意的是果实在采收时要带果柄，否则果柄剥落处容易引起腐败。

水蜜桃最好选择在晴天 3：00—5：00 的这段时间内进行采收。如果遇到中雨以上的降水，那么至少要把采收时间推迟 2 d。为了保证贮藏质量，应以采收八成熟的水蜜桃为主。在采收时，先将包裹水蜜桃的桃袋撕开一条小缝，观察果实的成熟度是否达到成熟的标准。采摘时，要用整个手掌将果实连同桃袋一同握住，然后稍用力将两者一起扭动摘下，轻轻放入筐中。采摘水蜜桃用力要均匀。切记不可直接用"拔""拉"等动作采摘，不然会使桃子受损。不要扔掉采摘下来的果袋，因为它可以防止桃子之间的互相摩擦和碰撞。采收的水蜜桃入筐之后，要及时运回包装间进行筛选包装。

2. 采后商品化处理

分级包装：刚采收下来的水蜜桃不能直接进入冷库，先要对水蜜桃进行筛选和包装，剔除已经采收但不宜贮藏的部分水蜜桃，为之后的保鲜提供质量保证。筛选时要除去桃袋，将部分有病虫害和机械损伤的水蜜桃剔除，进行下一

轮更为细致的筛选。接下来，挑选出部分八成熟或接近九成熟的果实，可用于
上市销售。将其他用于冷藏保鲜的八成熟水蜜桃用泡沫网袋套上，放入内部衬
有保鲜袋的箱子里。注意，每箱最多只能摆放两层，以免果实互相挤压受伤。
装箱时，要将内衬保鲜袋口敞开，可以将水蜜桃呼吸产生的热量散发出去。全
部装箱完毕，以最快的速度运回冷库预冷。果实采收后应立即分级，按分级标
准分别包装。包装容器目前普遍使用水蜜桃专用包装箱或塑料箱，专用包装箱
可根据市场要求制作，可分为 6 只装、12 只装、18 只装、24 只装等规格，包
装箱应通风孔，便于热能及时散发，同时要求箱子坚硬牢固。

保鲜剂处理：水蜜桃采收后，应在 24 h 之内使用 0.3~0.5 μL/L 的
1-MCP熏蒸处理 10 h。

预冷：目前，水蜜桃的预冷方法主要有用"水"和"风"来预冷。用水
处理的方法是将桃浸泡在 3~4 ℃的冷水中半个小时，取出晾干果面的水分后
进行贮藏。用风来预冷速度较慢，是将桃放入差压预冷库内，通风 9~12 h，
等桃子的果面温度降到 4 ℃以下时再贮藏。桃子冷库贮藏适宜温度为 0 ℃，适
宜 RH 为 90%~95%。在这种贮藏条件下，桃可以贮藏 3~4 周或更长时间。

（三）贮藏方式

1. 通风库贮藏

气温 20~30 ℃内，可在通风库贮藏 2~3 d 作过渡性的短期贮藏。贮藏时
要有良好的自然通风，并随时注意质量的变化。对不耐藏的品种，如玉露水蜜
桃，不适宜常温贮藏。

2. 冷库贮藏

桃子的贮藏期与桃品种和贮藏温度有密切的关系。低温可以降低果实的呼
吸强度、各种酶的活性，可以抑制微生物的生长繁殖，因此有利于鲜果的贮藏
保鲜。水蜜桃在 10~15 ℃的条件下，仅能贮藏 3 d，在-0.5~0 ℃，湿度
85%~90%的条件下可贮藏 7~14 d。南方软溶质水蜜桃的贮藏温度以 0 ℃，空
气 RH 以 90%~95%较为适宜，贮藏时间不超过 15 d。采收后果实经过挑选，
剔除伤果，尽快地进入冷库。在库内堆放时，应呈"品"字形堆放，箱与箱
之间留有一定的间隙，以利通风和降温。桃子进库后，应防止库温的波动，切
忌出现冰点以下的温度。

3. 气调贮藏

有条件的地方可以建造气调库，调节库内的气体成分达到贮藏效果。这种
贮藏方法是将果实放入密闭环境中，降低环境气体中 O_2 的含量，提高 CO_2 的
含量，同时保持适宜的低温。影响气调贮藏的因素包括温度、RH、CO_2、氧

和乙烯含量 5 个方面。水蜜桃贮藏的适宜条件为：贮藏温度 0~2 ℃，RH 为 90%~95%，CO_2 含量 2%~4%，O_2 含量 5%~7%，可贮藏 20 d 左右。当 CO_2 浓度大于 15% 时，果肉褐变明显加重。白凤桃贮藏较适宜的气体组成为 CO_2 浓度 5%~8%。

（四）南方软溶质水蜜桃的运输

在运输前，水蜜桃必须在 12 h 以内入库预冷。在 24~48 h 将果实温度降至 0 ℃。果实装载前，先在车厢底部铺一层 0.08 mm 厚的聚乙烯薄膜，再在塑料薄膜上铺一层棉被，棉被上再铺一层 3 cm 厚的聚苯乙烯泡沫塑料板（可用低密度板），车厢四壁用同样的方法处理。果实在冷库内预冷 24~48 h 后即可达到适宜的运输温度。最好在夜间气温比较低的时候装载。装载完后，顶部可用同样的方法进行保温处理。水蜜桃在运输过程中难免会发生震动、挤压、碰撞，再加上运输过程中温湿度的剧烈变化，必然会引起果实各种生理反应的变化，从而导致果实变质加速。各种震动胁迫在没有导致果实组织表面破损时就已引起果实生理失常，降低其抗病性，提高了果实的呼吸强度，进而促进其后熟、衰老、变质与腐烂。因此实际运输过程中，应尽量避免这种伤害。

（五）贮藏期病害及预防

1. 低温损伤

将桃子放在 0 ℃ 温度下冷藏时，在 3 周以内一般发病较少。当延长贮藏期时，从果皮色泽观察无异常，但移到室温下几天果肉即出现红褐色，汁液减少、组织发糠，通常围绕果核首先开始变褐。时间越长，果肉褐变越严重。组织变成绵毛状并且有怪味，但是果皮无异常现象。4 ℃ 是水蜜桃冷害敏感温度，在此温度下贮藏的桃子，伤害常常在 7~10 d 出现，比 0 ℃ 温度下贮藏的更为严重。这种生理病害的发生与品种、栽培条件关系不密切。

防治方法：防止桃内部败坏的办法是尽可能采收成熟的果实，贮藏前快速预冷，并贮藏于 0~0.5 ℃ 温度下，时间不要超过 3 个星期，如需延长贮藏时期，应在 0~0.5 ℃ 温度，O_2 浓度为 1% 和 CO_2 浓度为 5% 的气调条件下贮藏。对硬熟期采收的桃在贮藏于 0 ℃ 以前，置于室温 21~24 ℃ 下后熟 2~3 d，可延迟 10~15 d 发病。另外，将冷藏 2~6 周的桃采取间歇升温的方法也可延迟发病。

2. 侵染性病害

桃果实采后病害的主要致病原微生物为真菌，一般通过伤口侵入果实，主要的致病真菌为果生链核盘菌、青霉菌、根霉菌和灰霉菌等。果生链核盘菌引起的桃果实褐腐病是最具破坏性的病害之一。该病在桃果实幼果至成熟期间均可发病，接近成熟后发病加重。褐腐病病斑呈褐色圆形，分生孢子梗和分生孢子繁殖长出灰褐色绒状霉层。桃果实采后因褐腐病腐烂率高达50%，带来了极大的经济损失。青霉引起的霜霉病是桃果实采后的主要病害之一，青霉一般由果实的伤口侵入，而后迅速蔓延，孢囊孢子借气流传播并传染至周边果实，受感染的果实 2~3 d 即可发病，造成大面积果实感病。青霉在低温环境亦可生长。此外，灰霉菌引起的灰霉病和匍枝根霉引起的软腐病也是桃果实采后常见的病症。桃的花、幼果及成熟果实均易受灰霉侵染，受侵染的幼果发病后易脱落；成熟果实病斑由褐色的凹陷转为鼠灰色霉层，最后呈黑色块状物。灰霉菌在 0 ℃、20 ℃、30 ℃下均能侵染果实，不仅耐高温，在低温条件下仍有较强的生命力，是发病率较高的优势致病菌。软腐病，又名黑霉病，主要发生在成熟度较高的果实，病斑为黄褐色状圆形，腐烂组织由白色霉层变为黑褐色，果实随着病斑的迅速扩展而软化腐败。该病主要通过伤口侵入，其棉毛状菌丝体接触到周边健康果亦会侵染。匍枝根霉在 0 ℃下不易侵染发病，常温下发病迅速，3~4 d 即全果腐烂，造成重大经济损失。

防治方法：化学药剂因其杀虫谱广、见效快、应急性强、操作简便和价格相对低廉等优势得到了广泛的应用，常见的防治桃果实采后病害的化学杀菌剂包括多菌灵、麦穗宁、苯菌灵、甲基硫菌灵、噻菌灵等。克霉灵 250 倍液能有效抑制青霉的生长；多菌灵 600 倍液可有效抑制曲霉和青霉繁殖；0.1 mg/L 啶菌唑和腈苯唑对桃褐腐病菌的抑制效果优于戊唑醇和多菌灵；8.314 μg/mL 小檗碱与 0.012 μg/mL 多菌灵复配剂抑制桃褐腐病效果显著，且复配比为 3 657 : 1 时二者具有协同抗菌作用。

三、恭城月柿贮藏保鲜技术

恭城月柿又名水柿，盛产于广西壮族自治区恭城瑶族自治县，已有近千年的栽种历史，以去皮晒成柿饼后表皮有一层白霜而得名。因恭城月柿具有色泽橙红、肉厚脆嫩、皮薄味甜、果大汁多等许多良好品质，因此享有"中华名果"的盛誉。此外，恭城月柿含有丰富的营养物质，李时珍在《本草纲目》中早已提到："柿乃脾肺血分之果也。其味甘而气甲，性涩而能收，故有健脾、涩肠、治嗽、止血之功效"，并且市场需求量大，远销海外，成了商家结合淘宝、微商等电子商务渠道的一大商机。2017 年统计数据显示，仅恭城县内月柿种植面积可达 1.33 万 hm^2，产量可达 20 多万吨，为脆柿提供了良好的市场基础。目前柿果依旧受到物流发展不完善，贮藏条件技术不成熟等多方面制约，导致其市场受到了严重限制。"恭城月柿"是一种水溶性膳食纤维的天然绿色水果，果实橙黄色，果面富有光泽，清香诱人，营养极其丰富。每1 000 g甜柿鲜果肉含可溶性糖 11.68 g，蛋白质 0.57~0.67 g，脂肪 0.28~0.3 g，还含有丰富的烟酸、维生素 A、维生素 B_1、维生素 B_2、维生素 E、维生素 C 和胡萝卜素、磷、铁、钙、碘、锌、硒等营养物质，这些物质的含量超过苹果、柑橘、梨、桃、李和葡萄等水果。

（一）贮藏特性及品种

1. 品种

甜柿按果实大小可以分为以下 3 种：大型果，秋焰甜柿（鄂柿 1 号），果实扁圆形，果面橘黄色、具白色果粉；中型果，中果甜柿，果实方圆形、果形整齐、果顶丰满、果皮橙黄色、果粉多、有光泽；小型果，蜜糖柿，果实圆形、果皮橙黄色，风味特甜。

2. 贮藏特性

阳光能提高柿果温度，高温会加速呼吸作用，促使营养物质的消耗；水分蒸发使果实干缩，机械损伤导致微生物的侵染，以致造成果实生霉、酸败发酵、腐烂变质，所以在对鲜柿进行贮藏的同时，应根据各自气候和地理条件，因地制宜，严格剔除病果、虫果、损伤果。

（二）采收及采后商品化处理

柿子采收的时期依目的不同而有所区别。用于贮藏的柿子，一般要求在果实绿色消失，但肉质仍然硬脆时采收。采收时间为 9 月下旬至 10 月上旬，采收时要轻采轻放，尽量避免机械损伤，最好用手采摘。但柿树高大，有的果实难于用手摘，则用采果器采收。采收时要保留果梗和萼片。

柿果的采收时间因产地，品种，用途等不同而不尽相同。同一品种一般南方比北方早采收半个月左右，同一地区不同品种间相差可达两个月之久。采收时要做到轻采轻放，减少损失，采下的果实避免在太阳下暴晒。

（三）甜柿的贮藏

1. 保鲜剂处理

使用 1 μL/L 1-MCP 处理柿果，然后在 0 ℃下低温冷藏，可显著抑制柿果实乙烯释放和降低果实呼吸强度，推迟呼吸和乙烯高峰的出现，并能延缓柿果实硬度的下降，延缓其成熟软化，对延长柿果货架寿命，保持果实货架期质量起到了重要作用。

2. 精准冰温贮藏

低温保鲜是通过降低环境温度，抑制柿子的新陈代谢和致腐微生物的活动，从而达到在一定时间内保持柿子的感官品质和营养成分的目的。温度是影响柿果硬度的重要因素，柿子的硬度对贮藏温度特别敏感。贮藏寿命的长短主要由柿子采后贮藏温度的高低决定，环境温度高，呼吸作用加强，糖分消耗加剧，维生素 C 迅速降解，蒸腾作用旺盛，水分大量流失；反之，环境温度低，可以减缓以上变化的发生，提高柿子的贮藏品质。脆柿的最适贮藏温度为 0 ℃，RH 为 85%~90%。

（四）甜柿的运输

采收后的水果吸收植物根部水分的过程终止，水果中水分的损失可以引起结构、质地和表面的变化，因此在运输过程中，减少罗田甜柿的水分损失对于保持其新鲜度和质量起着关键的作用。有以下 3 种方法。

一是运输中减少空气在产品周围的流动。空气在产品周围的流动是影响失水速率的一个重要因素，空气在水果表面流动得越快，水果的失水速率越大，然而这一点与加强空气运动防止聚热的要求又相冲突，这就需要基本折中的安排，如何折中则需要根据各种商品萎蔫的难易程度来定。

二是可以适当地加强运输中水果的湿度控制。保证在水果运输中经常处于温度较高的环境中特别是在炎热天气的情况下，可以向运输中的水果上洒上一些水。

三是包装对水蒸气的渗透性以有封装的密集度决定包装降低失水速率的程度。聚乙烯薄膜等材料与纸板和纤维板比较，前者允许水蒸气通过的比率比较低。但是只要有纸箱或纸袋包装，同无包装的散装商品比较，也能大幅减少失水量。因此，对于长途运输的商品一定要有合适的包装，以防止失水。

（五）甜柿贮期病害及预防

青霉病：在贮藏过程中，病原菌从柿果的伤口（压伤、虫伤、碰伤）及病斑等处侵入，由果皮向果肉腐烂，果实表面有绿色菌丝。

防治方法：贮藏前药液浸泡果实，也可用 0.5% 的乙醛气体熏蒸果实 2 h。贮藏期窖内温度控制在 1~2 ℃，可减轻发病。

四、杨梅贮藏保鲜技术

（一）贮藏特性及品种

1. 品种

杨梅为被子植物门双子叶植物纲杨梅目杨梅科杨梅属果树，产自我国的有 6 个，供食用的仅有 1 个。依果实颜色分着色种和白色种两大类。根据浙江杨梅栽培品种的系统划分为乌梅类、红梅类、粉红梅类和白梅类 4 种。每一种类都有不同时期的成熟品种。根据杨梅的不同成熟期，可分为 3 种类型。早熟品种，5 月底至 6 月上中旬成熟上市，优良品种有早佳、早荠蜜梅、早大梅、丁岙梅、早色等。中熟品种，6 月中下旬成熟上市，优良品种有荸荠种、桐子梅、大叶细蒂、乌梅、水梅、大炭梅、深红种、水晶种等。晚熟品种，6 月下旬至 7 月上旬成上市，优良品种有东魁、黑晶、慈荠、晚蜜梅、乌紫杨梅、晚稻杨梅等。

（1）乌梅类

果实成熟前呈红色，成熟后呈紫黑色，肉柱粗而纯，果肉与核脱离。乌梅类品种一般以早熟为主，野乌梅果型小，酸度大，商品价值低，只作砧木用。早熟品种有黄岩的早野乌、中野乌、乌梅、早乌种、药山野乌、药山黑炭梅，乐清的野乌，兰溪的早佳，慈城的早荠蜜梅。中熟品种有三门的桐子梅，余姚、慈城的荸荠种，江苏的大叶细蒂杨梅、乌梅。迟熟品种有温岭的黑晶，慈城的慈荠，余姚的晚荠蜜梅，象山的乌紫杨梅，舟山的晚稻杨梅等。

（2）红梅类

果实成熟前呈红色，成熟后呈深红色，肉柱粗而钝。红梅类早熟品种有瓯海、龙湾的丁岙梅，萧山的早色，临海的早大梅，永嘉的早梅。中熟品种有瓯海的土大（早土）、牛峦袋、土梅、台眼种、流水头、大叶高桩（万年青）、新山种和炭梅，乐清的花坛中性梅、蔡界山中性梅和大荆水梅，永嘉的楠溪梅、水梅，黄岩的水梅、头陀水梅、毛岙水梅、洪家梅、阳平梅，温岭的水梅。迟熟品种有黄岩的东魁、红四迟梅，温岭的温岭大梅、迟大梅，萧山的迟色，上虞的深红种等。

（3）粉红梅类

果实成熟后呈粉红色。粉红梅类早熟品种有乐清的大荆早酸，永嘉的罗坑早刺梅，温岭的早酸，黄岩的大早性梅、小早性梅、大早种、中早种、小早种、早红梅、早梅、红四早梅和药山早梅。中熟品种有瓯海的香山梅和细叶高桩，永嘉的刺梅、荔枝梅和罗坑梅，乐清的刺梅、溪坦刺梅、潘家洋真梅和纽扣杨梅，黄岩的中熟早梅、药山刺梅、头陀刺梅和绿麻籽，临海的刺梅，温岭的刺梅、鸡鸣梅、若溪淡红梅和白红梅。迟熟品种有黄岩的青蒂头大杨梅。

（4）白梅类

果实成熟后呈白色、乳白色，以中熟品种为主。主要有瓯海的丁岙白梅和雪梅，乐清的糖霜梅，温岭的白杨梅，黄岩的细白杨梅、半白杨梅和药山白杨梅，上虞的水晶种，定海的白实杨梅。

2. 贮藏特性

杨梅果实艳丽诱人、甜酸适口，深受消费者喜爱，由于其成熟期正处于多雨高湿 5 月底至 6 月底，2~3 d 果实就会腐烂变质，影响杨梅好果率的主要因素是霉菌。采收后若能即时采用科学贮藏技术，则能大大延长保鲜期，减少损失，起到保产增值的效果。杨梅果实由许多突起的小肉柱构成，肉柱尖突的品种，一般较耐贮藏，不易腐烂变质，但果汁含量较少，口感稍差；肉柱较钝圆的品种，一般果汁较丰富，口感好，但相对易腐烂变质，不耐贮藏。杨梅品种繁多，果实颜色各异（主要有白色、紫色、红色、粉红色和深紫色等），但优质品种多数果实色泽较深、艳丽。耐贮性较好且品质优的品种有大野乌、荸荠种、乌酥核、凤欢种和大杏杨梅等。

（二）采收及采后商品化处理

杨梅品种不同，成熟期也不尽相同，但成熟期都处于梅雨季节，要及时按成熟度进行分批采收，否则易落果和腐烂。远销和贮藏时间较长的应在八九成熟时采收，就近销售的应待充分成熟后再采收。乌梅品种（黑晶、荸荠种等）应在果实呈紫红色或深紫色时采收；红梅品种（大叶细蒂、二色杨梅等）应在果实呈深红色或紫红色时采收；白杨梅品种（水晶杨梅等）应在肉柱叶绿素完全褪去并变为水晶样白色或浅红色时采收。阴雨和露水未干时不要采摘杨梅，晴天露水干后的 11：00 之前或 16：00 之后采收较好，有利于降低腐烂损耗并提高耐贮性。采收前 10~15 d，选晴天喷洒 1 次 0.2%~0.3%氯化钙溶液，可提高杨梅耐贮性、降低腐烂损耗。装运杨梅以塑料（木、竹）筐（篓）等为好，但事先应在盛器底部和四周铺垫已消毒的稻草、松针叶等，以每筐（篓）装 3~5 kg 为宜。采收杨梅时要做到轻采、轻分级、轻装、轻运、轻卸等。采收人员要提前修剪好指甲，采前用 75%医用酒精消毒。采收时可用剪果刀齐果肩剪下；或用三指握住果柄，将果实悬于手掌心，连果柄采下。杨梅果实要随采随分级，同时剔除病虫果、过熟果、霉果和烂果等。

保鲜剂处理：采摘后的杨梅用 0.5%氯化钙（74%粉剂）+100 mg/kg 水杨酸（99%粉剂）+200 mg/kg 2,4-D（80%粉剂）+100 mg/kg 赤霉素（85%结晶粉剂）+0.02%山梨酸（99%粉剂）溶液浸泡 20~30 s，捞出晾干后装于盛器内，放在温度 0~2 ℃、空气 RH 为 85%~90%的低温库中。此法贮藏 13~15 d，好果率仍达 91%。

（三）杨梅的贮藏

科学的保鲜方案可以使杨梅保鲜技术参数达到：库内有效保鲜期≥16 d，库外有效保鲜期≤5 d，有效公路运程≥520 km，有效铁路运程 ≥1 887 km，成功突破了传统市场时空限制，让杨梅鲜果进入北京、上海、乌鲁木齐等国内大中城市，有效提升了杨梅产业的社会、经济和生态效益。

1. 低温贮藏

采后及时预冷是降低杨梅鲜果在贮运及流通过程中损耗的关键所在。我国杨梅产地多数位于较偏远的丘陵山区，缺乏相应的设备，杨梅采后基本上未经预冷就进入流通，损耗较大。但当杨梅果实能在 1~2 d 内出售时，不提倡预冷，可在 18~20 ℃空调房包装存放。预冷可采用防腐剂与洗果相结合。目前已开发出微型冷库，操作简单、成本低、效果良好。将塑料保鲜袋套在竹（或木）筐等中，接着将已进行过防腐处理的杨梅果实装入袋内，每筐装 5 kg 左右为适，后按品字形码堆于低温库内，堆高 5~6 层，堆间留 1 m 左右的走道，以便于作业等。冷藏温度 0~2 ℃、RH 为 85%~90%。但须注意的是，贮藏于冷库内的杨梅应单独存放，不可与水果等同贮或混贮。此法可贮藏 9~10 d。

2. 气调贮藏

将杨梅装于塑料袋中，每袋以不超过 5 kg 为宜，充入氮气排出袋内空气，接着向袋中充入 12%~15% CO_2 和 5%~8% O_2，扎紧袋口后放在温度 0~2 ℃、空气 RH 为 85%~90% 的低温库内。此法可贮藏保鲜 10~15 d。杨梅专用型气调保鲜箱融合原产地预冷、冰温等综合性配套装置，保证杨梅保鲜运送，而且增加其保鲜期可达到 20 d。

（四）杨梅的运输

运输工具宜采用冷藏车冷链运输。农村产地多数没有冷藏车，可采用冰块冷却运输。先将果实送进冷库或小型预冷库预冷，使温度降到 0~2 ℃，在泡沫箱底部中央放上薄膜包扎的定型冰块，再在其上放置包裹杨梅果实的薄膜袋，然后将经过预冷的杨梅放入袋内，紧密排列。冰块数量要适当，运输距离远则冰块应多些，如冰块数量太少，果实易腐烂变质，运输距离短，则冰块可少放些，以降低生产成本。为满足市场对小包装果品的需求，也可改用塑料或泡沫小包装盒，每盒装果 500 g，每箱装 10~20 盒，内装薄膜包裹的冰块。装箱后要注意挤出袋内空气，箱内空气越少越好。对箱装杨梅顶层喷施保鲜剂后，折好薄膜袋口，盖好泡沫箱盖，最后用黏胶纸封好泡沫箱。装车时果箱要堆码整齐并固定，不能让其移动。果箱装好后，再包以泡沫塑料板或其他隔热保温材料，即可起运。

五、中华（红阳）猕猴桃的贮藏保鲜技术

猕猴桃原产于中国南方，因猕猴喜欢吃这种水果而被命名为猕猴桃。猕猴

桃传入新西兰后，得到了广泛栽培，人们用新西兰的国鸟——奇异鸟为猕猴桃命名，称之为"奇异果"，是新西兰最负盛名的水果之一。猕猴桃的果形一般为椭圆状，外观大多呈黄褐色，表皮覆盖浓密茸毛，果肉可食用，内部是呈亮绿色的果肉和一排黑色或者红色的种子。果实质地柔软，口感酸甜，含有猕猴桃碱、蛋白水解酶、单宁果胶和糖类等有机物，以及钙、钾、硒、锌、锗等微量元素，具有很高的营养价值。猕猴桃分为四大系，分别是中华系、美味系、软枣系和毛花系。其中，中华系猕猴桃是猕猴桃属中最大的一种，其口感甜酸、可口，风味较好。果实除鲜食外，也可以加工成各种食品和饮料，如果酱、果汁、罐头、果脯、果酒、果冻等，中华系猕猴桃的果实表面没有硬质刺毛，以短果枝结果为主，多为黄绿色，代表产品为"中华猕猴桃"。

（一）贮藏特性及品种

1. 品种

中华系猕猴桃的优良品种有魁蜜、布鲁诺、早鲜、庐山香、红阳等。魁蜜猕猴桃果实椭圆形，平均果重 81.8~103.3 g，大的重 163 g；果肉黄色，质细汁多，微香，含可溶性固形物 10.5%~15.0%，有机酸 1.06%~1.65%，每 100 g 猕猴桃含维生素 C 50.6~89.5 mg；9 月底至 10 月上旬果实成熟，适于鲜食与加工。

布鲁诺猕猴桃树体生长快，结果早，丰产性好，定植后第三年可投产，盛果每亩可产 1 500~2 000 kg。果实长圆柱形，单果重 90~100 g。果肉翠绿，风味浓，糖度高，成熟期可溶性固形物含量 15%~18%。10 月底至 11 月初成熟，果实耐贮，鲜食加工兼用，适应性广，易栽培。

早鲜猕猴桃果实长圆柱形，平均果重 75~94 g。果肉绿黄色，质细多汁，酸甜适口，含可溶性固形物 12.0% 以上。该品种适应性强，结果早，丰产稳产，9 月上旬成熟，为早熟品种。缺点是采前落果严重。

庐山香猕猴桃果实近圆柱形，较匀称，果皮黄绿色，平均单果重 87 g，最大果重 140 g，果肉淡黄色，汁多，可溶性固形物 13.5% 以上，总酸 1.48%。

红阳猕猴桃又称为羊桃、猕猴梨等，是四川省苍溪县选育出的世界首个红肉型猕猴桃新品种，果实中等大小、整齐，一般单果质量 60~110 g，最大果质量 130 g，短圆柱形果实，绿褐色果皮且无毛，果心横截面形似太阳，呈放射状红色条纹，色彩鲜美；果汁丰富，酸甜适中，清香爽口。

2. 贮藏特性

猕猴桃是呼吸跃变型果实，具有明显的生理后熟过程，常温下贮藏时间很短，在低温贮藏过程中易出现冷害、腐烂。

（二）采收及采后商品化处理

1. 采收成熟度及采收方法

四川红阳猕猴桃于盛花期 132 d 后采收能有效提高红阳猕猴桃的贮藏品质和保持较高的抗氧化活性，能有效延长采后贮藏时间。一般在采收后 8~10 d 的后熟期才可以食用。延迟采收有助于提高红阳猕猴桃食用风味。果实成熟后有两种采收方法：一是常规的去果柄采果方法，即手握果实，手指轻推果柄，使果实与果柄分离；二是改变的留果柄采果方法，采果时保留果柄，堆放贮藏果实时用剪刀紧贴果蒂剪断、剪平果柄，只保留连接果蒂处的基部果柄，防止留果柄过长戳伤果实。采用留果柄采收方法采收减轻了贮藏果实的失水问题，保持了果实新鲜度，对贮藏果实保持较好品质具有一定的作用。采收标准要求果实的可溶性固形物含量（SSC）在 7.0%~8.5% 范围内［测定方法参考《水果和蔬菜可溶性固形物含量的测定 折射仪法》（NY/T 2637—2014）］，果实硬度 10~14 kg/cm^2［测定方法参考《水果硬度的测定》（NY/T 2009—2011）］，干物质含量达到 18.0% 以上。同时考虑果实种子颜色变黑、果肉颜色、生长发育天数、果梗与果实脱落的难易程度、果园健康状况等。

2. 采后商品化处理

果实采摘后要剔除病、伤、残、次果，除去田间热后置于库内贮藏。

采后预冷参考《猕猴桃采收与贮运技术规范》（NY/T 1392—2015），采用逐渐降温方式预冷。果实直接入 15 ℃ 预冷库，待果心温度达 15 ℃ 后，冷库温度降至 10 ℃ 保持 24 h，然后降至 5 ℃ 保持 24 h，最后降至（2±0.5）℃。

热水处理：贮藏前用（35±1）℃ 和（45±1）℃ 的水处理 10 min 能切实有效地降低红阳猕猴桃的冷害指数、降低乙烯的释放率与果实的呼吸速率，其中，（45±1）℃ 热水处理 10 min 效果最显著；用 200 mg/m^3 臭氧每隔 3 d 处理红阳猕猴桃 20 min 可使常温条件下贮藏的红阳猕猴桃腐烂率低至 22%。

化学保鲜处理：0.5% 的 Ca-EDTA 浸果可减少红阳猕猴桃灰霉病的发生、果实的腐烂软化，能缓解红阳猕猴桃果实内品质和生理的含量变化，可延迟果胶酶活性高峰、呼吸高峰的出现并使其峰值降低，从而达到延长贮藏期的目的；0.5 μL/L 1-MCP 熏蒸 12 h 后用 0.04 mm 的 PVC 袋装放置于 -1~0 ℃ 贮藏对红阳猕猴桃的贮藏期和货架期有明显的提升。

（三）红阳猕猴桃的贮藏

1. 冷藏

将预冷后的果实在气温较低时段转至贮藏库中，要分批集中入库，每次入库量不超过库容的 1/4，造成的库温波动 ≤3 ℃。每间贮藏库最大装载量为库

房容积的 80%。装载后 24 h 内将库温降低到（2±0.5）℃。在（4±1）℃、RH
为 90%~95% 条件下，红阳猕猴桃系列的最长贮藏天数为 65 d；库温应控制在
（2±0.5）℃，并保持稳定，尽量避免波动。贮藏期间尽量防止库温波动。库内
悬挂不少于 5 个点的水银温度计（精度达到 0.1 ℃），每天定时监测并记录库
内温度。控制相对湿度 85%~95%，相对湿度达不到时，应通过超声波加湿器
或洒水方式加湿。

2. 气调贮藏

若采用气调贮藏，关库后应在 2~3 d 内将库温降至（2±0.5）℃，并稳定。
待等库温和品温稳定后封库，开启气调设施进行调气，O_2 采用先高于目标浓
度（2.5%~3.0%）2~3 个百分点，稳定 3 d 后，按每天 0.5% 速率降至
2.5%~3.0%，最终维持在 2.5%~3.0%。在温度（1±0.5）℃、RH 为 80%~
98% 的条件下，O_2、CO_2 的含量分别为 2%、3% 时红阳猕猴桃贮藏寿命长达
120 d；随时监测 O_2、CO_2、乙烯和加湿设备的情况，使库内维持 O_2 2.5%~
3.0%、CO_2 3.5%~4.5%、乙烯浓度<0.1 mg/L、湿度 85%~95%。

（四）红阳猕猴桃的运输

红阳猕猴桃在运输过程中要注意不能让果子在运输途中相互碰撞、挤压导
致机械损伤，再者要注意运输途中不能太密封，这样会造成温度过高加速果子
后熟，导致果子变软被压坏。可以用泡沫格挡包装红阳猕猴桃进行运输。

（五）红阳猕猴桃贮期病害及预防

1. 低温伤害

低温贮藏是猕猴桃常用的长期保存的贮藏方法，但红阳猕猴桃是冷敏型果
实，在低温贮藏时很容易发生冷害。在 0 ℃ 贮藏时，红阳猕猴桃并无显著的冷
害症状，而在转至 20 ℃ 时（后熟），冷害症状就逐渐地显现出来，果实在贮
藏中期（50 d）时，皮下果肉组织出现木质化，近果柄处首先出现褐变，然后
果肉组织逐渐木质化，到贮藏末期，果面褐变的面积和果肉木质化的范围逐渐
扩展。

预防措施：将猕猴桃果实置于（5±1）℃ 下贮藏 3 d，然后移至（0±1）℃
冷库中，可减缓猕猴桃果实冷害的症状，果实表面基本没有产生褐化的现象，
果实皮下果肉组织木质化现象很少，很好地保持了果实的品质。

2. 腐烂

猕猴桃的采后腐烂大多数都是由病原菌造成，病原菌通过伤口侵入，并在
伤口处迅速繁殖，造成猕猴桃严重腐烂。猕猴桃在采后贮运期的病害主要有蒂
腐病（灰霉病）、熟（软）腐病与青霉病。

预防措施：猕猴桃采后及时用防腐剂处理；在采摘过程中要防止果实碰伤、擦伤；在运输过程中要用泡沫箱将猕猴桃固定好，防止运输时颠簸出现机械损伤。

六、南丰蜜橘贮藏保鲜技术

蜜橘是柑橘的一种，因其味甜似蜜，故叫蜜橘。蜜橘果实内含有多种营养成分，如糖、柠檬酸、维生素 C、蛋白质、胡萝卜素、维生素等，蜜橘果皮晒干或低温干燥后称为陈皮，具有理气健脾、燥湿化痰的功效，常用于脘腹胀满，食少吐泻，咳嗽痰多。目前市场上广为流通的蜜橘种类有南丰蜜橘、"琴城"蜜橘、宫川蜜橘、黄岩蜜橘、涌泉蜜橘等，其中以南丰蜜橘最广为人知。

（一）贮藏特性及品种

南丰蜜橘源出乳橘，是我国著名的柑橘地方良种之一。南丰蜜橘以其皮薄核少、汁多化渣、色泽金黄、甜酸适口、营养丰富而享誉古今中外，誉之为"橘中之王"。2005 年南丰蜜橘首次出口欧盟国家，加上销往国内各地及东南亚、加拿大、北美、俄罗斯等国际市场，总产值达 8 亿元。南丰蜜橘不仅是南丰县经济的重要支柱，也是农民增收的主要来源。橘类较柑类、橙类、柚类皮薄，皮质疏松，更容易受外部条件和病害的影响，如温度、湿度、成分气体等。南丰蜜橘的贮藏时间与株系密切相关，其中杨小 2-6 最先开始发生腐烂，其次是大果 97-1、大果 97-2，最耐贮藏的株系是小果 97-1。

（二）采收及采后商品化处理

1. 采收成熟度及采收方法

适期采收蜜橘。采收过早会影响外观品质和内在品质，过晚会影响贮藏时间长短。因此，采收时期应根据市场需要调整，如鲜销、贮藏、加工等。一般果面 2/3 着色时即可采收。采收时采用"一果两剪"法，第一剪从树上剪下，第二剪齐果蒂剪平。采收过程中轻拿轻放，避免机械损伤。

2. 采后商品化处理

果实采下后，在采果篮转入运果箱时进行，将畸形果、伤果、病虫果选出。选果人员应将指甲剪平，戴上手套进行，避免指甲划伤果实。伤果、落地果、泥浆果、病虫害、畸形果、烂果应另外放置，不应留在果园内。采后建议用防腐保鲜剂 2,4-D 200 mg/L+伊迈唑 300 mg/L 或特克多 1 000 mg/L 洗果，可以有效减轻柑橘的腐烂。

3. 保鲜剂处理

目前，南丰蜜橘采后处理大部分使用化学药剂，如百可得、噻菌灵、鲜果灵和咪鲜胺等。有研究发现，碳酸氢钠处理对于蜜橘的采后贮藏也有较好的作用。碳酸氢钠是一种安全的化学试剂，被广泛应用于食品工业。其抑菌机理在于改变真菌生长环境的 pH 值从而抑制病原菌对果实的侵染。南丰蜜橘采后用 1.5%碳酸氢钠溶液浸泡 2~3 min 可降低其腐烂率和失重率，抑制蜜橘的呼吸作用，延长蜜橘的贮藏期，效果较好。

4. 辐射处理

蜜橘采后因病害原因或自身生理衰老，易腐烂变质，通常难以长期贮藏。辐照贮藏是一种物理保鲜方法，在常温下进行，具有延长货架期，保持和改善贮果品质和外观的作用，对其主要营养成分无不良效应。辐照果品是既无残毒，又无污染的绿色食品，符合消费者需要。50~100 Gy 的辐照剂量适合南丰蜜橘贮藏，且如果辐照贮藏前用聚乙烯薄膜包装，则贮藏效用更佳。

5. 涂膜保鲜

水果涂膜保鲜是在水果表面形成一层保护屏障，调节微环境，减少水分损失和呼吸消耗，还能够减少病原菌侵染造成的腐烂，从而实现保鲜。在冷藏 (5±1)℃条件下，壳聚糖涂膜处理可以抑制南丰蜜橘"杨小 2-6"的果实腐烂、失水，其中 15 g/L 壳聚糖处理效果最好。壳聚糖处理还能保持果实中维生素 C 和可溶性蛋白质的含量，大大提高了果实的营养价值。也有研究者利用桂枝提取液与羧甲基纤维素钠复合涂膜来进行南丰蜜橘的保鲜贮藏。

（三）南丰蜜橘的贮藏

低温贮藏时建议冷库库温保持在 4~5 ℃，RH 为 85%~90%，并定期对库房进行通风换气。

（四）南丰蜜橘的运输

运输工具应保持清洁、干燥、无异味，使用前应杀菌消毒。运输时尽量做到快装、快运、快卸，避免日晒雨淋，装卸、搬运时应轻拿轻放，严禁乱丢乱掷乱抛。长途运输应采用具有制冷设备的运输工具，温度应控制在 4~5 ℃。

（五）南丰蜜橘贮期病害及预防

南丰蜜橘贮藏期间，容易发生青霉病、绿霉病、炭疽病、黑腐病、蒂腐病等贮藏期病害，损失率达 10%~30%。

防治措施：50%鲜果灵处理。其对南丰蜜橘贮藏期间青绿霉病的控制作用较强，对蒂腐、黑腐病亦有相当的控制作用，保鲜效果明显，其中以 800 倍液浸果使用效果最佳。

七、果冻橙贮藏保鲜技术

果冻橙一般指"爱媛 38 号"。"爱媛 38 号"是日本用南香与西子香杂交选育出的杂柑品种，其果实深橙色，果面光滑，外形美观，口感细嫩化渣，清香爽口，风味佳，是一个早熟杂柑品种。杂柑指柑子与橙子的杂交产品，有的是多次杂交品，还有柚子参与杂交。按果子成熟的时期，杂柑分为秋橘、冬橘、春橘。杂柑品种有很多，如春见杂柑（粑粑橘）、青见杂柑、不知火杂柑（丑柑）、沃柑等。杂柑的成熟时期一般在冬季和春季，突破了传统柑子成熟期在秋季的局限性，并且结合了柑、橘的特性，具有一定的经济价值。

（一）贮藏特性及品种

1. 品种

"爱媛 38 号"果实呈圆形，成熟早期偏黄色，中晚期为深橙色，油胞稀，光滑，外形美观，平均果重 200 g，糖度达 15 度，无核，皮薄水分足，口感细嫩化渣，清香爽口，风味极佳。果实一般 9 月下旬开始着色，在 11 月中旬外观和内质均达到成熟期，但由于上色早和增糖较快，在 10 月底或 11 月初采摘，果色、风味均可达到较高水平。采取设施栽培，则可以延迟到 12 月下旬采摘，风味更好，效益更高。

2. 贮藏特性

柑橘类果实对低氧和高 CO_2 十分敏感，气调贮藏时，如果控制不好会产生 CO_2 伤害。柑橘贮藏过程中最主要的病原性病害有青绿霉病、酸腐病、蒂腐病、黑腐病和炭疽病，常见的生理病害有果面褐斑病、失水萎蔫、果肉异味和低温冷害，生理失调多发生在贮藏中期至后期，贮藏环境 RH 低时易加重褐斑病的产生。

（二）采收及采后商品化处理

1. 采收成熟度及采收方法

采收期的选择即采收成熟度关系到果实是否充分发育成熟，对果实的品质有重要的影响。古明亮研究表明，四川眉山东坡区果冻橙的最适采收期为 10 月 15—22 日，最适采收期的关键品质指标 TSS 含量在 12.3% ~ 13.5%、TA 含量在 0.62 ~ 0.72 g／（100 mL 果汁）、固酸比值在 17.0 ~ 21.8。而四川其他地区及其他年份在"爱媛 38 号"生产中，要结合土壤、气候、砧木、管理技术水平的差异，以上述 TSS 含量、TA 含量、固酸比值为参考依据，对最适采收期做相应的调整。

借鉴南丰蜜橘的采收方法。采收时采用"一果两剪"法，第一剪从树上剪下，第二剪齐果蒂剪平，注意要保留果蒂。采收过程中轻拿轻放，避免机械损伤。

2. 采后商品化处理

果实采下后，在采果篮转入运果箱时进行，将畸形果、伤果、病虫果选出。选果人员应将指甲剪平，戴上手套进行，避免指甲划伤果实。伤果、落地果、泥浆果、病虫害、畸形果、烂果应另外放置，不应留在果园内。

使用热处理、紫外线处理、臭氧处理、气调保鲜、涂膜处理、ClO_2 处理等。150 mg/L 的二氧化氯溶液能显著抑制果实贮藏期间腐烂的发生（40 d 内），但是随着贮藏时间的延长保鲜效果快速下降；涂膜保鲜常用的材料多分为以下几类：多糖类（壳聚糖、淀粉和改性纤维素等）、蛋白类（醇溶蛋白、乳清蛋白和大豆分离蛋白等）、脂类（蜡、植物油和蔗糖脂肪酸脂等）和复合类。以质量浓度为 1.0 g/L 的褪黑素处理可以有效减少果冻橙果实中乙醇的积累、抑制果实的呼吸强度、减少可滴定酸含量从而提高果实的固酸比，提高果实贮藏品质。柑橘采后保鲜常用化学杀菌剂有苯并咪唑，咪唑和双胍盐类 3 种。主要用来控制柑橘病害的化学合成杀菌剂有抑霉唑（IZ），噻苯达唑（TBZ），咯菌腈（FLU），邻苯基苯酚钠（SOPP）和嘧霉胺等。

（三）果冻橙的贮藏

1. 民房贮藏法

在楼房地层木板上铺上一层约 10 cm 厚稻草，使用 50% 硫菌灵 500~1 000 倍液或 500 mg/kg 抑霉唑溶液等杀菌剂浸果，做好防腐措施，将果实晾干后堆成 25~30 cm 高，上面盖上草席。每隔几天翻检一次，及时淘汰烂果及蒂腐果。

2. 地窖贮藏法

用 50% 甲醛喷雾消毒，将窖底垫上细沙铺上稻草，以"品"字形堆放 3~4 层果实，摆放时果实果蒂要朝上，之后将地窖口密封，每隔几天检查一次，及时淘汰烂果及蒂腐果。

3. 木屑贮藏法

将新鲜干净的木屑晒至九成干后，在贮藏器底部铺 5~6 cm 厚的木屑，之后再摆放一层柑橘果实，摆放时果实果蒂要朝上，再盖上 3~4 cm 的木屑，再摆上果实，依次摆放 8 层。在摆放贮藏器时，需要放在阴凉通风而且离地面 20~30 cm 的架子上。

4. 冷藏

建议贮藏温度为 5~6 ℃，RH 为 90%~95%。

5. 自发气调贮藏

果实预冷后，果温降低到贮藏温度后，使用纳米保鲜袋包装后进行自发气调贮藏，定期开袋检查果实，及时剔除腐烂果。

（四）果冻橙的运输

长途运输时最好采用冷链运输，要保持运输工具的干净、整洁。用来运输货物的箱子要合适，箱子内要放上泡沫网以防运输过程中果实因碰撞而产生损伤。短途运输时可以采用棉被隔温以降低成本，同时也可以维持橙子的新鲜度。

（五）果冻橙贮期病害及预防

在贮藏过程中，"爱媛 38"与其他柑橘类水果发生的病害类似，如失水、腐烂等。在贮藏过程中，要注意对贮藏环境温湿度的控制，对贮藏库进行通风换气，及时除去发霉腐烂的果实等。

八、脐橙贮藏保鲜技术

脐橙属芸香科柑橘属植物，果实色泽鲜艳光滑、品质优良，是世界各国竞相栽培的柑橘良种，因富含大量对人体有益的元素及功效成分而深受人们喜爱。脐橙上市时间较为集中，多为 11 月至翌年 2 月，极易造成果品堆积，影响市场的供求平衡。

（一）贮藏特性及品种

脐橙的品种主要有纽荷尔脐橙、朋娜脐橙、华盛顿脐橙、林娜脐橙、秭归脐橙等。

纽荷尔脐橙原产于美国，是由华脐芽变选育而来。其果色橙红，果面光滑，果实呈椭圆形至长椭圆形，多为闭脐，平均单果重 300~350 g，大者达 750 g 以上，果肉细嫩而脆，味香汁多，口感清甜，一般于 11 月中下旬成熟，在赣南定植后一般亩产可达 2 000~3 000 kg，寿命可长达 40~50 年，是商业化栽培的主要脐橙品种之一。

朋娜脐橙又名斯开格斯朋娜，原产美国加利福尼亚州，是华盛顿脐橙的枝变。其果实较大，单果重 180 g 左右，短椭圆形或倒锥状圆球形，无核，果面较光滑，果色橙红，肉质脆嫩化渣，甜酸适口，风味浓，果汁率 50%、可食率达 75% 以上、可溶性固形物 12%~13%、酸含量 0.8~0.9 g/100 mL、维生素 C含量 57.2 mg/100 mL。其优质、早结果、丰产，适应性广。

华盛顿脐橙又名美国脐橙，原产南美巴西，主产美国、澳大利亚等国。重180~200 g，果大，果皮薄，果色橙红，果肉脆嫩，化渣，汁多，无核，品质上乘，鲜食，风味浓甜有香气，果大美观，较耐寒，适宜在夏季高温高湿的气候条件下种植，10月中下旬成熟，结果早，丰产。

林娜脐橙原产美国加利福尼亚州，世界以西班牙栽培多，于 1979 年引入，在重庆、四川、湖南新宁、福建、江西、湖北和浙江等省（市）有栽培。单果重 170~230 g，无核，果实倒卵形或椭圆形，基部较窄，分支较多，果面橙红色，果皮光滑，肉质脆嫩，风味浓甜，果汁率51%、可食率79%~80%、可溶性固形物11%~13%、维生素 C 含量48 mg/100 mL。果实11月中下旬成熟，较耐贮藏。

秭归脐橙有悠久的历史、丰富的品种、独特的品质，早在2 000多年前，伟大的爱国诗人、世界文化名人屈原就书写"橘颂"华章盛赞秭归柑橘是天地间的嘉树。其肉脆汁多、皮薄色鲜、香味浓郁、酸甜可口，可生产脐橙茶、脐橙酒、果胶、膳食纤维、脐橙酱、脐橙醋、精油、辛弗林等系列深加工产品。

（二）采收及采后商品化处理

1. 采收成熟度及采收方法

贮藏保鲜果在果皮 80%着色时采收。采果前工作人员应剪平指甲，采摘时戴手套采剪果实，第 1 剪在距果蒂 1 cm 以上处剪断，第 2 剪平萼片处剪平，先采树冠外围或下部的果实，后采树冠内膛或上部的果实；采摘时将病虫果、畸形果、裂果、特小果剔除；采摘时应轻采、轻放、轻装、轻运。

2. 采后商品化处理

将采回的病虫果、畸形果、伤裂果、特小果清除。用液温 30~35 ℃、浓度为 150 mg/kg 的二氧化氯溶液（水温 30~35 ℃）清洗消毒 3 min。将果实自然晾干或使用预选生产线除去果实表面水分后置冷库进行贮藏。若在贮藏前使用保鲜剂进行处理，则在果实上市前需用水果清洗剂去除防腐保鲜剂后，再进行打蜡，以防止果实水分流失。

保鲜剂处理：目前化学保鲜剂在脐橙保鲜中是使用最为成熟也是效果最好的保鲜方式。苯并咪唑类保鲜剂（如多菌灵）和咪唑类保鲜剂（如咪鲜胺）对柑橘类水果的青霉病、绿霉病和炭疽病都有较好的防治效果。应用在脐橙保鲜中的天然保鲜剂主要有植物提取液、壳聚糖等。

（三）脐橙的贮藏

目前国内外橙类贮藏保鲜技术主要有简易贮藏保鲜、留树保鲜、低温保鲜、气调保鲜、单果包装保鲜、调压保鲜、热处理保鲜、保鲜剂保鲜、生物技术保鲜等。

1. 简易贮藏保鲜

简易贮藏是我国传统的贮藏方法，是一种既符合基本贮藏要求又符合广大农村实际情况的贮藏方式。简易贮藏保鲜主要包括沟藏、窖藏、库藏等。此法对建筑设备要求不高，通常具有温度较为稳定、湿度较大，且空气中含有一定浓度 CO_2 等特点，但因温度和湿度不能人为掌控，适合少量脐橙和供家庭食用脐橙的贮藏保鲜，不适合大规模应用推广。脐橙类贮藏性较普通甜橙差，一般能贮藏 3~4 个月，贮藏过程中易发生枯水现象。建议贮藏温度为 4~9 ℃，RH 为 85%~90%。

2. 留树保鲜

留树保鲜又称自然保鲜，是指果实基本成熟时，利用植物生长调节剂或其他生物制剂等药物进行采前喷果，并采取适当的农业技术，通过加强果树的肥水管理，使果实能继续留在果树上一段时间，回避市场高峰期，然后再采收，从而达到延迟采收和保鲜目的的方法。留树保鲜贮藏期对留果量没有明显影响，与品种有关，并且随着贮藏时间延长，脐橙糖酸比不断升高，总酸含量不断减少。

3. 物理保鲜

物理保鲜的方式主要有低温保鲜、气调保鲜、热处理、单果包装等。低温能有效控制致病原微生物的侵染，提高好果率。这种贮藏手段不受自然条件制约，主要通过冷库来实现。冷库冷藏技术及冷链不断完善，为脐橙保鲜和果农收益提供保障，缺点是经济成本较高、干耗较大。一般配合其他的保鲜方法同时进行。目前气调贮藏方法主要用于苹果、梨、枣和核桃等的贮藏，脐橙属于非呼吸跃变型果实，同时经济成本也较高，因此在商业上应用比较有限。用热水喷淋或浸渍果品，能有效预防柑橘类果实采后霉菌病的发生，通常使用的温度为 35~53 ℃。单果包装通常可分为防腐保鲜纸包装和薄膜包装。防腐保鲜纸是将保鲜剂加入纸张纤维中或将化学保鲜剂涂在纸张表面，用其包裹后，在贮藏过程中杀灭果实表面的各种病原菌。薄膜袋单果包装是一种简易的气调贮藏，利用薄膜的密封性造成低 O_2、高 CO_2 的贮藏环境，能抑制水果的呼吸作用，降低体内酶的活性，减缓体内营养物质的消耗，抑制微生物的生长，同时还能有效减低果实水分散失。常用的包装材料为聚氯乙烯、聚乙烯、聚丙烯、纳米保鲜膜等。

(四) 脐橙的运输

不同型号包装箱分开装运，装卸、搬运时应轻拿轻放，运输时禁日晒、雨淋、防冻，2 d 内到达目的地的可采用常温运输，3~20 d 到达目的地的采用冷藏运输。

（五）脐橙贮期病害及预防

果实病害主要分为病理性和生理性两大类。褐斑病是橙类贮藏中期至后期较普遍发生的生理病害，可通过适当推迟采摘或在贮藏时控制湿度、温度、气体成分等措施来控制降低其发病率。浮皮病是宽皮柑橘类贮藏的主要生理病害，在脐橙上也有发生。此病主要靠采前喷赤霉素或喷钙等来防治。在采摘过程中，不可避免地会有部分脐橙在采摘搬运过程中表皮受损，导致出现霉变病果且容易传染，造成这种腐烂病变被称作青霉病，可利用抑霉唑抑菌剂来抑制青霉菌的繁殖，控制脐橙采后青霉病的蔓延。

九、沙糖橘贮藏保鲜技术

沙糖橘也叫十月橘，是广东省最优良的地方橘类品种之一。沙糖橘是常绿果树，树势中等，树冠圆头形，枝条密生，稍张开，定植 2~3 年后开始挂果，果实成熟期为 11—12 月，果实圆形或扁圆形，果皮呈朱砂状，清红靓丽，易剥离，果肉柔软多汁，口味甜而不腻，品质上乘，已成为柑橘市场的畅销产品。沙糖橘多即采即销，不做长期贮藏。但近年来随着产量的迅速增加，沙糖橘的季节性过剩已经形成，导致采收旺季销售价格大幅度降低。因此，沙糖橘的采后处理和贮藏保鲜技术的研究和开发显得尤为迫切。

（一）贮藏特性及品种

1. 品种

根据剥皮的难易程度，沙糖橘分为碎皮类和条皮类。碎皮类沙糖橘皮略粗糙，还很脆，容易碎，剥皮的时候，经常碎成很多小片；条皮类沙糖橘的皮很好剥，经常一剥就是一大块。根据产地的不同，沙糖橘分为茶山沙糖橘、广宁沙糖橘、梧州沙糖橘、德庆沙糖橘、郁南无核沙糖橘、南盛沙糖橘等众多品种。

沙糖橘中较为出名的品种有四会沙糖橘和金秋沙糖橘。虽然经过移植以后，由于不同产地的气候条件不同，果实会有些许差异，但总体不变。四会沙糖橘果实扁圆、无核、果皮鲜艳橙黄且薄，非常好剥离。其最大的特征是口感清甜滋润，回味清爽不泛酸也不过分甜腻，十分受大众欢迎。而金秋沙糖橘的果实是圆形的，而且体型比其他沙糖橘都要小得多，颜色是橙红色，果皮非常光滑细腻，没有颗粒和凹凸感，果皮薄，容易剥离。它最大的特点是口感细嫩，有着入口即化的高级口感，是迄今为止果肉细嫩化渣的代表品种之一。

2. 贮藏特性

沙糖橘非常不耐贮藏，自然条件下，果实成熟摘果后存放1~2周就会腐烂变质。由于沙糖橘果实采收后其生命活动以分解代谢为主，生命力逐渐减弱，易受病菌侵染，所以沙糖橘的采后贮藏保鲜需抓住防腐和防衰两个环节。

（二）采收及采后商品化处理

1. 采收成熟度及采收方法

适当早采，沙糖橘果实紧实，有利于减少沙糖橘机械伤和感染病害的机会。在果皮转黄、油胞充实但果肉尚坚实而未变软时采收。采收时使用圆头果剪，一果两剪，第1剪剪下果实，第2剪齐果蒂剪平。装果容器和周转箱内应衬垫柔软的麻袋片、棕片或厚实的塑料薄膜等，以防擦伤果皮。在之后的采后处理过程中，均要认真做到轻放、轻装、轻卸，尽量避免机械伤，为贮藏运输打好基础。

2. 采后商品化处理

根据果品的大小、色泽、果型、成熟度、新鲜度，以及病虫害、机械伤等商品性状，按照不同的市场要求进行严格挑选、分等级，将病果、虫果、机械伤果和脱蒂果等剔除。人工选果分级可采用一些简易的选果辅助装置。用于贮藏或者运输的包装，可采用塑料箱包装，内衬厚度为0.02~0.04 mm的聚乙烯薄膜袋，内铺一层吸水纸，装好果实后袋口不要封实，所留袋口大小依气温高低而定，若温度较低，可留1/4袋口，每箱重量以5~10 kg为宜。

（三）沙糖橘的贮藏

1. 冷库贮藏

在3 ℃下贮藏沙糖橘容易产生冷害。沙糖橘最优贮藏环境条件是：温度7~10 ℃，湿度85%~90%。

2. 简易贮藏

依靠自然通风换气来调节库内温度和湿度。入库前，仓库及用具可用500~1 000 mg/kg多菌灵消毒。果实入库前，需要经过防腐保鲜剂处理，并预贮1~2 d。挑选无病虫、无损伤果实装箱或装篓，按"品"字形进行堆垛，并套上或罩上塑料薄膜，保持湿度。垛与垛之间、垛与墙之间要保持一定的距离，以利于通风和入库检查。

3. 留树贮藏

沙糖橘果实与其他柑橘类果实一样，在成熟过程中没有明显呼吸高峰，所以果实成熟期较长。生产中利用这一特性，可将已经成熟的果实继续保留在树上，分批采收。近年来，随着气候变暖，出现暖冬现象，沙糖橘留树贮藏已获得成功。树上留果保鲜的果实，色泽鲜艳，含糖量增加，可溶性固形物含量提高，柠檬酸含量下降，风味更香甜，肉质更细嫩化渣，深受消费者的欢迎。

(四) 沙糖橘的运输

装卸沙糖橘时，要特别注意防止机械伤，在搬运和装卸过程中稍有扔、丢现象就会发生碰压而破损，引起果实腐烂损耗。因此，在装卸中应严格做到轻装轻卸。在堆叠约 5 层果箱后，应放置一层木板，以减轻下层果实的压伤。

(五) 沙糖橘贮期病害及预防

1. 真菌性病害

沙糖橘真菌性贮运病害主要为早期发生的青绿霉病和后期发生的酸腐病，早期病害以绿霉病为主。绿霉病或青霉病通常自伤口处或蒂部开始发病。发病初期呈水渍状的圆形病斑，病部果皮湿润柔软，2~3 d 后产生白色霉层，随后长出绿色（绿霉）或青色（青霉）粉状分生孢子。感染绿霉病 7 d 内全果腐烂，感染青霉病后 14 d 全果腐烂。酸腐病主要发生在贮藏后期果实本身的抗病力下降以后，特别是低温贮藏 2 个月左右为发病高峰。果实受侵染后，果面出现水渍状斑点；病部产生较致密的菌丝层，白色，有时皱褶呈轮纹状，然后表面呈白霉状，腐败，流水，并发出酸味。沙糖橘果实贮运病害的发生有 2 个高峰，一是采后入贮初期（主要由机械伤口入侵），二是贮藏后期（由抗病力下降引起）。咪唑类杀菌剂如特克多、施保克、戴唑霉等对防治青绿霉菌效果较好，但对酸腐病的防治无效，建议在沙糖橘采后病害的防治中添加双胍盐类药剂（如百可得）等，可有效控制酸腐病。

2. 冷害

沙糖橘在 1 ℃贮藏超过 25 d、3 ℃下贮藏超过 40 d，果皮开始出现水渍状凹陷斑点，果皮颜色也由橙红色向黄色、浅黄色变化，出现明显的冷害症状；冷害不但导致沙糖橘外观品质下降，还导致果肉品质下降，如乙醛和乙醇含量显著提高，果肉出现明显异味甚至苦味。

十、丑橘贮藏保鲜技术

丑橘即丑柑，学名不知火，又称凸顶柑、丑八怪、丑橙等，是由日本农林水产省园艺试验场于 1972 年以青见柑橘与中野 3 号椪柑杂交育成，属于杂柑的一种。丑橘和沃橘都是春橘，即成熟期在 2—3 月。丑橘具有坐果率高、晚熟、耐贮藏、糖度高、外观独特、风味品质优的特点。其果实果蒂处突起，典型果形像手雷，但风味品质优而深受消费者喜爱，个性化的外观和优异的风味成为销售的亮点。

（一）贮藏特性及品种

丑橘果实基部有明显或不明显短颈，果形以高颈球形为主，果形指数平均1.02，单果重170 g 左右。果面橙黄色，稍粗糙，油胞微凸，易剥皮，皮厚0.26 cm。可溶性固形 13.5%，总酸 0.85%，维生素 C 含量 401 mg/kg。肉质脆嫩多汁，囊壁薄，化渣，酸甜可口，风味浓郁，无核或少核，品质优。丑橘一般于翌年 2 月中旬完全成熟，较耐贮运，自然条件下可贮藏至 5 月。

（二）采收及采后商品化处理

1. 采收成熟度及采收方法

丑橘不同类型的果实酸含量差别很大，而酸度适宜是"不知火"高品质的最重要指标，因为销售的果实需适宜的糖度。果实在树上减酸较快，故降酸良好的果实先采收，而酸高的果实后采收，即分期采摘。通常果梗枝细的小果、迟花结的果、着色差油胞粗的果、内膛果、树冠下部果、背面果含酸量高，可作为判断含酸高低的参考标准。雨天及果面露水未干时不宜采果。采果者应戴手套，用圆头果剪将果实连同果柄一起剪下，再剪平果蒂，轻拿轻放。按从外到内，从上到下的顺序采摘果实。要求所有盛果的容器内壁光滑，采下的果实应及时运往包装场或储藏库。避免日晒雨淋。

2. 采后商品化处理

丑橘采后要进行洗果及防腐保鲜处理，洗果时间宜在果实采摘后 24 h 内，最长不超过 48 h。洗果时需加入防腐保鲜剂，尽量避免损伤果实。洗果后及时进行预贮发汗，晾干表面水分后，进行包装、贮藏。预贮时间的长短应根据柑橘种类、品种及天气而定，一般为 2~5 d。按国家标准进行大小（重量）分级，分级过程中需要挑选出果面有明显斑痕、受伤、感染病害等瑕疵果。果实分级后按级进行包装。如果分级后果实需要贮藏一段时间再上市，则可以用消毒后的塑料筐装，利于通风透气；如果直接上市，则可以用纸箱包装。所有果实不能用竹筐、木箱等易刺伤果实的容器包装，也不能散装堆放在地上。上市前可以对果实进行打蜡处理。

（三）丑橘的贮藏

目前没有学者针对丑橘的贮藏方法进行研究，故此处丑橘的贮藏保鲜技术参考柑橘的贮藏保鲜技术。采用低温贮藏时，建议贮藏温度为 5~6 ℃，环境湿度为 85%~90%。

（四）丑橘的运输

短途运输装车时要注意排列整齐，堆垛紧稳，尽量避免运输中的震动。车上应采用合适的遮盖物，防止果实在运输中受到日晒雨淋。

（五）丑橘贮期病害及预防

柑橘类果实采后主要发生的病害有枯水病和褐斑病。柑橘枯水是一个复杂的生理过程，受遗传因素、自然条件、采后处理、贮藏条件等多种因素的影响。柑橘枯水可分为粒化型和皱缩型。粒化型枯水果的砂囊细胞壁变厚，汁胞变硬、变大、变空、少汁；皱缩型枯水果的汁胞萎缩、崩裂、少汁。褐斑病是在柑橘贮藏过程中常发生的柑橘贮藏病害，一般发生率达 20%~50%，严重时可达 50%~90%，极大地影响了果实的外观和品质，降低了市场竞争力，成为柑橘贮藏的一大障碍。对于褐斑病的发病原因很难归因于某一特定因素，可能是由高温、冷害、水分胁迫、机械损伤、矿质营养、涂膜引起果实内部气体变化等多种因素造成的。可以通过控制温度、热处理、保鲜剂处理、气调贮藏等方法抑制柑橘类果实的采后生理病理过程。

十一、柑橘贮藏保鲜技术

柑橘属芸香科植物，是柑、橙、柚、橘、枳、金柑等的总称，是我国主要水果之一，种植面积和年产量均居世界首位。柑橘果实富含多种营养物质且食用口感优良，市场接受度很高，具有重要的经济价值。而在柑橘生长后期、收获运输和贮藏期间烂果现象十分普遍，腐烂率一般可达到 20%~30%，有的甚至能到 50%，造成了果实品质的恶化和严重的经济损失。注重柑橘采收质量和采后保鲜处理，能有效提高果实的外观品质，降低贮藏期果实的损失，提升经济效益。

（一）贮藏特性及品种

1. 品种

柑橘有金秋砂糖橘、青秋脐橙、美国糖橘、温州蜜柑、南丰蜜橘等品种，其中金秋砂糖橘属于杂交品种，在每年的 10 月成熟，青秋脐橙带有清新的香味，美国糖橘含糖量高，没有酸味，且抗寒性较强。

2. 贮藏特性

柑橘是典型的非呼吸跃变型水果，无后熟作用，在树上完熟的时间相对较长，从成熟到完熟的变化不如呼吸跃变型水果（如香蕉、杧果、番茄）那样明显。成熟期间果内的化学成分变化主要是糖分和固形物逐渐增多，有机酸减少，叶绿素消失，类胡萝卜素形成。柑橘可溶性固形物含量、糖含量和酸含量因不同种类和品种而异，可溶性固形物含量为 5%~15%，柠檬酸含量为 0.3%~1.2%。柑橘在贮藏过程中，由于呼吸作用的消耗，糖和酸含量不断减少，特别是酸含量下降较为明显。柑橘在采收时果面未全部着色的，在贮运过程中可继续着色。10 ℃ 以上的温度有利于着色。橙类一般能贮藏 3~4 个月，容易发生枯水现象；宽皮柑橘类的贮藏性次之，如温州蜜柑、椪柑能贮藏 3~4 个月；杂柑不同品种的差异性大，青见可贮藏 3~4 个月，不知火可贮藏 2~3 个月；柚类一般耐贮性较好，但品种之间差异较大，沙田柚、胡柚耐贮性好；橘橙或橘柚等杂交良种一般具有较强的耐贮藏性能。

（二）采收及采后商品化处理

1. 采收成熟度及采收方法

（1）成熟度指标

柑橘采收时间要因鲜销或加工、贮藏等用途不同而有所区别。

鲜销：以选黄留青、分批采收为原则，采收的成熟度应在九成以上，直至完熟到该品种成熟时固有指标。

贮藏：一般要求适当早采，通常果实成熟度达到八成左右即可采收，果面颜色转成本品种固有色彩的比例应大于 2/3（柚除外）。过早采收，果皮蜡质尚未形成，不易储藏；过迟采收，易发生浮皮和枯水，亦会影响贮藏和加工质量。柑橘采收期的确定，贮藏果实一般要求七八成熟，果皮已转色，转色程度为充分成熟的 70%~80%。油胞充实，但果肉尚坚实而未变软，果实已接近完全成熟，但比鲜食用果的成熟度略低时采收为宜。采收成熟度指标如下：脐橙≥11%（总可溶性固形物，下同）、冰糖橙≥16%、大红甜橙≥8.5%、早熟蜜柑≥8.5%、中熟蜜柑≥12%、椪柑≥10%、香柚≥12%。湖南省特早熟温州蜜柑约在 8 月底开始采收；早熟品种的橘类和橙类从 11 月初开始采收；11 月中旬至 12 月下旬成熟的柑橘为中熟品种；1 月上旬至 6 月下旬成熟的柑橘为晚熟品种。固酸比指标：脐橙≥9.0，低酸甜橙≥14.0，其他甜橙≥8.0；温州蜜柑≥8.0，椪柑≥13.0，其他宽皮柑橘≥9.0；沙田柚≥20.0，其他柚类≥8.0。

（2）采收技术

一是宜选择晴天、果实表面水分干后进行采收。二是应使用橘凳自上而下、从外到内的顺序采摘。三是采取复剪法采果，第 1 剪离果蒂 1 cm 处附近剪下，再齐果蒂剪第 2 剪，做到果蒂平整，保持萼片完整。四是果实放入采果篓或从采果篓转入果箱（或筐），必须轻拿轻放，采下的果实不得随地堆放，采果箱（或筐）中只能装至九成满。五是采下的果实防止雨淋日晒，也不宜露天过夜。伤果、病虫害果应分开放置。

2. 采后商品化处理

采后及时采用杀菌剂进行防腐处理对防止柑橘在贮藏中腐烂十分有效，常用的杀菌剂有塞菌灵（涕必灵）、多菌灵、硫菌灵、橘腐净（主要含仲丁胺和 2,4-D）及克霉灵。杀菌剂使用浓度为 0.05%~0.1%，2,4-D 的浓度为 0.01%~0.025%，两者混合使用。采收当天浸果效果最好，起码要在采后 3 d 内做药物处理。杀菌剂也可以与蜡液或其他涂膜剂混用。

（三）柑橘的贮藏

1. 常温贮藏

常温贮藏是我国目前柑橘贮藏的主要方式，如井窖、通风窖、防空洞，甚至比较阴凉通风的普通民房也可以贮藏柑橘。在四川，大量的甜橙采用通风库贮藏，南充地区用地窖贮藏甜橙，也能贮藏到翌年 3—5 月；在普通住房内也可贮藏到春节。常温贮藏要注意用塑料薄膜做单果包装和防腐剂处理。

2. 挂果保鲜

是一种在果实基本成熟时向树体喷施一定浓度的稳果剂，使果实在树上安全越冬的保鲜方法。其技术要点是：柑类果实在采收期（12 月上中旬）前一个月、12 月和翌年 1 月，分别用 30 mg/L 2,4-D 加 20 mg/L 920 和 0.2%磷酸二氢钾药剂对挂果树全面喷施一次，留树保鲜 2~4 个月（自然落果率 9.6%~26%）。橙类果在当年 12 月、翌年 1 月和 2 月，用 20 mg/L 2,4-D 稳果剂喷树，每株树施草木灰 2.5 kg，可留至翌年 3 月采收，稳果率可达 95%，且对翌年产量影响不大。

3. 臭氧保鲜

臭氧处理对贮藏水果有杀菌、除臭、防霉和减缓果实新陈代谢活动的作用，臭氧可采用空气放电保鲜机获得。将柑橘用竹篓盛装，放入常温普通库房内合理堆垛，然后套上薄膜帐，四周底边用细沙压实密封，取空心塑料软管一根通入帐内，另一端与空气放电机，相接，然后开动空气放电机向帐内输送臭氧负离子。一般贮藏柑橘果实 10 000 kg 的大帐，每隔 3~12 h 向帐内输入 50 g 臭氧负离子即可。贮藏期间定期检查，发现烂果及时处理。

4. 防腐保鲜

用防腐剂和保鲜剂组成的混合液浸果保鲜。40%百可得可湿性粉剂 50 g+45%咪鲜胺（扑霉灵、施保克）50 mL 或 50%戴唑霉 50 mL +85% 的 2,4-D 10~15 g，加水 50 kg，浸果 2 500~3 000 kg，浸泡 1 min。注意事项：①药物现配现用，最好不要隔天使用。②采后立即浸果，一般在采下 24 h 内处理完毕，最晚不得超过 48 h。③药物浸果时间 1 min。④使用的保鲜药剂必须符合无公害食品要求。

5. 单果包装保鲜

果实经药液浸果后，将果实装筐或堆放在通风良好的屋内或棚内预冷 5~7 d，散失热量和一定的水分，甜橙失重 1%~3%，宽皮橘失重 2%~4%，然后用聚乙烯薄膜进行单果包装，包装时剔除腐烂果、伤病果、畸形果和小果。

6. 冷藏

果实温度：柑：椪柑、杂柑，5~6 ℃；橘：砂糖橘、金橘，3~5 ℃；橙：甜橙（冰糖橙）：5~7 ℃；脐橙（纽荷尔、华盛顿、朋娜）：4~8 ℃；柚：沙田柚 6~8 ℃，蜜柚 7~9 ℃；冷库入满后要求 48 h 内库温进入技术规范状态，贮藏期间要保持库温稳定，波动幅度不超过 ±1 ℃。RH：橙类 90%~95%；椪柑 85%~90%；温州蜜柑 80%~85%；柚类 75%~85%。冷库内 RH 低于 80% 时，可以通过地面洒水或加湿器加湿的方式提高湿度。冷藏有利于减轻腐烂和失重，但长期低温贮藏必须注意避免冷害，防止柑橘产生褐斑病和水肿。

（四）柑橘运输注意事项

第一，车辆运输中的颠簸摇摆，磕磕碰碰，使得柑橘在车里箱子中会碰坏。在柑橘装箱时，在箱底、四周应铺上适当的草纸、塑料纸或泡沫纸，尽量装满，不要有空间，柑橘果实中间还要适当加入一些草纸防碰触。

第二，在车中，为防止蟑螂等害虫钻进去破坏果实，装箱后应密封。

第三，运输过程如果时间太长，对柑橘的新鲜度有很大的损害，运输应选择合适的路程，控制好车速，在适当时间内运输到目的地。

第四，运输过程中由于环境的改变对柑橘会造成一定的损害，因此要防湿防热，环境适宜。

（五）柑橘贮期病害及预防

贮藏过程中主要有青绿霉病、酸腐病、蒂腐病、黑腐病和炭疽病等病原性病害。青绿霉病和黑腐病多从伤口侵染发病；酸腐病常发生在贮藏中后期；炭疽病和蒂腐病多发生在贮藏后期，蒂腐病的发生与果实果蒂脱落密切有关。良好的果园管理、精细采收分级和处理、减少机械伤、入库前贮藏场所消毒、控制适宜的贮藏温度、单果微膜袋包装等，是防控病原性病害的综合措施。其次，对果实进行必要的防腐处理也是目前生产中常用的方法，使用的咪鲜胺等防腐保鲜剂应符合食品安全国家标准。采用 0.01 ~

0.015 mm 厚聚乙烯薄膜袋或玻璃纸单果包装，既可以保湿，又可隔离果实病害之间的相互传染。

柑橘贮藏期间常见的生理病害（生理失调）主要有：果面褐斑病、失水萎蔫、果肉异味以及低温冷害等。生理失调多在贮藏中期至后期。贮藏环境 RH 低时易加重甜橙褐斑的发生。因此，甜橙贮藏时一定注意保持贮藏环境 RH 为 90%~95%。宽皮柑橘类贮藏期间易发生枯水病，预贮对减轻贮藏期间枯水病发生特别重要。柑橘类果实对 CO_2 敏感，高 CO_2 会引起果蒂干枯，在贮藏过程中应注意通风换气，以便保持场所内较低的 CO_2 浓度。

十二、柚子贮藏保鲜技术

（一）贮藏特性及品种

柚子有沙田柚、文旦柚、白柚、麻柚等。沙田柚的成熟时间一般在 10 月中旬到 11 月中旬，果实形状一般为梨形，也有葫芦形的。它的果肉风味浓郁甜嫩，通常为白色，也有类似于虾肉色的，品质极佳；白柚的果实形状常呈倒卵形，个头比较大，其单个果实重量平均可达 1.2~1.3 kg，一般在 11 月上旬果实即成熟，成熟果皮的颜色为橙黄色，并且富有光泽，其果肉有蜜味和香气，且果核极少，因此倍受大众喜爱。柚子贮藏性能较好，适宜的低温结合必要的包装是柚子保鲜的主要措施。

（二）采收及采后商品化处理

1. 采收成熟度及采收方法

柚子品种很多，大多数品种均在每年 10 月底至 11 月底采收，但用于保鲜贮藏的果实宜在八九成熟时采收，过早、过晚都会影响果实贮藏品质与保鲜期。果实采收前的 10~15 d 不可灌水和施肥，晴天露水干后采摘最好。采收时用"两剪法"，第 1 剪果柄长留 2~3 cm，接着齐果肩处剪平。果实采收时应避免碰伤、扯伤、压伤、摔伤，要轻采、轻放、轻装、轻运，能做到随采随分级最好。

2. 采后商品化处理

柚类果实采收后应尽快进行保鲜剂处理，最好及时处理，最迟不能超过 3 d，否则失去保鲜剂的处理效果，尽量在 2 d 内完成。可采用如下 3 种防腐处理：①70%甲基硫菌灵可湿性粉剂 1 000 倍液加 200 mg/kg 2,4-D 组成混合液；②500 倍液特克多加 200 mg/kg 2,4-D 组成混合液；③50%多菌灵可湿性粉剂 500 倍液加 200 mg/kg 2,4-D 组成混合液。防腐处理时，将柚子果实装入竹（木）筐（箱）中，浸没于上述配方中的任意一种溶液中 2~3 s 后捞起晾干，放阴凉通风处预贮 6~7 d 再用厚 0.01~0.02 mm 的 35 cm×26 cm 塑料薄膜袋进行单果包装，以减少失重，保持果面新鲜饱满。

（三）柚子的贮藏

1. 预贮

柚子保鲜贮藏一般都要进行预贮。预贮是指将处理过的果实，放置在阴凉干燥、通风良好的场所进行短期贮藏，有愈伤、防软化和减少褐斑病、枯水病发病率的作用。根据库房温、湿度情况，柚类果实预贮 3~5 d 为宜。预贮程度测定有两种方法，一是手捏法，用手轻捏果实，手感果实稍微变软且有弹性时即为适度。二是称重法，根据失重率，果实失重 2% 左右时结束预贮。经过上述处理，能明显提高果实的耐贮性，延长果实的贮藏期。

2. 常温贮藏

选择阴凉、干燥、有完整门窗又能密闭的仓库或房间，打扫干净之后在柚子入贮前的 8~10 d 用 40% 漂白粉液或 70% 甲基硫菌灵可湿性粉剂 500 倍液等杀菌剂喷洒地面、墙壁进行消毒；也可以 10 g/m³ 硫黄粉进行密闭熏蒸消毒 2 d，药味散去后入贮。消毒前将搭架的砖块、木板或已做好的木（竹）架等用具放入贮藏室，进行消毒处理。贮藏时可将已进行过防腐处理的果实一层层摆放架面 5~6 层；也可用箩筐等装果实，按品字形码堆室内（堆与堆之间要留走道）。贮藏过程中一般 3~5 d 开窗通风 1 次，10~15 d 检查 1 次果实。采用此方法可贮藏保鲜柚子果实 3~4 个月。

3. 冷藏

柚子贮藏的参考条件：温度为 5~7 ℃；气体成分为 O_2 5%~10%，CO_2 0~5%；RH 为 90%~95%。

（四）柚子的运输

柚子皮厚，运输中利用单果紧缩包装或 PE 膜包装后，再装入瓦楞纸箱或网袋中，柚子中间以隔板隔开。

（五）柚子贮期病害及预防

炭疽病是柚树一种真菌性病害，在树势衰弱的蜜柚园内普遍发生，主要为害叶片、枝梢和果实，引起落叶、枯枝与落果。叶片受害病斑多发生在叶缘和叶尖，呈灰褐色近圆形或不规则形，较严重时病斑迅速扩大，呈水渍状大斑块。枝梢受害发病多从叶柄基部腋芽处开始，病斑初为淡褐色，椭圆形，后扩大为长菱形。有的病斑横向发展成环状，引起落叶、枯枝、果实受害则幼果起初出现暗绿色油渍状不规则病斑，后扩大、呈黑色、凹陷，病果常脱落。成熟果实在贮藏期受害后，病斑近圆形、褐色、革质、凹陷，病部产生黑色的小粒点。

防治方法：加强栽培管理，适时施肥，及时排灌水，增强树势能有效控制炭疽病的发生。药剂防治可选用铜制剂、多菌灵类和甲基硫菌灵类抗菌杀菌剂。

十三、柠檬贮藏保鲜技术

柠檬又称为益母果、柠果等，其具有独特的香气和酸味而深受孕妇和儿童的喜爱，同时，柠檬中富含大量营养，可以有效补充人体缺失的维生素，还可以用于制作调味料、药品、化妆品以及饮料等。近年来，柠檬在我国的市场需求量也在不断增加。

（一）贮藏特性及品种

目前，世界上柠檬的园艺品种有200多个，我国主栽的品种是尤力克、香水柠檬和青柠。尤力克原产意大利，我国引自美国，树势中等，开张，枝条凌乱、披散，生长势和抗性强，适应性广，叶片椭圆形，叶柄短，果形椭圆形为主，顶端有明显乳状突起，其丰产性好，耐贮藏，酸度够、香气浓、表皮光滑，是柠檬加工和鲜销优先考虑的品种，但产量主要集中在春花果；香水柠檬原产东南亚，果实呈长圆形，果实成熟后会从内到外散发出浓郁的香气，其丰产性好、果形大、无籽，但果实酸度不足。柠檬果实坚实，色泽光亮，果蒂青绿，油胞饱满，芳香扑鼻；果皮组织紧密，蜡质层厚，是柑橘类中较耐贮藏的一种果实。CO_2可抑制柠檬的褪绿，长期在高 CO_2 中贮藏后会加深成熟果实的颜色，降低柠檬酸的含量。

（二）采收及采后商品化处理

1. 采收成熟度及采收方法

柠檬一般在10月或者翌年1月采摘，采摘的果实果汁含量应达28%～30%，深绿色果实贮藏期较长，黄色果实采摘后必须马上上市。柠檬采摘时用剪刀剪，不留果柄，轻采轻放；采摘后用联苯包装纸或标准木箱包装。

2. 采后商品化处理

应挑选无伤、颜色均一的果实装袋，并对果实进行分级处理。将包装后的柠檬进行预冷，随后放入冷库贮藏。

保鲜剂处理：①保鲜剂制备。用5%的高锰酸钾溶液浸泡蜂窝煤燃烧后的残渣或活性炭数小时，然后将其捞出，沥去溶液置阴暗通风处晾至半干，制成小块或小颗粒，即为保鲜剂。②塑料编织袋消毒。将塑料编织袋用5%的漂白粉清洗消毒，放在阴凉处晾干即可。③装袋。将柠檬与保鲜剂按4：1的重量比一起装入塑料袋中，封好口存放于低温阴暗处，温度在0~10℃最好。用此方法贮藏柠檬，贮藏期可达200 d。

涂膜处理：这是一种适用于柑橘、柠檬等水果的涂膜保鲜剂。①膜配方：小烛树蜡4 kg、油酸1.2 kg、二甲苯0.05 kg、乙二醇0.1 kg、碳酸钠0.2 kg、吗啉0.9 kg、水22.2 kg。②配制方法：将以上物质加热至80℃混溶后，加入80℃热水中搅拌均匀。③使用方法：使用时可将柠檬洗净，干燥后，浸涂一层涂膜剂，然后在10~15℃环境中贮藏。保鲜期可从1~7周延长至10~20周。

（三）柠檬的贮藏

柠檬适宜的贮藏条件为：温度10℃，RH 85%~90%。在此条件下柠檬可贮藏8~9个月而品质降低不明显。有的品种适宜在12~15℃下贮藏。在5%~10%的O_2下可显著延长柠檬的贮藏寿命。

（四）柠檬的运输

运输过程中柠檬包装容器的原材料必须清洁卫生，干燥无毒，无不良气味且必须结实耐压、完整、牢固、无破损、无湿水、内外光滑、无尖突物。包装内应垫清洁、干燥的填充材料，并保证材料通风隔热、透气良好，确保商品安全。鲜柠檬的堆放和装卸必须文明，轻拿轻放，防止重压。

（五）柠檬贮期病害及预防

柠檬贮藏期间发生的生理性病害有冷害、油斑，病理性病害主要是青霉病、绿霉病、黑斑病等。油胞下陷实际上是油胞周围的细胞下陷，是一种常见生理性病害，影响果实的外观品质和贮藏性。最初是油胞周围斑点内陷，随着时间推移，病害区域的果皮下沉和颜色变深，成为浅褐色，从而使油胞突出而表现出明显症状。该生理性病害一般不为害果肉，只为害白皮层。田间管理好的果园油胞下陷明显要轻得多。经中国农业科学院柑桔研究所检测，柠檬油胞下陷是由偏施氮肥和钙、镁、磷、钾等矿质元素缺乏所致。防治措施：用于贮藏保鲜的柠檬宜在成熟度八九成时采收，果实进库前预贮4~6 d。贮藏果入通风库后，前期应打开门窗，10~15 d后白天开窗，晚上关闭。20 d后昼夜均关门窗。根据外界与库房温度、湿度，用门窗的开、关调节库房内的温湿度及库房内气体成分，贮藏果入冷藏库后，要注意调节贮库的温湿度，一般温度控制在8~12℃，湿度控制在85%~90%。

十四、葡萄柚贮藏保鲜技术

葡萄柚果实柔嫩多汁，略有香气，味偏酸甜，稍带苦味，风味独特，口感颇佳，既可鲜食，也可制成罐头和果汁，其中果汁是最主要的食用方式之一，全世界的葡萄柚约有50%加工成果汁。葡萄柚含有丰富的营养成分和微量元素，具有广泛的医疗保健作用。而现在葡萄柚在我国也越来越受欢迎。

（一）贮藏特性及品种

1. 品种

葡萄柚因挂果时果实密集，呈簇生状，似葡萄成串垂吊而被称为葡萄柚。葡萄柚是芸香科柑橘属植物，叶形和质地与柚叶类似，但一般较小。其果扁圆至圆球形，比柚小，果皮也较薄，果心充实、绵质，果肉为淡黄白或粉红色，柔嫩多汁且味道爽口。野生葡萄柚原产中美洲，约于1750年首先发现于南美巴巴多斯岛，1880年引入美国，在1940年前后引入中国。中国台湾、广东、福建、浙江、江西、湖南、四川、重庆、广西、海南和云南等地均有引种栽培。

葡萄柚的品种有邓肯、马叙无核柚、汤普森、路比红心等。邓肯是我国最早引种栽培的品种之一，该品种柚子果实扁圆，表面平滑，淡黄色，肉黄白色，柔软多汁，味酸甜微苦，内有种子30~50粒，10—11月成熟，11—12月采收；生长强健，产量较高，比较耐寒，在我国表现较好，可适当发展。马叙无核柚果实较大，单重400~600 g，皮较薄，果肉黄色，柔软多汁，酸甜爽口，且产量高、耐贮运。"路比红心"由汤普森芽变中选出，果重350 g左右，果皮光滑，为橙红色。肉质柔嫩，甜酸适口，风味清香，很受食者欢迎，是很有发展前途的品种之一。

2. 贮藏特性

不同柚类品种的果实在贮藏性方面具有共同性。一般地，柚果常温下可贮藏2~4个月，有"天然水果罐头"之称。葡萄柚是柚子的杂种，是由柚子与甜橙杂交而来，因而也具有柚子耐贮的特点。葡萄柚属于柑橘类水果，在保存时需要注意库内温度不要太低，低温下葡萄柚表皮油脂很容易渗进果肉，果肉会出现苦味，所以葡萄柚不适合放在低温冰箱或者低温冷藏库内。葡萄柚存放在15 ℃左右的温度为佳，这样既能延长了葡萄柚的保质期，又防止出现苦味，实现较好的经济效益。

（二）采收及采后商品化处理

1. 采收成熟度及采收方法

葡萄柚的采收可分为人工剪果采摘和机械采收两种形式。加工用果实多为机械采收，鲜销和贮藏果实多为人工采摘。葡萄柚采收过早，含糖量低，出库时果实风味欠佳，采收过晚，果实易遭冷害和患浮皮病。一般采收指标如下。

①果皮颜色。依不同种类和品种，果实成熟时果皮颜色不同，但都以转绿退色为准。②固酸比。葡萄柚为7.5∶1。③果汁含量。最佳采收期橙类最少要达到33%。④可溶性固形物含量大于10%。

2. 采后商品化处理

在美国，果实采收以后就进行着色和分级。按果实大小，葡萄柚分为7级。意大利的采后处理包括洗果（水温为20~25 ℃，加苯菌灵防腐剂浓度为2 000 mmol/L；2,4-D浓度为500 mmol/L）、筛选（手工选出坏果和表皮受伤果实）、打果蜡和分级。

（三）葡萄柚的贮藏

1. 冷库贮藏

冷库贮藏对抑制果实的水分蒸发、微生物繁殖和发育有重要作用，是当前国外采用的一种主要贮藏方法。马叙和红玉葡萄柚早熟品种的贮藏温度以16 ℃为宜，中晚熟品种以10 ℃为佳，各品种在10 ℃以下均易发生低温伤害。意大利冷库贮藏葡萄柚的温度为12 ℃。

2. 气调贮藏

气调贮藏是指将果实贮藏在不同于普通空气的混合气体中，是通过自然或人为方法，调节比普通空气含有较低或较高 CO_2 的贮藏环境，是在冷库贮藏基础上果品贮藏保鲜的一大创新，具有冷藏和气调双重作用。气调贮藏在葡萄柚上的应用尚不普遍的原因是葡萄柚对 CO_2 和低氧非常敏感，常使果皮、果肉变色产生异味。

3. 涂蜡贮藏

涂蜡能使柚子果实光亮、降低代谢以及减少贮藏期间的重量损失。试验表明，用天然蜡和树脂配制的水剂涂料处理可显著降低果实失重，其中葡萄柚失重率降低了40%。

4. 塑料薄膜单果包装贮藏

在低温和天冷条件下，聚乙烯薄膜包装封闭对防止果实失水比涂蜡效果更好。葡萄柚单果封闭包装在5 ℃和21 ℃条件下贮藏1~2个月后，果实品质几乎没有损失。

(四) 葡萄柚的运输

为了使柚类果实在贮藏期减少重量损耗，保持果实新鲜度，果实预贮后，应采用塑料薄膜单果包装。柚类单果包装，聚乙烯薄膜袋厚度以 0.015~0.030 mm 为宜。安全、合理、适用、美观的包装，对于提高果实商品价值和市场竞争力至关重要。包装柚果的容器，其形状、大小、规格、质量和装潢图案等，应根据市场需求、消费对象、贮运条件和流通环节等因素进行综合构思设计。目前，国际流通领域多使用质轻、有弹性、强度高、可折叠、易成形、成本低，便于搬运和机械化操作的纸箱包装。包装箱内四周和果实之间应有柔软、质轻、清洁的衬垫和填充物，以免箱内果实受损伤。果实按对角线排列装箱后，经过检验，如各项指标均合格者，即可封钉；捆扎和打包成件，及时运输和销售。

(五) 葡萄柚贮期病害及预防

1. 枯水 (粒化)

柑橘类果实在成熟后期和贮藏期普遍发生汁胞失水变硬、不规则膨大、干枯、颜色变淡，果肉出汁率下降，口感干燥无味，这一生理病害即枯水，严重影响了果实的品质。柚果枯水的发生、发展受采前生长发育、栽培环境、采后处理措施、贮藏条件等因素的影响，较晚采收会增加葡萄柚的腐烂率，加剧枯水的发生。

2. 裂瓣症 (内裂)

柚果成熟时因囊瓣增大迅速，果皮承受不了时产生裂果，果实内裂短期内不影响食用，但时间延长汁胞会失水粒化，口感粗糙、硬化，甚至无法食用。水分和内源激素含量分别是裂瓣症的外因和内因，人工授粉、果顶涂生长调节剂、针刺果顶、喷灌与覆膜、多倍体育种可减轻裂果。

3. 异味

贮藏条件不当或时间过长，柚果易出现酒精味、腐烂味等异味。在冷藏过程中柚果果肉易变苦，可能是低温冷害导致柚瓣内部代谢异常，使种子产生苦味物质并释放至果肉组织中。1%醋酸在 40 ℃处理葡萄柚 12 h，贮藏 90 d 后果实柚皮苷含量显著降低，脱苦效果较好。

十五、芦柑贮藏保鲜技术

芦柑，别名柑果，是柑橘类果实的一个品种。芦柑有生津止渴、和胃利尿功效；也有理气健胃、燥湿化痰、下气止喘、散结止痛、促进食欲、醒酒及抗疟等多种功效。芦柑果皮和果渣可提炼果胶、酒精和柠檬酸，干残渣可作饲料，橘络富营养又可作药，故而十分具有经济价值。

（一）贮藏特性及品种

1. 品种

我国芦柑多在闽南一带种植，其中比较有名的有永春芦柑、漳州芦柑、长泰芦柑、顺昌芦柑、福前芦柑、溪口芦柑等。其中溪口芦柑是福建省龙岩市上杭县溪口镇的特产，溪口镇所产芦柑具有色黄、果大、肉质脆嫩鲜甜等特点而闻名全省。永春芦柑具有果形硕大端正、色泽橙黄、果皮薄、果肉汁多、脆嫩香甜、风味独特、富含维生素及其他成分等特点，在国内外市场上享有盛誉，芦柑远销东南亚、港澳台等 10 多个国家和地区，被称为"东方佳果"。漳州芦柑因果实形态和品质差异，分"硬芦"和"有柑"两品系。硬芦品质最佳，其果实高扁圆形，果皮澄黄、中等厚、较坚硬故名硬芦，果汁多，味甜美（固形物 15%左右），香甜爽口、色香味俱佳，为芦柑中优良品系，为闽南柑橘的主栽品种。

2. 贮藏特性

芦柑的耐贮性比蕉柑差，较易腐烂和枯水，在历年的常温商业贮藏中腐烂率高，经济损失大。芦柑贮至 4 个月以后，果肉产生明显的酒精异味，降低或失去商品性。

（二）采收及采后商品化处理

1. 采收成熟度及采收方法

采收期早，则腐果率低，但果实酸度较大；采收期晚腐果率高，果实糖度高，果肉脆嫩化渣，但贮至 4 个月时，其干烂耗率较高，大部分果实果肉产生酒精异味。八成熟的果实贮至 3~4 个月后上市时，干烂耗率最低，果实甜酸适口，脆嫩化渣，售价高。果实采收质量的好坏，直接关系芦柑贮藏的成败。研究表明，未按采摘技术标准采收的果实与按标准采摘的果实相比，贮藏 3 个月后，其干烂耗率高出近 3 倍。采摘技术关键是防止果实机械伤，因此采摘时应做到选晴好天气采，采果用的篮、筐、箱等内壁应平整，洗净晒干，垫好干净的纸或其他软物。一株树上的采果顺序应从下至上、从外至内进行。采下的果实选择阴凉通风处暂时存放，防止日晒雨淋和鼠害。

2. 采后商品化处理

柑橘分级是商品化处理的重要内容之一。目前柑橘商品化处理一般做法是分二段进行，前段包括采收、田间选果、防腐处理、预贮、贮藏，由生产者进行，后段包括精选分级、内外包装等。试验表明，芦柑分级贮藏，呈现出果型越大，相对腐烂率越高的趋势。贮前分级可再次剔除病伤果、残次果、落地果、无蒂果，因此伤果少，腐烂率低。

分级后进行单果薄膜包装，此方法可有效地减少贮藏期果实的失水和防止烂果对好果的感染，提高贮藏效果。预贮后，果实即可用塑料薄膜单果包装贮藏。

(三) 芦柑的贮藏

1. 预贮

预贮是芦柑贮藏的一道重要工序。其作用是尽快散发芦柑果实的田间热，降低果实呼吸强度，使果皮上的机械小伤口愈合，并蒸发果实多余的水分使之具有弹性，增强抗压性。预贮期间应日夜打开门窗将浸果处理后的果实进行通风换气，但要防止日晒、雨淋和露雾的侵袭。一般预贮 3~5 d，至果皮失水 3%~5% 略有弹性时，才关闭门窗入贮。采前多雨天气采收的果实预贮的时间应适当延长。

2. 贮前处理

选择合适的防腐保鲜剂。芦柑经保鲜剂处理后，在 3 个月内，果蒂保持绿色，果实本身的衰老减缓，抵抗病害侵袭的能力强。目前内销中经济有效的保鲜剂是 2,4-D，使用浓度 100×10^{-6}~150×10^{-6}。防腐剂处理是为了杀死鲜果表面的病菌并在贮藏期抵抗病菌侵袭。在芦柑贮藏上较常用的防腐剂主要有：①特克多 500~700 倍液；②70% 甲基硫菌灵 800 倍液；③25% 培福朗 2 000 倍液；④伊迈唑 1 000~1 200 倍液。

3. 贮藏期库房管理

果箱成品字形堆码在经消毒的库房内，箱与箱之间留 10~15 cm 的间隙，堆与堆之间留 80~100 cm 的通道，以利库房内的空气流通。堆码高度不宜超过 5 层。果实入库后贮藏温度 5~10 ℃，RH 为 80%~85%。芦柑贮期前期一般每 1 个月抽样检查 1 次，开春后每半个月检查 1 次，如发现烂果较多，应及时用纸包住烂果予以剔除，以免传染引起更多腐烂。翻果时应轻拿轻放。剔除烂果时，烂果周围的带许多病菌孢子的好果也应一起拿掉，分开贮藏，以免成为病菌源。剔除的烂果应带出室外深埋，切不可在库内乱堆乱放。若腐烂果不多，尽量不要翻动，否则会增加果实的机械伤和病菌的传播。按此方法，芦柑贮藏期间的前 3 个月内，可把果实的干烂耗率控制在 10% 以内，且能保持芦柑原有的色泽和风味。

（四）芦柑的运输

短途运输时果实采收后由果园至收购站、包装场、仓库或本地销售的短途运输要求轻装轻运、轻拿轻放。长途运输时果实采后应及时进行防腐保鲜药剂处理，预贮后用聚乙烯薄膜或其他包裹纸单果包装后装箱运输。运输工具必须清洁、干燥、卫生、无异味；注意通风、防晒、防冻与防雨；不得与有毒、有害、有异味物品混运。

（五）芦柑贮期病害及预防

引起芦柑贮藏期腐烂的病因前期主要是青、绿霉病，后期则是蒂腐病、黑腐病，以及生理性病害。搞好贮前处理是减少贮藏期腐烂的基础。贮前处理应做好防腐保鲜处理，搞好预贮发汗工作，加强贮藏期的管理，定期检查果实腐烂情况。

十六、枇杷贮藏保鲜技术

枇杷是蔷薇科、枇杷属植物。常绿小乔木，高可达 10 m。果实球形或长圆形，直径 2~5 cm；种子球形或扁球形，直径 1~1.5 cm，褐色，光亮，种皮纸质。花期 10—12 月，果期 5—6 月。

（一）贮藏特性及品种

1. 品种

枇杷的品种很多，通常可依果肉色泽及果形分类。根据果肉色泽可分为红肉类（红沙类）及白肉类（白沙类），前者如余杭的大红袍、夹脚、宝珠、五儿等，后者如浙江余杭的软条白沙、黄岩洛阳青及江苏苏州吴县的照种白沙等。红肉类生长强健，产量高，果皮厚，耐贮藏，适于制罐及加工，白肉类则果皮薄，肉质较细，但生长较弱，产量低，宜鲜食。根据果形可分圆果类及长果类，前者核多，后者核少。

2. 贮藏特性

枇杷为非呼吸跃变型果实，采后呼吸强度与乙烯产生均呈逐渐下降趋势，不同品种这种变化趋势相似，只是在量上存在差异。枇杷采后乙烯释放速率较小，但低温贮藏的果实一旦转入室温货架存放期间，其乙烯释放速率会很快增加，并维持在较高水平上。枇杷无后熟作用，所以要在它基本完熟时采收才能达到良好的食用品质。

采收过早，果实的品质差，产量低；采收过迟，果实的耐藏性差，而且易遭受机械损伤。鲜食时，一般把果实充分着色时作为采收期；但远销果实可适当早采，在约九成着色时采收。枇杷果实皮薄，易受机械伤害，伤口易腐烂，果皮易变色，有机械伤的果实在常温下放置 2 d 就会全部腐烂，失去食用价值。

因此，必须做到无伤采收。枇杷品种很多，按果肉颜色一般分红肉和白肉两大类，红肉品种有大红袍、宝珠、山里本、大钟、梅花霞和车本；白肉品种有照种、青种、白梨、软条白沙。红肉类枇杷果皮较厚，较耐贮运；晚熟品种耐藏性也较好。枇杷适宜用冷藏，最适贮藏温度为 0 ℃，RH 为 90%，在此条件下可贮存 3 周，但不宜贮藏太久。

冷藏时一般用塑料薄膜袋包装保湿，并要注意通风换气。气调贮藏适宜的 O_2 和 CO_2 浓度均为 2%~3%，但要注意及时清除贮藏环境中的乙烯。冷藏和气调贮藏的果实取出后，在室温下的货架期很短，因此要尽快销售，或者根据销售量决定出库量。

（二）采收及采后商品化处理

1. 采收成熟度及采收方法

枇杷果实无后熟作用，必须充分成熟才能表现良好风味，为了充分展示枇杷品质，维护枇杷产地声誉，切勿过早采收。当果面充分呈现固有的橙色或黄色时，便是成熟的标志，应及时采收。需要长途运输的，可在果实八九成熟时适当提前采摘。全树果实甚至同一果穗上的果实成熟度常不一致，可采熟留青，分批采收。枇杷果皮薄，易碰伤，采收应细致。采果期宜选晴天无露水时，果实用采果剪剪下后，放在内部垫有细软衬垫材料的采果容器中。采收过程中手只与果柄接触，切忌用手指任意拿捏，以免造成碰伤或压伤，或将果面茸毛和果粉擦去。

2. 采后商品化处理

第一，预冷采摘的枇杷果实最好在 24 h 内降温到 0 ℃ 左右，抑制枇杷果实的呼吸和酶的活性，防止微生物侵染。预冷要及时，可放在 0 ℃ 预冷，也可强制通风冷却，或摊在通风阴凉处 2~3 d，使其温度降至接近贮藏温度。

第二，分级包装为了保证枇杷果实不受挤压和碰伤，采收容器应用纸箱、竹筐或塑料筐、箱等。箱、筐内垫放纸、布等柔软物作衬垫。装箱包装时，一般是每 2.5 kg 为一箱，约 20 kg 为一筐。采收时应边采收边分级，并分开放置，剔除病果、虫果、裂果、畸形果和受伤果。枇杷果的分级标准如下：单果 30 g 以上的为特大果，25~30 g 的为大果，20~25 g 的为中果，20 g 以下的为小果。

第三，运输要迅速、平稳，要特别注意运输途中环境温度变化要小，能通风、换气。最好能在冷藏、运输、销售过程中全部保持在 1~5 ℃ 的低温下。若条件不允许，切要防止温度过高。

（三）枇杷的贮藏

冷藏选择预冷过的枇杷果实，装在竹筐或纸箱中贮藏，可用 0.02 mm 厚的聚乙烯塑料薄膜袋包装，分层在冷库中贮藏。袋内 RH 控制在 90%~95%，库内温度保持在 4~8 ℃，可贮藏约 2 个月。

气调贮藏选择具有调控气体成分、调温调湿装置的机械设备及密闭性良好的冷库来贮藏，以方便管理，达到贮藏要求的条件。贮藏时，库内温度控制在 5~9 ℃，RH 为 85%~90%，贮藏 3 个月，能较好地保持新鲜枇杷果的风味和品质，但是这种贮藏方法成本较高。也可采用塑料帐和硅窗气调技术，其贮藏温度在 7.5~9.5 ℃，这种气调技术较上述机械冷库气调贮藏成本低，可考虑选用。

(四) 枇杷的运输

枇杷鲜果运输要求迅速、平衡、轻拿轻放、小心搬运、减少颠簸，特别要注意运输途中换气通风，避免温度升高。枇杷鲜果最好采用冷藏链系统运输。贮藏、运输、销售过程均在 1~5 ℃低温下进行。

(五) 枇杷贮期注意事项

第一，用于长期贮藏保鲜的枇杷在采收时要留果柄，并选择果色橙黄、无病虫和损伤的果实，在采收时应尽量小心并采用合适的采收工具和方式。

第二，采收后的枇杷要及时散尽田间热，一般将枇杷置于洁净、通风阴凉处，用排风扇进行 1.5 ~ 2 h 风冷就可以，然后装入外套 PE（即聚乙烯膜袋）的塑料筐内，建议每筐装果 22.5~25 kg 分拣。

第三，如果对好果率和保鲜程度要求更高，可以在果面上放定量保鲜剂（可自配保鲜剂，主要成分为高锰酸钾和含 Fe 等的碱性载体，两种成分比为高锰酸钾：载体 = 1 : 2），再盖上塑料筐盖，立即运进经过 24 h 预冷的冷库中降温。

第四，当枇杷保鲜冷库的库温已降到 5 ℃ 以下时，建议用真空泵对聚乙烯袋抽气减压，抽至膜袋紧紧压附果筐为止，用橡皮筋紧扎袋口，谨防空气漏入。

第五，对枇杷的加工、分拣、包装等处理完毕后，在堆放枇杷时也不可随意，而是应有序码垛，条件允许的情况下可采用货架储藏，既方便通风又提高库容利用率。当库温已降至设定的（1.5±0.5）℃时就可以进行恒温贮藏，加强日常管理，定期抽检贮藏的枇杷质量等。

十七、香蕉贮藏保鲜技术

香蕉是芭蕉科芭蕉属植物，又指其果实，热带地区广泛种植。香蕉味香、富含营养。原产亚洲东南部，中国台湾、海南、广东、广西等均有栽培。

(一) 贮藏特性及品种

1. 品种

香蕉有很多种类，有米蕉、芝麻蕉、北蕉、仙人蕉、李林蕉、西贡蕉、灰蕉、玫瑰蕉等。每种香蕉外观不同，生长地区也不相同，但是口味都很好，所以很多人都喜欢吃香蕉。香蕉是经济价值最高、栽培面积最大的类型。香蕉品种间在品质等方面差异并不明显，而在梳形、果形、产量潜力和抗逆性方面却有一定差异。根据香蕉株型大小可将其分为高型、中型和矮型等品种、品系。

2. 贮藏特性

香蕉是属于一种相对耐贮藏的果品。如果处理得好，在适宜温度下可贮藏3~4个月。香蕉是典型的只有呼吸高峰的果实。香蕉极易受到机械损伤。采前及采后处理过程中由于处理不当、昆虫叮咬、风吹雨打、堆叠挤压、与包装的摩擦等，均可引起香蕉的机械损伤受伤后的香蕉，呼吸作用增强，果实提早变黄，而且病菌易从伤口入侵引起腐烂；此外，受伤的香蕉果皮在成熟前虽然看不出明显的症状，但成熟后果面的伤痕处变黑，会严重影响果实的外观。香蕉对温度非常敏感。香蕉是一种热带水果，对低温很敏感，低于 11 ℃下的贮藏会导致果实遭受冷害，果面变黑、果心变硬，果实不能正常成熟。但过高温度也会对它造成伤害，当温度超过 26 ℃时。果实成熟时无法正常转黄，当温度超过 35 ℃时，就会引起高温烫伤，使果皮变黑，果肉糖化，失去商品价值。香蕉对乙烯很敏感。香蕉是一种呼吸跃变型的水果，对乙烯非常敏感，极微量的乙烯即可启动并促进香蕉的成熟。

(二) 采收及采后商品化处理

1. 采收成熟度及采收方法

香蕉采收是按果实成长的大小即其饱满的程度来确定的，什么时候适宜采收，要视贮藏时间的长短或运输距离的远近而定。香蕉果实的饱满度越大，产量越高，风味、品质越好，但越不耐贮藏。当蕉果饱满度达 65% 时，催熟后勉强可食；当饱满度越过九成时，催熟度果皮容易爆裂。有的以饱满度结合果实色泽判断成熟度。当果实棱角已呈圆形而不明显，果实充分"肥满"，皮色由绿色变浅或转黄色即已成熟。在树上自然成熟的香蕉容易开裂，不宜贮藏运输，故贮运香蕉都是未充分成熟前采收。采收时，先割下一片完整的蕉叶铺在地面，以备放果穗。用镰割断果轴后，用快刀去轴落梳。香蕉落梳方法有两种，即带蕉轴落梳和去蕉轴落梳。带蕉轴的落梳方法是横切。由于蕉轴组织疏松，含水量大，微生物容易滋生繁殖，造成腐烂。去轴落梳的方法是纵切，落梳刀为月牙形的锋利切刀，这样可以减少微生物的侵染，使腐烂损失减少。目前生产上多采用去轴落梳的方法。采收的同时，剔除不合格蕉果。

2. 采后商品化处理

（1）抹花

将蕉穗无伤运输到采后商品化处理点后，应将其垂直悬挂，工人双手戴上手套细致地将所有残存花器去除，以免影响香蕉外观质量。现阶段有些蕉园在香蕉断蕾时就进行抹花。

（2）落梳

由于蕉轴含有较高的水分和营养物质，而且结构疏松，易被微生物侵染而导致腐烂，而且带蕉轴的香蕉运输和包装均不方便，因此香蕉采后一般要进行去轴落梳。用锋利的弧形刀从蕉梳与蕉穗轴连接处切下，果梳切开取走时不落地，直接放入清洗池中。

（3）清洗

由于香蕉在生产过程中果面附生的大量微生物会对香蕉造成侵害。特别是成熟以后的香蕉，大量的淀粉转变成糖，容易遭受微生物的浸染，使香蕉变黑腐烂。因此，采收后须进行清洗及杀菌保鲜处理。

（4）果梳修整

修整在低压喷水清洗池边进行。修整时要垫好海绵，将有病虫害、梳形不整齐的果实淘汰，清除裂果、烂果、反梳果以及不合格的蕉果，如果梳太大，需进行"分梳"处理以便装箱。修整环节采用半月形切刀，对果梳柄切口处进行小心修整，重新切割，以防原切口携带病菌，影响贮藏效果。经修整的果梳切口要平整光滑，不能留有尖角和纤维须，以防止在贮运时尖角刺伤蕉果或病菌从纤维须侵入。修整好的果梳直接放入含有 0.1%~0.2%的明矾水或清洁水的低压喷水清洗池内进行第二次低压喷水冲洗。

（5）分级

目前对香蕉的分级方法以人工分级为主，依靠人的视觉，根据香蕉的大小、重量、果皮颜色、形状、成熟度、新鲜度、清洁度以及病虫害和机械损伤等情况，按照标准进行严格的挑选，并分为若干等级。分级后的香蕉果实行优级优价，也便于包装、贮藏和销售。蕉果分级目的是要达到商品标准化，按国家内销或出口所规定的标准进行。

（6）风干

经过保鲜处理的香蕉，果梳表面会大量残留保鲜药剂水滴，为达到除水包装，方便贴标签，在生产流水输送线上用700~1 000 W的鼓风机吹干香蕉表面水滴。

（7）贴标包装

包装是香蕉获得较长的贮运寿命和保护品质的一个辅助手段，包装箱要求有足够的强度以防止被压扁。合格的包装箱可使香蕉产品固定，减少震动，起到保护作用。

（三）香蕉的贮藏

1. 低温贮藏运输

低温贮藏运输是香蕉最常用、效果最好的方式，特别在国外已成为一种常规的商业流通技术。我国香蕉有一部分采用机械保温车和加冰保温车运输，机械保温车可严格控制温度，但加冰保温车不能严格控制温度，如果加冰量过多，香蕉易发生冷害。

香蕉在低温贮运前最好进行预冷，以便迅速除去果实所带的田间热，使冷藏车船上的香蕉能尽快降到适宜的冷藏温度，避免温度波动。香蕉低温贮藏运输的适宜温度是11~13 ℃，低于11 ℃会发生冷害。

2. 常温贮藏运输

目前，由于冷藏运输设备不足或冷藏运输成本较高等原因，我国香蕉的贮运有些也在常温条件下进行。香蕉常温贮藏运输一般只可用于短期或短途的贮运，并要注意防热防冻。在常温贮运中，配合使用乙烯吸收剂，可显著延长贮运时间。

3. 气调贮藏

香蕉气调贮藏适宜的气体比例是 CO_2 2%~5%和 O_2 2%~5%。华南农业大学已成功地把香蕉自发气调贮藏结合使用乙烯吸收剂的技术在商业上应用，可把保鲜时间延长2~4倍。

（四）香蕉的运输

香蕉运输时既怕热又怕冷。高温下很快后熟变软，而温度低又会使果实出现冷害，造成损失。冷害的症状表现为果皮外部颜色变暗，严重时成黑色，并失水干缩；内部出现褐色条纹，中心变硬，不能正常后熟，食之淡而无味。因此，运输中既要防热又要防冷，才能保证果实质量。装载时必须留有通风道。并按照箩筐本身口大底小的特点，口对口、底对底的顺序排列堆码，使筐与筐之间形成自然的裂缝，便于空气循环和冷热交换。如用加冰车运输香蕉，须根据运输的距离，计算好加冰数量和中途加冰次数。

（五）香蕉贮期常见问题及防治措施

1. 常见问题

（1）镰刀菌冠腐病

病原包括串珠镰孢、亚黏团串珠镰孢、半裸镰孢和双孢镰孢 4 个致病菌种。是蕉果流通中的重要病害，常为几种病菌复合感染，从伤口感染青蕉的冠部、指梗和果指，病部长满白色絮状霉层。青蕉冠部发病后，很快扩展到果肩和果梗，容易引起断指。机械伤、高温和高湿都诱发其发病。

（2）炭疽病和黑星病

在果园已经感染了这两种病害的蕉果，随后熟过程而症状更加明显，使蕉果的外观受到很大的损害。

（3）气体毒害

蕉果采用气调方式密封贮藏和运输的，如袋内 CO_2 浓度超过 10%，2 d 后香蕉即受毒害，果皮褐变、不能完熟，或进行厌氧呼吸而产生酒味。

（4）青皮熟

28 ℃ 以上高温蕉果不能黄熟，大大降低蕉果在市场上的外观品质。45 ℃以上则易招致果皮褐变、产生异味，完全丧失商品价值。

（5）裂皮与脱把

后熟或催熟过程中如乙烯浓度太高，加上高温高湿，蕉果后熟过快，容易产生裂皮或脱把现象。

（6）机械伤害

直接在卡车车厢内装果、用竹筐装果、多层堆垛挤压，再经长途运输，会造成蕉果受压。产生严重机械伤，导致生理和病理衰败。

2. 防治措施

第一，果柄腐烂病。此病由多种真菌从伤口浸染造成果柄腐烂，果指脱落。可用 0.1% 的苯菌灵或噻苯咪唑在采后浸果来防治。在采收、整理、包装、运输中减少机械伤是关键。

第二，炭疽病初发时为细小斑点，以后逐渐扩大，最后全蕉变黑、腐烂。此病有的由田间染病，因此应做好蕉园清洁工作。在采后防止机械伤，并用 0.1% 噻苯咪唑或苯菌灵处理可有效地防止此病发生。

第三，低温伤害果皮由绿变成灰色，在贮藏中要严格控制贮藏温度，避免过低。受低温伤害较轻的果实，应立即出库催熟销售，此时食用品质尚好。

第四，当 CO_2 含量高于 15% 时，会由于乙醇、乙醛的大量积累而使香蕉产生异味，在贮藏中应注意通风换气。

十八、荔枝贮藏保鲜技术

荔枝是无患子科荔枝属常绿乔木，高约 10 m。果皮有鳞斑状突起，鲜红，紫红。成熟时至鲜红色；种子全部被肉质假种皮包裹。花期春季，果期夏季。果肉产鲜时半透明凝脂状，味香美，但不耐贮藏。分布于中国的西南部、南部和东南部，广东和福建南部栽培最盛。亚洲东南部也有栽培，非洲、美洲和大洋洲有引种的记录。荔枝与香蕉、菠萝、龙眼一同号称"南国四大果品"。荔枝味甘、酸、性温，入心、脾、肝经；可止呃逆，止腹泻，是顽固性呃逆及五更泻者的食疗佳品，同时有补脑健身，开胃益脾，有促进食欲之功效。因性热，多食易上火。荔枝木材坚实，纹理雅致，耐腐，历来为上等名材。

(一) 贮藏特性及品种

1. 品种

荔枝主要栽培品种有三月红、圆枝、黑叶、淮枝、桂味、糯米糍、元红、兰竹、陈紫、挂绿、水晶球、妃子笑、白糖罂 13 种。其中桂味、糯米糍是上佳的品种，亦是鲜食之选，挂绿更是珍贵难求的品种。"萝岗桂味""毕村糯米糍"和"增城挂绿"有"荔枝三杰"之称。惠阳镇隆桂味、糯米糍更为美味鲜甜。

2. 贮藏特性

荔枝是非呼吸跃变型果实，但其呼吸强度较高，要做好荔枝的贮藏保鲜，一定要采取可行的措施降低荔枝的呼吸强度。最为关键的是要将采收后的荔枝尽快送往预冷间进行预冷，预冷后贮藏在适当的低温条件下，这样才能延长贮藏寿命。荔枝贮藏期间容易失水、褐变，在室温、未包装的条件下，放置 3 d 的荔枝会全部变褐，果皮失重率可高达 50%。贮藏时，一要采用适当的保湿包装，减少果皮失水。二要降低呼吸强度，延缓果实衰老，如预冷、低温贮藏、气调贮藏等。三要抑制多酚氧化酶的活性，如采用气调贮藏、应用多酚氧化酶抑制剂如 SO_2 等。四要降低果实的 pH 值，如浸酸处理，以防止褐变。

(二) 采收及采后商品化处理

1. 采收成熟度及采收方法

成熟度不同，荔枝的耐贮性不同。若要贮藏或长途运输，适宜的荔枝成熟度是八成熟，此时果实外果皮龟裂片明显，裂纹转淡黄色，内果皮基本上是白色。当内果皮已转红，则表示已过熟，不宜贮运，只宜立即销售。

荔枝采收根据成熟度分期采收，最好选择在清晨日出或阴天进行。烈日下采收，果皮容易变色，品质下降，雨天或雨后采收果实容易腐烂，不耐贮运。

荔枝采收一般采取短枝采果，成簇采收，折果枝不带叶或尽量不带叶，以利于抽发秋梢。早熟品种如妃子笑、黑叶等收果早，会萌发无效枝梢，不利于翌年丰产，因此在采收时可不留"葫芦节"（果穗基枝顶部节密粗大部分）。采收应轻摘、轻拿、轻放、尽量减少机械损伤，采收后就地放于阴凉处进行分级，剔除裂果、病果、烂果和机械损伤果，然后包装运输。

2. 采后商品化处理

进行长途运输的荔枝，采收时一般要求在八成熟采收，不可过熟。此时荔枝外果皮基本转红，内果皮基本保持白色。若外果皮转紫色，内果皮也全呈红色甚至紫色，果蒂增大，则成熟度已过高，贮运中果实风味会很快变淡，且易腐烂，不可再做保鲜贮运。预冷过程中可进行选果，剔除机械伤果及病、虫害果。由于荔枝成熟季节气温较高，采收后带有大量田间热，很容易使果粒发生色变和腐烂，因此，采后应尽快使果实降温，排除田间热和呼吸热。运输时最好使用冷藏集装箱和机械冷藏车。若贮运期较短，可以采用泡沫箱包装内加冰的方法。具体做法是：果实在预冷等处理后放入泡沫箱，在其上方或中部加入约为果重1/3量的冰块，冰块用塑料袋包装，在运输过程中注意隔热。

（三）荔枝的贮藏

1. 低温贮藏

温度管理是延长新鲜水果存储寿命最有效的办法之一，主要原因在于低温可降低水果的生理代谢反应。呼吸作用会消耗水果发育过程中所累积的营养，并降低水果的品质。贮藏温度每降低10 ℃，呼吸活动会降低2~4倍。所以低温冷藏为增加荔枝贮藏寿命与控制果品褐化最简单且最有效的方法。一般荔枝推荐贮藏温度是2~4 ℃。但也有部分研究指出0 ℃贮藏可保存在3周左右，但是经过实验，部分荔枝贮藏在0 ℃，2周左右果皮出现了冷害现象。

2. 冰水预冷

采收后的水果对于水分的散失与温度的变化相较于采收前更为敏感。呼吸作用所产生的热能会使水果温度增加。荔枝采收后温度会迅速降温至3 ℃。贮藏于低温（5 ℃）环境，可降低对水分散失与病害的敏感度。研究表示，利用冰水预冷可迅速降低水果温度和生理反应。并显著的增加荔枝的贮藏寿命，延缓其荔枝的表皮褐化。

3. 浸酸处理

浸酸处理可有效抑制褐皮酶素活性，延缓花青素讲解与病原微生物生长。利用有机酸的浸泡，提供非游离酸借由渗透作用穿过细胞膜进入细胞内，形成胞内游离酸，增加细胞内酸含量，降低细胞内的 pH 值。根据目前的研究报告，柠檬酸、酒石酸和草酸都可以抑制荔枝果皮的褐化反应。但不同酸液处理效果因浓度与浸泡时间不同而有差异。

4. 气调贮藏

高浓度 CO_2 和低 O_2 环境可以调节果实的呼吸强度。在低温条件下，气调贮藏的适宜气体环境条件是 CO_2 3%~5% 和 O_2 3%~5%。可以使用简易自发气调贮藏，使用 0.01 mm 厚聚乙烯薄膜加上纸箱包装，每箱 5 kg，在温度 2~4 ℃，RH 为 85%~90% 条件下可以贮藏 20 d 以上。七成熟左右的可以贮藏 45 d 以上。

（四）荔枝的运输

荔枝的采收季节正值夏季，气温高，雨水多，而且我国南北气温相差不多。荔枝即使经过预冷，运输途中的高温，日晒均会导致果温的迅速上升。荔枝的运输最适宜使用低温冷藏车运输，或加冰运输。公路运输是中国荔枝收获后进入市场的主要途径，也是中国最重要，最常见的中短途运输方式。它具有运输成本高，承载能力小，能耗高，运输效率高的缺点。但是，它适应不同的自然条件，投资小，操作灵活，货物交货速度快，运输方便。铁路运输这种运输方式具有运载量大、运价低、受季节性变化影响小、送达速度快、连续性强等优越性，适合大件物体的中长距离的运输。

（五）荔枝贮期病害及预防

荔枝贮藏期病害种类较多，如荔枝霜疫霉病、荔枝炭疽病、荔枝酸腐病、荔枝白霉病、荔枝焦腐病、荔枝曲霉病、荔枝镰刀菌果腐病等，其中最常见的是荔枝霜疫霉病、荔枝炭疽病和荔枝酸腐病，应采取切实可行的措施防控。荔枝酸腐病多发生于虫伤果和成熟果，从果蒂端或虫伤处发病，病果皮褐色至深褐色，整个果实褐腐，腐烂果肉有酸臭气味，外溢酸水，果壳外表被白色霉状物所覆盖。防治措施如下。

①加强栽培管理，及时防治荔枝蝽及蛀蒂虫等虫害。②在采摘装运时，尽量避免损伤果实和果蒂，特别不宜用尖头剪刀采收，剪平果穗的果柄，以避免刺伤健果。③选果后立即用 500 mg/L 抑霉唑+200 mg/L 2,4-D 浸果。

十九、龙眼贮藏保鲜技术

（一）贮藏特性及品种

龙眼又称桂圆，龙眼是无患子科龙眼属植物。品种有石硖龙眼、储良龙眼、灵龙龙眼、大乌圆龙眼、立冬本龙眼、东莞 3 号龙眼、良庆 1 号龙眼、古山二号龙眼、福眼龙眼等。龙眼果皮薄，肉多汁，含糖量高，含酸量低，成熟季节高温多湿，采后呼吸作用旺盛，衰老迅速，遇微生物侵染，果实极易变质腐烂。龙眼果实采后在自然条件下存放，通常3d左右风味就开始变劣，超过1周就会完全丧失食用价值。由于我国龙眼的产地消费量只占其生产量的20%，其余80%为外销或贮藏加工。

（二）采收及采后商品化处理

1. 采收成熟度及采收方法

龙眼果实以充分成熟采收为宜。龙眼果实成熟时，果实由坚实变为软而有弹性感；果面由粗糙转为薄而光滑；果核由白色变为黑褐（某些品种为红褐）；果肉生青味消失，代之以由淡变甜。采收应在晴天的早晨或傍晚进行，中午、下午气温高，果实易变色。雨天不宜采收，因为果实易感病害，不能久放或贮运。采时用采果剪在果穗基部下1~2张复叶处剪断，不要伤及果实。采摘下来的果实不能在烈日下晒，宜放在树荫下或送库房整理、包装。

2. 采后商品化处理

（1）挑选

挑选时应剔除病果、褐变果、腐烂果、裂果、未成熟果、过熟果、无蒂果及其他缺陷果。

（2）分级

龙眼果实的分级按标准《龙眼》（NY/T 516—2002）规定执行。

（3）清洗与防腐处理

龙眼经挑选分级后，可用0.1%漂白粉溶液清洗。防腐处理可用500 mg/kg的咪鲜胺类杀菌剂、500 mg/kg的抑霉唑或1 000 mg/kg的噻菌灵溶液浸果1 min，然后取出晾干。杀菌剂的残留量应符合《食品安全国家标准食品中农药残留最大限量》（GB 2763—2021）的规定。

（4）预冷

龙眼采后应尽快预冷。要求采后6 h内进行预冷，24 h内使果心温度降低到10 ℃以下。可根据当地实际情况，采用强制通风预冷、冰水预冷、冷库预冷等方法进行预冷，尽快排除田间热，降低果实温度。强制通风预冷的做法是，将果实按包装的通风孔对齐堆码好，以强力抽风机让冷风经过果实货堆，在30~50 min内让果心温度降低到10 ℃以下。

（三）龙眼的贮藏

1. 冷藏

桂圆冷藏的最适条件，2~4 ℃，RH为90%。在低温下采用薄膜大帐结合

0.1%仲丁胺熏果，在 3~5 ℃下，经过 40 d 贮藏，好果率达 96%，果实外观和果肉品质都较好，这种保鲜技术简单易行，效果显著。

2. 气调贮藏

气调贮藏的适宜气体环境条件是 CO_2 4%~6% 和 O_2 6%~8%。龙眼采收、预冷、剪除劣果、破果、杀菌消毒、晾干后，直接装在 0.04 mm 厚的聚乙烯薄膜袋中，或先装在塑料周转箱中，再套上塑料袋（厚度 0.04 mm），在湿度 85%~95%、温度 0~5 ℃（不超过 10 ℃）的库房中贮存。经过预冷，用塑料袋包装，然后进行抽气、充氮处理，在 0~5 ℃ 或 6~10 ℃ 的条件下贮藏，保鲜效果很好，贮藏 40 d，好果率达 93% 左右。贮藏期间注意调节贮藏环境中 CO_2 与 O_2 的比例。CO_2 浓度高于 13% 或低于 3% 时，对龙眼贮藏不利，也可对塑料袋进行抽气，或者抽气充氮，加快氧的减少，有利于抑制龙眼果实的呼吸作用，延长贮藏期。

3. 保鲜剂贮藏

当前国内外应用的龙眼保鲜剂主要是防腐剂，使用最多的是 SO_2 和含硫化合物。SO_2 气体对贮藏中常发生的真菌病害有较强的抑制作用，而且还可以降低呼吸强度和水分蒸腾，有利于保持果实的营养和鲜度。熏硫处理则以每 10 kg 龙眼 20 g 硫黄，熏蒸 20 min，低温贮藏 35 d，好果率达 96%。

(四) 龙眼的运输

第一，包装材料可选用牢固、通气、洁净、无毒、无异味的纸箱、小竹篓、塑料水果筐等作为外包装，包装容器应大小适宜，以利产品的搬运、堆垛、存和出售；内包装可用聚乙烯塑料薄膜（袋）；如用小竹篓包装，允许在篓底及篓面垫少量洁净的新鲜树叶。

第二，包装容量纸箱、小竹篓容量不宜超过 5 kg，塑料水果筐容量不宜超过 10 kg，误差不超过 2%。也可根据签订的合同规格执行。

第三，贮存场所应清洁、通风，应有防晒、防雨设施，产品不得与有毒、有害、有异味物品混存。

第四，运输运输工具应清洁、有防晒、防雨设施。贮运时间在 24 h 之内者，允许在常温条件下进行；凡超过 24 h 以上者必须经过预冷并在低温（0±3)℃冷藏条件下进行运输。运输过程不得与有毒、有害、有异味物品混运，要防止日晒、雨淋，应轻装轻卸，严禁重压。

二十、火龙果贮藏保鲜技术

火龙果是仙人掌科量天尺属量天尺的栽培品种，攀缘肉质灌木，具气生根。分枝多数，延伸，叶片棱常翅状，边缘波状或圆齿状，深绿色至淡蓝绿色，骨质；花漏斗状，于夜间开放；鳞片卵状披针形至披针形，萼状花被片黄绿色，线形至线状披针形，瓣状花被片白色，长圆状倒披针形，花丝黄白色，花柱黄白色，浆果红色，长球形，果脐小，果肉白色、红色。种子倒卵形，黑色，种脐小。7—12月开花结果。

（一）贮藏特性及品种

1. 品种

较为常见的有红心火龙果和白心火龙果。一般红心火龙果比白心火龙果好吃，口感更好，其糖分达15度以上，味清甜而不腻。白心火龙果或红心火龙果，其中所含的营养物质种类几乎相同。水分、维生素、矿物质、有机酸以及膳食纤维等营养素的含量差别也并不明显。

2. 贮藏特性

火龙果成熟时正值夏秋高温多雨季节，果实含水量高，采后呼吸作用强，采后极易腐烂，鲜果供应期短。贮藏期间逐渐下降，呈现非跃变型果实的呼吸特征，采后在常温下贮藏时，鳞片易黄化，果皮易失水皱缩，果实易失水失重，甚至腐烂而失去食用价值。火龙果常温下贮藏3 d，鳞片出现黄化、萎蔫现象；一般情况下8月采收的果实能贮藏7 d，11月采收的果实能贮藏11 d。

（二）采收及采后商品化处理

1. 采收成熟度及采收方法

火龙果采收时间对于火龙果贮藏期限和保鲜效果有很大影响。火龙果的果实生育期随着季节、地理位置和品种的不同而异。在广州地区，火龙果成株后每年果期在6—12月。谢花后26~27 d，果皮开始转红后7~10 d，果顶盖口出现皱缩或轻微裂口时可开始采收。在越南，火龙果的采收时间一般为谢花后28~30 d，其中，对于供出口的火龙果，须长途运输或较长时间存放，因此，最佳采收时间为谢花后25~28 d；对于供应当地市场的火龙果，最佳采收时间宜为谢花后29~30 d。采收时，应由果梗部分剪下并附带部分茎肉，带有果梗的果实比较耐贮藏，同时避免碰撞挤压，以免造成机械损伤。如果过迟采收，可能会引起裂果以及果皮局部颜色变黑，从而影响商品的价值。

2. 采后商品化处理

分级处理主要是对果实根据大小、着色、均匀度、缺陷等进行分级，处理掉有损伤、病害的果实以便于以后的销售和贮藏。有时还要进行适当修整。预冷处理：采后果实堆积温度高，呼吸旺盛，应及时放于阴凉通风处降温，减少果实养分消耗，避免堆积腐烂。防腐处理：防腐处理是为了杀灭或抑制果实表面病原菌，减少贮藏过程中果实腐烂。可以使用苯菌灵和氯氧化铜这两种杀菌剂混合处理。用于火龙果产品包装的容器如塑料箱、泡沫箱、纸箱等。须按产品的大小规格设计，同一规格应大小一致，整洁、干燥、牢固、透气、美观，无污染、无异味，内壁无尖突物，无虫蛀、腐烂、霉变等，纸箱无受潮、离层现象。

火龙果是果蝇的寄主之一，火龙果的出口需要进行杀虫处理。为了满足水果进口国的生物安全要求，出口的水果都要采取热处理，然后密封聚丙烯袋中在 5 ℃贮藏 2~4 周。高温短时热处理要求水果的核心温度达到 46.5 ℃持续时间为 20 min，处理后果实品质与对照果实无明显差异。无论采用热处理与否，火龙果的货架期只有 4 d，如果火龙果未喷洒杀菌剂，20 ℃下炭疽病引起的腐烂将迅速发生。

（三）火龙果的贮藏

低温贮藏：火龙果的最适贮藏温度是 5 ℃，RH 为 90%，在此条件下贮存可延长果实采后保鲜期限。火龙果放入温度保持在 4~6 ℃，RH 为 75%~90% 的果蔬保鲜冷库中，贮藏 1 个月，好果率在 97% 左右。冷库温度维持在 9~14 ℃（RH 为 75%~90%）贮藏 21 d，好果率仍在 93% 左右。冷库温度不宜设置在 4 ℃以下，以防出现冷害。

（四）火龙果的运输

火龙果包装如采用专用保鲜袋保鲜，火龙果在常温下可延长果实保鲜期 1~2 倍，口感色泽基本不变。用于产品包装的容器如塑料箱、泡沫箱、纸箱等。须按产品的大小规格设计，同一规格应大小一致，整洁、干燥、牢固、透气、美观，无污染、无异味，内壁无尖突物，无虫蛀、腐烂、霉变等，纸箱无受潮、离层现象。在运输前应对火龙果进行预冷，运输过程中要保持适当的温度和湿度，注意防冻、防雨淋、防晒及通风散热。

（五）火龙果贮期病害及预防

火龙果果实果皮较厚且有蜡质层保护，因此采后病原菌为害较小，火龙果采后贮藏病害主要是由砖红镰刀菌、黑曲霉和黄曲霉等病原菌致病。火龙果黑斑病菌能够导致火龙果果实软腐病，起初是在果实表皮上发现棕色斑点，进而水渍状萎蔫，然后在病灶部位有黄褐色或黑色粉状斑点，最终导致果实的软腐。采前田间带病、采后机械损伤、贮藏温湿度条件管理不当均会促成侵染性病害的发生。火龙果的成熟衰老往往会降低自身的抗病能力，从而使贮藏期间的发病腐烂更加严重。

二十一、人参果贮藏保鲜技术

人参果是一种多年生草本植物，属茄科，原产南美洲安第斯山北麓。人参果植株高约 1 m，分枝旺盛，易造型，每株能挂果 5~20 个。果椭圆形，成熟时底色玉白，点缀紫红花纹，而且可在枝上悬挂 5~6 个月不脱落，可作为挂果盆景，具有观赏价值，人参果营养价值较高，具有保健功能。

（一）贮藏特性及品种

1. 品种

常见的人参果主要有两种，一种是原产于南美洲安第斯山脉的一种果实，叫作茄瓜，在我国被称为人参果；另一种是在我国的青藏高原有一种叫人参果的植物，它是一种多年生草本野生植物，当地人们又称为延寿果、蓬莱果等。

2. 贮藏特性

人参果产于温带地区，生长期比较长，器官内营养物质积累多，新陈代谢水平低。具有较好的贮藏性。果肉有一定硬度且果皮光滑，不利于微生物侵害，抗病性也较好，一般在常温下可贮藏 40~60 d。

（二）采收及采后商品化处理

1. 采收成熟度及采收方法

（1）根据表皮判断

成熟的人参果，表皮是金黄色的，也有很多成熟的人参果是紫色的。且这类人参果含有大量水分，口感清爽。

（2）根据色泽判断

成熟的人参果色泽鲜亮，颜色漂亮，表皮光滑。如果人参果手感有褶皱，不干燥，也不毛糙，这类人参果也可认定是成熟的。

（3）根据气味判断

成熟的人参果气味淡雅，有一股淡淡的香气，那么说明这个果实是成熟的。人参果从开花到成熟，一般需要 50~60 d。当果实呈淡黄色并显现紫色条纹时即为成熟，可采收上市。采收时注意不要碰伤果实，用剪刀剪断果柄，留柄长 0.5~1 cm，摘后用软纸包装，装箱上市。如果采收后要长途运销，则应稍提早采收。在果实部分变黄时采收。在初冬可贮藏 40~60 d。

2. 采后商品化处理

（1）分级

人参果果形为椭球形，按其大小分为大中小三级，直径在 70~90 mm 为大果，直径在 50~70 mm 为中果，直径在 50 mm 以下为小果。分级过程中还要注意果实的成熟度，挑出过熟的和成熟度未达到要求的果实，以免影响果实的商品质量。

（2）打蜡

在人参果表面涂抹打蜡可改善果实外观，提高商品价值；阻碍气体交换，降低果实的呼吸作用，减少养分消耗，延缓成熟衰老；减少水分散失，防止果皮皱缩，提高保鲜效果；抑制病原微生物侵入，减轻腐烂。涂膜剂选择石蜡，打蜡方式选择机械喷涂法。

（3）预冷

为了保证人参果的保鲜效果，人参果入保鲜冷库前必须先进行预冷操作。预冷方式可采取冷库强风预冷或直接入冷库的方式，预冷降温速度越快，贮藏效果越好，注意预冷时间不要超过 48 h，预冷温度 10 ℃。

（三）人参果的贮藏

人参果保鲜冷库最佳的贮藏保鲜温度在 10~18 ℃，要注意库内温度稳定，过高过低都不行，温度低于 0 ℃ 就会冻伤人参果的果肉。温度过高会加速果实成熟，导致果实变色、变坏等现象。为了延缓人参果由于失水而造成的变软和萎蔫，人参果贮藏的 RH 以保持在 90%~95% 为好。如湿度不足时可在地面喷水，湿度过大也可适当通风换气，以保持保鲜冷库内湿度稳定。人参果可保鲜 6 个月左右，保鲜冷库贮藏不仅可以长期保持果皮新鲜，肉质口感不变，同时还能保证其营养价值也不流失。

气调库贮藏人参果是当前最理想的贮藏方式，库容量选择 10 000 t 以上的大型气调贮藏库，严格控制贮藏温度 10 ℃、RH 为 90%~95%、气体（O_2 2%~3% 和 CO_2 3%~5%）。气调库建好后，要进行气密性测试。气密性应达到 300 Pa，半降压时间不低于 20~30 min。

（四）人参果的运输

人参果的运输工具选择干冰冷藏集装箱，这样会简化装卸作业，缩短装卸时间，人工费用低，降低运输成本；而且冷藏集装箱调度方便，周转速度快，运输能力大，大大减少甚至避免运输货损和货差，提高了货物质量。冷藏集装箱大小规格型号为 ICC（高 2 591 mm，宽 2 438 mm，长 6 058 mm），最小内部容积为 32.1 m^3。

二十二、百香果贮藏保鲜技术

百香果是西番莲科、西番莲属草质藤本植物。分布于大安的列斯群岛和小安的列斯群岛，广植于热带和亚热带地区。在中国栽培于广东、海南、福建、云南、台湾，有时逸生于海拔 180~1 900 m 的山谷丛林中。

(一)贮藏特性及品种

1. 品种

黄色百香果：成熟时果皮亮黄色，果形较大，圆形，星状斑点较明显，单果平均 80~100 g。果汁含量高，可达 45%，pH 值约等于 2.3。

紫色百香果：果形较小，鸡蛋形，星状斑点不明显，单果重 40~60 g，果汁香味浓、甜度高，适合鲜食，但果汁含量较低，平均 30%。

紫红色百香果：是黄、紫两种百香果杂交品种。特点是果皮紫红色、星状斑点明显，果形较大，长圆形，单果重 100~130 g，果汁含量高达 40%，色泽橙黄，味极香，糖度达 21%，适合鲜食与加工。

2. 贮藏特性

百香果是典型的呼吸跃变型水果，乙烯释放量较高，20 ℃下呼吸高峰期乙烯释放 1 h 达 160~370 μL/kg。

(二)采收及采后商品化处理

百香果的成熟期依百香果品种、地区气候条件及栽培管理水平而有不同。在同一地区，同一品种在不同年份由于开花期和果实发育期天气的不同，成熟期也有差异。

百香果从开花到果实成熟需 60~80 d，紫果百香果的果实的果皮变紫色，香味变浓，达到完全成熟；黄果品种的百香果果皮由绿色转化成黄色即成熟，充分成熟的果实会自然脱落。因此，百香果最好在自然成熟脱落前 10~15 d 分批采摘；作种则选充分成熟而自然脱落的果实。

鲜销果可人工采摘已转色的成熟果。一般在开花后 35~60 d 采收（此时果的紫色 10%以下，不符合上市要求）。收果时受雨露湿润的果，宜置干燥阴凉处阴干，以免患病腐烂。

百香果采收应选在晴天早晨为宜，尽量不在高温时段采果，雨天或雨刚停忌采，否则会增加伤口，使果实腐烂和主蔓易染病。采果时要轻拿轻放，尽可能避免机械损伤。

采下的百香果果实运送包装场或果园阴凉通风处就地整理，严格剔除病虫害为害果和伤果，然后根据市场需要进行包装，包装可用衬有塑料薄膜的纸箱、木箱或竹箩等，在堆积待运及运输中要注意保湿。

为了可以贮藏和长途运输，百香果通常必须采摘半红绿的果子，果子越红，可存放时间也会越短，熟得越快，坏得也越快。

(三) 百香果的贮藏

百香果对低温较为敏感，在低于 6.5 ℃下贮藏会遭受冷害。高于 6.5 ℃又会发霉，6.5 ℃、RH 85%~90%可贮藏 4~5 周。紫果百香果的催熟转色市售成熟果是自然脱落后从地面拾得的落地果，会很快失水皱缩并易被病菌侵染。若能在其发生呼吸跃变前采收绿熟果并低温诱导后熟，可大大延长贮藏期。在 10 ℃贮藏 10 d 使其后熟，再用 10 mg/L 乙烯处理 35 h，然后在 21 ℃中放 48 h，就可形成蔓熟果特有的紫色，紫色占表面 80%以上。糖和可溶性固形物含量与蔓熟果相同。

(四) 百香果的运输

温度低于 0 ℃，可能会发生冷害，所以百香果鲜果运输过程中一定要注意温度，温度应控制在 6~10 ℃。

(五) 百香果贮期病害及预防

百香果在 5 ℃或 5 ℃以下贮藏易发生冷害，症状表现为果表面或内部颜色改变，出现内陷斑，局部水渍状，受害果后熟不一致或不能后熟，易腐烂。

二十三、释迦果贮藏保鲜技术

释迦果因其形状像佛教中释迦牟尼的头型，故取名释迦，又称番荔枝、佛头果、唛螺陀、洋菠萝、蚂蚁果、林擒。原产热带美洲。最初是由荷兰人引入中国台湾种植，在海南、福建、广东、广西一带也有栽种。番荔枝是番荔枝科、番荔枝属落叶小乔木；树皮薄，灰白色，多分枝。释迦果实为聚合果，心圆锥形或球形，直径 5~10 cm，浆果由多数心皮聚合而成，心皮在果面形成瘤状突起，熟时易分离；释迦果肉乳白色，成熟果味极甜，有芳香。种子黑褐色或深褐色，表面光滑，纺锤形、椭圆形或长卵形。

(一) 贮藏特性及品种

1. 品种

普通番荔枝，果实为聚合果，心脏圆锥形或球形肉质浆果，由心皮表面形成的瘤状凸起明显。表面光滑，纺锤形或长椭圆形、长卵形。果实丰满。

南美番荔枝，又名秘鲁番荔枝，原产于热带美洲哥伦比亚和秘鲁安第斯山高海拔地区，能耐较长时间的低温，故又称冷子番荔枝。

阿特梅番荔枝，也称澳洲番荔枝。果实比普通番荔枝大，果形似南美番荔枝，果面略平滑，果皮能整块剥离。果肉组织结实，含糖量稍低于番荔枝。籽粒较大而少，黑色。

刺番荔枝，为番荔枝果树中热带性最强的树种。果实为番荔枝类中最大者，长为 15～35 cm，宽为 10～15 cm，长卵形或椭圆形，表面密生肉质下弯软刺，随果实发育软刺逐渐脱落而残留小凸体。果皮薄、革质、暗绿色。

2. 贮藏特性

释迦果原先产于热带美洲，由于其味道甘甜，营养又极为丰富，因其喜光，喜温暖湿润气候，不耐寒，所以在我国海南、广东、台湾、福建及云南南部等地都有栽植。就目前台湾栽植最多，又属台东种植的释迦果品质最为优良。熟软的释迦果可以放进冰箱冷藏保鲜，但放的时间不宜过长，以免冻坏影响口感。若果实还是绿色，则不能放进冰箱，会影响其后熟。

采收后的释迦果建议保存在凉快、遮阴、通风处，理想的温度为的是 20 ℃，5～7 d 后开始软熟。长途运输应保持在 12 ℃进行，以乙烯吸收剂吸附乙烯可维持 10～15 d 的贮藏期。

（二）采收及采后商品化处理

1. 采收成熟度及采收方法

采收释迦果果实的标准，依果皮褪色及瘤状突起间的变化而定。当果皮褪绿、呈乳白色或浅黄色、瘤状突起之间的缝合线外露乳白色浅沟时，即可采收，经 2～3 d 自然软熟后即可食用。释迦果果实一经软熟就不能搬运，故一定要在软熟前硬果时采收。释迦果果实极不耐贮运，故要根据销售市场的远近适时采收，若当地销售，可待上述成熟度时才采收，以保证获得最佳品质；若远销应适当提早采收，当果实表面有 20%～40%出现乳白色就可采收，采后 4～6 d 内软熟，品质良好。若果皮乳白色不到 5%，则果实不能充分软熟，无商品价值，故也不能过早采收。由于释迦果开花期长，果实成熟期先后相差很大，应分期采收，先熟先收。释迦果果皮极易机械伤，要特别注意轻采轻放轻运，用牢固容器盛装，并垫软质物。

2. 采后商品化处理

采后处理及保鲜释迦果采后商品处理国内研究不多。在澳大利亚，用 50～52 ℃苯菌灵（每升水含 0.5 g）等溶液浸果 5 min，或用 25 ℃的咪鲜胺（每升水含 0.125 g）溶液浸果 1 min，预防采后果实病害。此外，也有用果蜡进行上蜡处理的。冷藏可降低果实呼吸强度，延长贮藏时间。但释迦果果实在 10 ℃ 以下会发生冷害，果皮变黑，贮藏温度一般应在 12 ℃ 以上且要求 RH 高。使用 0.05% 的多菌灵浸果，塑料薄膜袋包装，并放置高锰酸钾作乙烯吸收剂，常温下可贮藏 9 d。

（三）释迦果的贮藏

对于耐贮性极差的释迦果来说，低温贮藏是降低其呼吸速率、延长其贮藏期的重要条件。然而，释迦果在较低的温度（10 ℃ 以下）下贮藏，会与其他热带水果一样，出现冷害，表现在果皮逐渐变黑，呼吸机制严重破坏，果实坚硬，不会软熟。而温度过高则使果实软熟加速，腐烂加重。释迦果贮藏温度，应根据果实成熟度情况确定，低熟度（八成以下）果实以 18~20 ℃，中熟度果实以 15~18 ℃ 为宜，而高熟度（九成以上）果实以 12~15 ℃ 最佳。释迦果贮藏的相对湿度应在 90% 左右。

气调贮藏可以保持果实硬度，明显抑制果实软化。在 20 ℃ 下，20% 的 CO_2 可抑制释迦果果实 1,5-二磷酸核酮糖羧化酶的活性，阻碍叶绿素的损失，保持果皮绿色，延迟果实衰老。将用保鲜剂处理后晾干的释迦果装入纳米保鲜袋；并加入一定量乙烯吸收剂后封口，置于 2~4 ℃ 下可保鲜 45 d，袋内 O_2 为 5%，CO_2 为 3%~5%，色香味较好。

（四）释迦果的运输

短途运输要求浅装轻运，轻拿轻放，避免擦、挤、压、碰而损伤果实；汽车、火车、轮船等长途运输最好用冷藏运输工具。目前运货火车有机械保温车、普通保温车和棚车 3 种，以机械保温车为优。

二十四、杨桃贮藏保鲜技术

杨桃是亚热带水果，果实汁多味甜，皮薄肉脆，富含维生素 C，具 5 棱，采后极易腐烂变质和损伤，在常温下只能放 1 周。由于杨桃采收时正值高温季节，其呼吸作用旺盛，在贮藏过程中易失水皱缩，风味变淡，营养品质迅速下降。因此，采后应及时预冷、低温贮藏，可延缓其衰老。

（一）贮藏特性及品种

1. 品种

（1）七根松杨桃

果实 8—12 月成熟。单果重 99~120 g，肉橙黄色，肉厚，汁多味甜，果心小，品质上等。种子少，可食率 96%。

（2）东莞甜杨桃

果实特大，单果重 250～350 g，肉厚，肉色橙黄微绿，汁多味甜，化渣，果心小，品质好。种子少，可食率97%。

（3）马来西亚甜杨桃

具有果形正、果色鲜黄、果棱厚、果心小、肉质爽脆化渣等特点，可食率高，汁多清甜，有蜜香味，单果重可达 400 g，品质极优。

（4）红种甜杨桃

红种甜杨桃为广东潮安区优良地方品种群。果形正，单果重 120～130 g，果棱厚，肉淡绿黄色，清甜多汁，果心中等，品质好。种子少，可食率96%。

（5）蜜丝甜杨桃

主产于中国台湾，果型端正，果大，较纯，果实饱满，尖端微凹入，平均果长 8 cm，平均单果重 168 g。果肉白黄色，肉质细嫩，纤维少，汁多，味甜。

（6）香蜜杨桃

原产于马来西亚，海南有较大面积栽培。果实充分成熟时黄色，单果重 150～300 g，汁多，味清甜，化渣，纤维少，果心小，籽少或无籽。

2. 贮藏特性

杨桃为一种不耐贮藏的果实，采后在常温下很快变软、失水、腐烂。

（二）采收及采后商品化处理

1. 采收成熟度及采收方法

杨桃采收分青果和红果两种采收方式。果实已发育饱满，尚未充分成熟，仍保持青绿色时采收，称青果采收；果实留在树上充分成熟，果色转为黄红蜡色时采收，称红果采收。红果较青果品质更佳，但易遭风、鸟、虫害及造成落果。杨桃开多次花，结多次果，产期为每年 6 月至翌年 3 月，花地杨桃以中秋节前后为盛产期，而大果杨桃类则以秋冬果为盛产期。果实成熟时果皮由青绿色转为黄绿色、淡黄色、橘红色等，采收适宜成熟度为八成熟，过熟不耐贮运，容易感病，成熟度不足会影响果实品质。采收前 3 d 停施肥水。采收时要轻采、轻放，避免一切机械伤。采收后应按果实大小分级，经清洗、防腐保鲜后，用水果纸逐个包装入包装箱内。包装箱集中堆放于阴凉处，再运输上市。

2. 商品化处理

采收后的杨桃应及时进行预冷。将杨桃装入防水的钙塑箱，钙塑箱六面打孔，每面打孔两个，孔的直径为 3～4 cm，净重 10 kg，装入杨桃球的数量为 24～36 个/箱，在箱外侧打印防水的标志、生产批号、生产日期、规格及包装，装箱后立即送入工厂降温。包装箱放入冰水循环池中降温杀菌，冰水混合液［水与38%的二氧化氯，按重量比＝100：(0.005 2~0.005 6) 配制而成］，冰水温度为0~2 ℃，冷却时间以将杨桃的品温降低到5 ℃以下为宜。

（三）杨桃的贮藏

低温有利于杨桃的贮藏，25%变黄的杨桃果实，贮藏温度5~6 ℃，RH 为85%~90%。经过冰水预冷处理过的杨桃在1~2 ℃的普通冷库内可贮藏两个月，在常温下可保鲜15 d 左右。

将采后的杨桃用0.04 mm 厚的聚乙烯袋进行包装，每袋1~2 kg，也可以用纳米保鲜袋或保鲜纸单果包装后置于果箱中，在5~6 ℃，RH 为85%~90%的冷库中进行贮藏，可以贮藏9~12周。

（四）杨桃贮期病害及预防

杨桃炭疽病：杨桃贮藏期的主要病害为杨桃炭疽病，真菌病害，危害果实，多在果实成熟时才开始表现症状，受害果实腐烂散发酒味。病原为半知菌亚门的刺盘孢属。防治方法：清除落果、腐烂果并深埋。在常温条件下，不经任何处理，杨桃果实贮藏2 d 左右就会失水变软，棱角发生褐变甚至腐烂。

冷害：杨桃在贮藏温度低于5 ℃时会发生冷害，冷害首先发生在5 条棱上，开始是棱变黑，而后全果变成黑褐色而腐烂。冷害防治方法为置于5 ℃恒温贮藏，保持 RH 为85%~90%。

二十五、番木瓜贮藏保鲜技术

番木瓜，又称木瓜、乳瓜、万寿果，非转基因木瓜与转基因木瓜相比毫无竞争力。为热带、亚热带常绿软木质小乔木，高达8~10 m，具乳汁；茎不分枝或有时于损伤处分枝，具螺旋状排列的托叶痕。果实长于树上，外形像瓜，故名之木瓜。番木瓜的乳汁是制作松肉粉的主要成分。花果期全年。

（一）贮藏特性及品种

1. 品种

番木瓜属于番木瓜科番木瓜属，约25 种，产于热带美洲。按果树而言，以番木瓜最有经济价值，其他如山番木瓜、櫣叶番木瓜等，果实无利用价值，较耐寒，可供抗寒育种之用。番木瓜引入我国华南地区栽培，有200~300 年的历史。目前分布地区主要在广东南部及海南岛，广西南部、福建南部、云南南部及中国台湾，也已有栽植。番木瓜的栽培品种主要有苏劳、碧地、蓝茎、暹罗种、南洋种等。

2. 贮藏特性

番木瓜是热带水果，对低温十分敏感。番木瓜最适贮藏温度 7 ℃，低于 7 ℃贮藏，易引起冷害；低于 0.8 ℃易引起冻害。因此番木瓜的气调贮藏对气体成分和温度有较严格的要求，一般结合气调而进行的适宜温度是 10~15 ℃，RH 为 85%~90%，气体成分为 O_2 1%~4%、CO_2 0~5%，贮藏寿命为 2~4 周。值得注意的是单纯通过 CO_2 调节贮藏气体，对控制番木瓜的贮藏损耗、延长贮藏期收效不大，若在 CO_2 10%、O_2 9%、18.3 ℃下可保持完好的状态，但转移到正常的大气中，就很快变坏腐烂。热水处理对控制贮藏损耗比 CO_2 更为有效。低水平 O_2 对药剂熏蒸过的或未处理的番木瓜都有延长货架寿命的效果，低 O_2 贮藏还可以加强热水对损耗的控制效果，进一步延长货架寿命。

（二）采收及采后商品化处理

1. 采收成熟度及采收方法

番木瓜由开花至果实成熟为 120~210 d。如过早采收，果实难以后熟，过熟采收则不耐贮运。适时采收的标准如下。

（1）果皮颜色

番木瓜果皮色泽的变化是由粉绿→浓绿→绿→浅绿→果端黄绿色→果端黄色。先在果实中部的两个心皮间出现黄色条纹斑后，果皮部分变黄时可以采收。如远销外地，可在黄色条斑出现前采收。

（2）果汁

随着果实趋于成熟，乳汁颜色由白变淡，至轻微混浊的半透明状，汁液数量少，流速慢，较易凝集。果实在树上成熟时，乳汁基本消失，此时采收可供就地食用。

采收时果实要轻摘轻放，避免碰伤果皮。采后要削平残留在茎上的果柄，以便不影响其他果实的生长。

2. 采后商品化处理

（1）洗果

番木瓜采后立刻用清水洗净果皮上的污染物。亦可用 1%醋酸清洗。增加果皮光洁度，提高商品价值。

（2）热水处理

46~48 ℃浸泡 20 min 或用 54 ℃热水喷雾处理 3 min，不仅可防治贮藏期和装运期蒂腐病，炭疽病，又可延长后熟期。

（3）杀菌剂处理

热水处理后再用 500 mmol/L 涕必灵或 500 mmol/L 克菌丹浸渍 20 min，更能防治番木瓜的贮藏期病害。

（4）催熟

就地销售或自己食用的番木瓜有时需要进行催熟。催熟的温度一般以25~30℃为宜，冬季必须在室内进行加温处理。全青果实用乙烯利处理后，虽能转色，但风味淡，不好食用，最好采用一定成熟度的果实催熟，乙烯利可用原药涂蒂或用浓度为2 000 mmol/L洗果。

（5）包装

用于远销或出口的番木瓜，应分级包装，并以纸箱为宜。每个果都应套袋，果蒂朝下，间隙以纸纤维或木纤维为填充物，小心搬运，防止碰伤、擦伤和压伤。

（三）番木瓜的贮藏

番木瓜经热水和药物处理后，晾干，于10~12℃低温下可贮藏4周，几乎无病害发生，好果率达95%以上。

1. 常温贮藏

在生产地区和产地附近销售成熟的番木瓜，包装房或转运外地的贮藏只是临时的，库房只要求达到通风良好、清洁卫生即可。因为贮藏期短而不要求有低温条件，这样，在夏热冬冷的室温下，经营者必须根据番木瓜热天后熟快、容易腐烂，而冬天后熟慢的特点，合理组织销售。秋冬季采收的成熟果实，有时还需要用人工催熟方法加速果实后熟，满足市场需求。简易的催熟方法是在每一包装箱内放入纸包，滴上水及少量电石，密封包装，经1~2 d，果皮转为鲜黄，即可食用。冬季采收的番木瓜，当地较为冷凉的大气温度，有利于果实的贮藏，若要求北运到大气温度低于12℃以下的地区，则要求运输车厢具有防冷设施，以避免果实产生冷害。

2. 低温贮藏

低温贮藏番木瓜果实，可以延长贮藏寿命。因此，冷藏适合于远途地面运输和远距离市场销售的需要。低温贮藏是把经热水浸果、熏蒸或辐射处理后的番木瓜，立即转移到大约13℃温度的贮藏库或运输车箱内，在这个温度下，番木瓜一般能够贮藏2~3周，注意番木瓜易受冷害，因此番木瓜的贮藏环境至少应不低于7℃，并保持RH在85%~90%，以后移置室温下后熟时能够正常出售，保持果实品质。低温处理的番木瓜，要求至少在开始变黄的成熟阶段采收比较合适，因为这个阶段的番木瓜对冷害不敏感。与低温贮藏相结合的几个实验说明，低压贮藏可以减少番木瓜果实腐烂的发展，但仅是在抑制病菌的生长方面起到作用；其他一些气调贮藏是在低温下和O_2 1%~1.5%条件下，延长一定的贮藏时间。这些实验都需要与传统的采后处理、热处理、杀菌剂处理和冷藏条件相配合。

3. 气调贮藏

在番木瓜的气调贮藏中不同的品种、产地，番木瓜所要求的气体贮藏条件不同。如夏威夷番木瓜的适宜气调贮藏条件为 13 ℃，$O_2$1% ~ 1.5%，$CO_2$0 ~ 5%。而佛罗里达番木瓜的适宜贮藏条件为 13 ℃，$O_2$1%，$CO_2$3%。因此在实际贮藏实践中，要根据不同的品种、成熟度、产地等选择适宜的气调条件。高 CO_2 可以减少在 18 ℃ 的番木瓜的腐烂，但不能代替热水处理。减压（20 mm 水银柱）可以抑制后熟和腐烂，并且果实从减压空气中取出后可以正常后熟，但有些发生不正常的软化。气调贮藏延长番木瓜的货架寿命超过热水处理和辐射的作用。先经热水处理和辐射处理的果实，用 $O_2$1% ~ 4%，10 ℃，气调贮藏比同样处理的果实在空气中贮藏保持商品质量的时间延长 2 d，可达 12 d。

（四）番木瓜的运输

番木瓜的运输保鲜技术与热带水果有相同的地方，也有不同之处，主要有以下几点。

一是正确掌握番木瓜的成熟度。一般完全成熟的番木瓜，瓜皮 80% 以上表现为黄色和黄褐色，采收时，瓜蒂易脱落，风味完全达到本种类原有风味；八成熟的番木瓜，为瓜蒂和瓜端变黄绿色其他瓜皮表现为浅绿色，有的表现为条状黄绿色；七成熟瓜端和瓜蒂周围为浅绿或黄绿色，其他瓜皮为绿色或浅绿色。用于北运的番木瓜应在七成熟时采收，果实种子已完全变黑。

二是番木瓜瓜皮较薄，采收和运输过程中，极易产生机械伤，并且容易产生内伤。所以运输的番木瓜应实行单瓜包装，在瓜箱中只能单层摆码。

三是番木瓜预冷和运输温度为 10 ~ 12 ℃，RH 为 70% ~ 80%。

四是如采收和运输后的成熟度较低，可在 20 ~ 25 ℃湿度下，经过 3 ~ 5 d 处理，可以完全后熟。也可用催熟的方法，加快后熟的时间。催熟的方法是用浓石灰水或浓碱水滴入果实蒂部，也可用乙烯利 1 000 ~ 1 500 μL/L 药液浸渍 1 ~ 2 min，1 ~ 2 d 后，使可达到后熟，但番木瓜的风味不如自然后熟的好。

（五）番木瓜贮期病害及预防

1. 主要病害

（1）冷害

番木瓜在 5 ℃甚至一些品种在 10 ℃下贮藏时常会出现冷害症状，导致品质下降。番木瓜的冷害症状包括果实不能正常地后熟或后熟减弱，果皮绿色持久，果面凹陷，果肉不能正常转色（转黄或红），果肉组织内部积水，蔗糖停止水解为还原糖，果实受真菌侵染的敏感性增加，另外，冷害症状还应该包括腐烂的敏感表现。

（2）病害

番木瓜果实腐烂病、炭疽病是番木瓜采后主要病害之一。炭疽病是木瓜产区普遍发生的采后病害，被侵染果实表面出现黄白色或暗褐色小斑，水渍状，并逐渐扩大到直径 5~6 mm，病斑下陷，有时出现同心轮纹，其上出现许多小黑点，后期突破表皮，上有红色黏液状，最终变为褐色，腐烂部位成为硬化的圆锥形斑块，造成该病的病菌通常在田间果实发育早期便开始侵染，但该病原菌在果实达到呼吸跃变期前（即完熟期前）一直保持休眠状态，直到被侵染的果实开始完熟时才开始发病。蒂腐病是采后番木瓜贮藏中的又一种最常出现的病害，成熟果实开始在蒂部，呈灰黑色软腐状，逐渐扩大到整个果实腐烂，失去食用价值，该病主要是在果实收获时，病原菌通过切割的果梗侵入或通过果蒂的裂缝侵入，高温高湿会加速该病的发展。

（3）虫害

为害采后番木瓜的果蝇已经发现有多种。如地中海果蝇、东方果蝇、甜瓜果蝇等。由于果蝇在番木瓜内产卵，孵化后幼虫蛀食果肉，最后穿洞离开，把果肉破坏，并引起果实发育上的缺陷，使入侵的真菌菌丝和细菌在果肉内部引起水渍病理和变色等问题。

2. 防治措施

（1）冷害防控

在果肉 3/4 颜色变化成熟时采收的番木瓜果实能够在 7 ℃下贮藏 21 d。在不同温度下贮藏番木瓜果实，发现在 10 ℃或更低温度下贮藏番木瓜不能后熟，而在 15 ℃下贮藏的果实则较好保持了果实的品质。其他一些研究报道，也说明番木瓜贮藏在 7 ℃下有严重冷害发生。因此，有人推荐以 12 ℃作为贮藏番木瓜的临界温度，贮藏期不超过 2 周。而在较长时间或低于 12 ℃温度下贮藏则可能发生冷害。

（2）病害防控

番木瓜采后腐烂的控制噻苯唑（TBZ）在商业上应用于控制许多水果和蔬菜的腐烂。具体做法是把 2 g TBZ 加入 1 L 棕榈蜡（蜡：水为 1：3）备用。在将 54 ℃热水喷射番木瓜果实 1.5 min 后。立即用吸球管每果吸放 0.6 mL 蜡-TBZ 悬浮液，用手涂布蜡液于整个果面（可戴塑料手套保护）。这样操作使每个果获得 2 mg/kg 的 TBZ，这个水平的残留范围通常是商业上其他水果所推荐的。处理果实在 10 ℃下贮藏 14 d。然后在室温（18~23 ℃）下后熟 5 d 或 6 d，获得对采后炭疽病、蒂腐病、软腐病等高效的控制。

热水浸果处理、蒸汽热处理和熏蒸处理等采后处理可以有效控制病害的发生。热水处理是将木瓜置于 48 ℃热水中浸泡 20 min 左右，再放入流水中冷却，可有效减少炭疽病的发生。采用热水处理应防止处理不当引起热伤害。

（3）虫害防控

番木瓜在 47 ℃热水中浸果 20 min，然后用流水冷却，再后在温度不低于 21 ℃下用 8 g/m³剂量的二溴化乙烯熏蒸 2 h，这样的联合处理控制了果蝇，并有除去采收时由果实产生的胶乳的好处。在进行热水处理时，如果果实温度比较低，推荐使用温度 49 ℃的热水。虽然 49 ℃的温度足以引起果实伤害，但是低温的果实能够迅速地降低热水的温度而达到安全水平（46~47 ℃）。

二十六、菠萝贮藏保鲜技术

菠萝，菠萝是凤梨的俗称，属热带水果之一。有 70 多个品种，岭南四大名果之一。菠萝原产于南美洲巴西、巴拉圭的亚马孙河流域一带，16 世纪从巴西传入中国。已经流传到整个热带地区。其可食部分主要由肉质增大的花序轴、螺旋状排列于外周的花组成，花通常不结实，宿存的花被裂片围成一空腔，腔内藏有萎缩的雄蕊和花柱。

（一）贮藏特性及品种

1. 品种

通常菠萝的栽培品种分 4 类，即卡因类、皇后类、西班牙类和杂交种类。

卡因类：又名沙捞越，法国探险队在南美洲圭亚那卡因地区发现而得名。栽培极广，约占全世界菠萝栽培面积的 80%。植株高大健壮，叶缘无刺或叶尖有少许刺。果大，平均单果重 1 100 g 以上，圆筒形，小果扁平，果眼浅，苞片短而宽；果肉淡黄色，汁多，甜酸适中，可溶性固形物 14%~16%，高的可达 20% 以上，酸含量 0.5%~0.6%，为制罐头的主要品种。

皇后类：系最古老的栽培品种，有 400 多年栽培历史，为南非、越南和中国的主栽品种之一。植株中等大，叶比卡因类短，叶缘有刺；果圆筒形或圆锥形，单果重 400~1 500 g，小果锥状突起，果眼深，苞片尖端超过小果；果肉黄至深黄色，肉质脆嫩，糖含量高，汁多味甜，香味浓郁，以鲜食为主。

西班牙类：植株较大，叶较软，黄绿色，叶缘有红色刺，但也有无刺品种；果中等大，单果重 500~1 000 g，小果大而扁平，中央凸起或凹陷；果眼深，果肉橙黄色，香味浓，纤维多，供制罐头和果汁。

杂交种类：是通过有性杂交等手段培杂交种育的良种。植株高大直立，叶缘有刺，花淡紫色，果形欠端正，单果重 1 200~1 500 g。果肉色黄，质爽脆，纤维少，清甜可口，可溶性固形物 11%~15%，酸含量 0.3%~0.6%，既可鲜食，也可加工罐头。

2. 贮藏特性

菠萝果实的贮藏性与采收成熟度关系很大，成熟度越高，菠萝的耐贮性越差。一般八成熟左右的菠萝最适于贮藏和远运。菠萝的耐藏性与贮藏条件关系密切。菠萝对低温较敏感，在低温下易受冷害，在 7 ℃ 以下即有冷害的危险，果实遭受冷害时的症状是果色变暗，果肉呈水渍状，果心变黑，菠萝贮运适宜的条件为 10 ℃ 左右，RH 为 85%~95%，在此条件下，因品种不同贮藏期可达 2~4 周。

（二）采收及采后商品化处理

1. 采收成熟度及采收方法

成熟度不同的菠萝果实，其鲜食风味和加工成品的品质不相同。所以，应根据不同的要求，采收不同成熟度的果实，以适应各种需要。菠萝果实的成熟度，按其外部表现，可区分为小果草绿、1/4 小果转黄、1/2 小果转黄、大于 1/2 小果转黄 4 个等级。因此，菠萝鲜果的采收成熟度应根据果实的外表症状以及从采收至销售所需的时间来决定。菠萝的采收期因品种与栽培地区不同而异，由于催花技术的应用而能人为地调控菠萝植株的抽蕾，从而延长了鲜食果及原料果的供应期，基本上可以做到周年上市。我国的菠萝生产一般有 4 个采收季节，即春果、夏果、秋果和冬果。

采收方法：为了使采后果实减少损耗，采收宜在晴天晨露干后进行，晴天中午、下午高温时不宜采收，在多云或阴天则上下午均可进行，雨天不宜采收，雨后应在果面和叶面水珠干后采收。采收时应据其成熟度分期分批采收，以保证果实的品质。用于鲜果销售或远运到加工厂的原料果应用果刀采收，鲜果销售，应根据客户要求，削去顶芽或保留顶芽。采收时用刀割断果柄，留果柄长 2~3 cm 除净托芽及苞片。根据销售要求留顶芽或不留顶芽。不留顶芽的，平果顶削去顶芽。用于就近加工厂当天加工的原料果，也可用手直接采收，即用手握紧果实，折断果柄，然后摘除顶芽。采果时要轻采轻放，避免机械损伤。采后要及时运输，如运输不及而暂时堆放，果不宜堆叠过高，以免压伤，上面要进行覆盖，以预防夏季烈日灼伤或冬季冻害。腐烂果、病虫危害果、污染果、畸形果、过熟果、日灼果在田间须剔除并集中运出果园处理或销毁。

2. 采后商品化处理

分级：菠萝采收后必须进行分级。通常按品种、成熟度、果实大小分级，分级过程中应轻拿轻放，仔细将烂果、机械伤果、病虫果、过熟果、未熟果和过小的果挑出另作处理，以免包装后在长途运输中引起腐烂和污染。果实每个等级都要符合各自等级的特定要求和标准。果实外观应完整新鲜，果面完好、无日灼、裂口，无可见异物、无明显污物、几乎无寄生物损害、无低温造成的损害；果面无反常的湿气、无异味；果实发育良好、自然成熟；有果柄、长度2 cm，切口平整。

包装：果实分级后立即进行包装。包装容器主要有纸箱、竹篓或用板条钉成的木箱，满足保持菠萝品质、卫生、通风和耐压强度的要求。要按照热带新鲜水果包装及运输规程进行操作。菠萝包装好后，还应在包装容器外贴上标签，标明品种、名称、等级、重量、发货单位和发货日期等，便于检查和验收。

（三）菠萝的贮藏

产地常温贮藏：挑选开始成熟，但果皮仍青的果实，采收后去除有病虫害、机械伤的果实。筐内放入薄膜袋，袋底和四周垫草纸，果实放满后，面上覆盖草纸，封闭袋口，袋口要封严，有利于降低果实的呼吸强度，袋内垫草纸防止果皮发霉。此法多在产地采用，能延缓菠萝转黄，减少失重，可保持果脆，汁多，风味好。

冷藏法：采收后的菠萝应放在阴凉遮雨处，及时剔除坏果，用纸包果，单层装箱，每箱装18 kg或25 kg左右为宜，不要装得过满，以免果实被压伤、挤伤。将筐放在10 ℃左右的冷库中堆码成垛，库内RH为90%左右，菠萝可贮藏20 d以上。

气调贮藏：在10 ℃下，由于果实呼吸形成高CO_2，低氧环境条件，减少失重，推迟果实转黄，减缓成熟衰老过程，贮藏1个月，能保持果皮新鲜，果蒂青绿，果实饱满，肉质不变，具有良好的色香味。也可用碳分子筛气调机降低贮藏环境中的O_2浓度。

注意事项：在低温条件下，蔗糖酶活性受到抑制，其所含的菠萝蛋白酶仍能起到水解蛋白质的作用。蛋白酶和菠萝含的单糖结合而构成黑蛋白，菠萝在低温冷藏中易黑心。因此菠萝贮藏温度应高于7 ℃。

（四）菠萝的运输

菠萝长途运输较为容易，但是，也应注意以下几个问题。

第一，菠萝采后，必须去掉顶芽，防止顶芽在运输中继续生长，造成果实中心木栓化。在采收中，果柄应留下7 cm，并做防腐处理，预防采收的伤口被病原菌侵入引起腐烂。

第二，运输中应将温度控制在10~15 ℃，低于9 ℃就会产生冷害（黑心病），湿度不可太高（一般在 80% 左右），以防腐烂。但温度不可太高，否则将会加快果心的木栓化和果实腐烂。

第三，用于长途运输的果实一般控制在八成熟。完熟的果实、果肉易变软，容易在运输过程中产生更多的机械伤。

所用运输工具的冷藏间功率为每吨菠萝 800~930 W，冷风温度为 8 ℃，不得降到 8 ℃ 以下，冷风循环率为 80%~100%，产品装车（船）前应冷却到 8 ℃ 左右。应快装快卸，保证产品内部温度不超过 12 ℃。到达目的地后，应立即卸入当地冷库。由于高温会加速果实衰老，品质下降，因此采用常温运输时应注意通风散热，防止日晒雨淋，货车最好夜间行驶。常温下运输菠萝一般以 4~5 d 为限，时间过长难以保证品质。

（五）菠萝贮期病害及预防

菠萝采收后由病菌引起的病害主要有黑腐病、褐腐病和蒂腐病等。黑腐病又称软腐病、水腐病、心腐病等，其病菌可从果实冠芽切割口、果皮伤口入侵果肉，或在收获期从果柄上的切割口入侵果实，或贮运装卸的损伤伤口处发生感染，感染 48 h 后即可出现症状，发病初期，病菌侵染部位产生暗淡或微褐色的水渍病斑，严重时，颜色变为灰褐色至黑褐色并流水，该病为菠萝果实采后主要的病害。防治该病一方面要避免机械损伤，轻拿轻放，采后防止日晒；另一方面，采收时每割一个菠萝，割刀应先在消毒液中浸一下，同时，采后用 1 000 mmol/L 的特克多浸果 5 min，对该病防治良好；或将果柄切面浸渍含 10% 苯甲酸的酒精，或农药抑霉唑也可。

褐腐病在过去主要在国外发生，近年来国内如广州的效卡因菠萝栽培上也发现此病，一般发病率在 1%~2%，但个别产地高达 13%，该病主要为害成熟果，被侵染果实小果外观与好果无异，但剖视，被害小果变褐色或有黑斑，通常感病组织分散，不集中在果轴及其附近，后期变干变硬，也不易扩展，对此病的防治关键为注意防止机械损伤。

冷害：最初在接近果心的小果基部出现暗色斑点，此后逐渐连成片，果肉组织变为黑色，并呈现水渍状，出库后特别容易腐烂。防止措施：用 20%~50% 的石蜡-聚乙烯制成的乳剂涂被果体及冠芽，可减轻冷害的发生；注意控制好运输途中的温度，使之不能低于 7 ℃。

二十七、红毛丹贮藏保鲜技术

红毛丹是无患子科韶子属大型热带果树，又名毛荔枝、韶子、红毛果，马来文称之"rambutan"，意为"毛茸茸之物"。红毛丹的味道类似于荔枝。红毛丹在中国种植面积较少，全中国只有海南岛的保亭和三亚种植较大面积的红毛丹。

（一）贮藏特性及品种

1. 品种

红毛丹有红果和黄果两类。经过选育，培育出保研1号、2号、3号、4号、5号和7号6个品种。其中保研2号为黄色椭圆形，保研1号、3号、4号的果实都为红色椭圆形；保研5号、7号为红色圆形。以保研7号丰产性最好。保研7号一年可以结果2次。高产稳产，抗寒、抗旱性强。

2. 贮藏特性

红毛丹在1~2℃下保存，外果皮色彩会变暗，内果皮则会出现一些像烫伤一样的斑点，这样的水果常常不能再吃。红毛丹是热带水果，最好放在避光、阴凉的地方贮藏。不适宜的低温贮藏，它们不但不能正常地成熟，还会腐烂以致没法食用。热带水果从低温环境取出后，在正常温度下会加速变质，所以要尽早食用。

（二）采收及采后商品化处理

1. 采收成熟度及采收方法

红毛丹的采收时间一般选择在清晨或傍晚。采摘的主要问题是我们要判断其成熟度，因为不同的部位，可能其成熟的日期也会有一定的差异，比如说树冠内部和果穗内部的果实。典型的植株，果实的成熟期一般持续30~50 d，因此采摘的间隔为2~7 d。红毛丹采摘好以后我们要进行包装。在包装之前，我们需要对果实进行清洗，除去泥土和其他的残余物，然后按照一定的标准进行分级。我们要选取成熟度一致，果实大小一致的，然后整齐排列，放入纸箱进行装载。红毛丹要即买即食，不宜久藏，在常温下经3 d即变色生斑。若量多过剩时，可密封于塑胶袋中，放冰箱冷藏，可保鲜10 d左右。因红毛丹果实长满软刺，最易藏污纳垢，故一定要仔细清洗干净，并用纸巾拭干或晾干，再行剥皮取食，才不会污染到果肉。

红毛丹果实在采摘时一定要注意避免损伤的发生，因为受损的果实很容易出现腐烂，不利于保存。所以在红毛丹采摘的时候，只要用剪果刀轻轻地剪下果柄即可，不要硬拉、硬扯。

2. 采后商品化处理

水果的采后商品化处理包括预冷，清洗，分级，杀菌，打蜡，包装等。许多商业果园都采用了成套采后处理系统，包括去果梗机，浸渍槽，分拣台，分级机快速预冷能有效消除失重，延缓颜色变化，延长货架期，而水冷法是一种去除田间热的有效方法。在华盛顿，果实收获后通过喷洒冷水以除去田间热或用水喷洒后放置到高湿和8~10 ℃环境中以实现快速预冷。10 ℃冷藏能显著抑制水果褐变，有效保持果实外观和抗坏血酸含量，可溶性固形物含量等营养品质，并有效减少呼吸速率。而采用2 ℃水冷时，冷害指数，失重率和呼吸速率增加，果实品质下降。主要通过分级环，果实重量或市场特定需求而对果实进行分等和分级。另外，现有部分研究探讨了不同蜡质配方对红毛丹果实失重，外观品质及腐烂控制的影响，如果实打蜡后于10 ℃贮藏14 d，果实外观仍呈鲜艳红色。红毛丹目前主要采用2.25 kg或4.50 kg规格纤维纸箱，打孔或不打孔的塑料盒，泡沫箱进行包装。而在东南亚等地区，红毛丹果实也常有成簇销售的情况。

（三）红毛丹的贮藏

1. 低温贮藏

红毛丹果实的贮藏寿命与贮藏温度紧密相关。不同品种红毛丹果实适宜贮藏温度范围为8~12 ℃，15~20 ℃贮藏时易发生衰老褐变，0~5 ℃贮藏时易发生冷害。因此贮运中需根据不同品种果实选择合适的温度并保证温度的相对稳定，从而减少果实水分流失及果皮褐变，病害及冷害的发生，延长货架期。

2. 气调贮藏

红毛丹果实适宜的CA贮藏条件一般为：8~12 ℃，CO_2 7%~12%和O_2 3%~5%。

3. 热处理

热处理包括热风，蒸热和热水处理等。为确保产品的生物安全，目前常采用强制风和蒸热等检疫处理进出口果实，以杀灭果蝇、粉虱、介壳和蚂蚁等。致使病原菌萌发或菌丝生长完全灭活的加热温度称为热灭活点，不同病原菌的热灭活点不一样，如52 ℃热水处理3 min可抑制红毛丹病原菌孢子萌发。

4. 辐射处理

辐射处理即通过X射线，电子束等辐照果品，干扰植物呼吸代谢，抑制微生物活性，延缓果实的衰老。果实从夏威夷出口到美国大陆时，常采用400 Gy模拟照处理以杀灭果蝇、粉虱和介壳等表面害虫。强制热风处理果实10 ℃贮藏4 d后，果实品相较差，而果实辐照后10 ℃贮藏至8 d时果实外观品质尚可，并且0.75 kGy剂量放大照的红毛丹果实风味相较对照好。

(四) 红毛丹的运输

1. 保持低温环境

温度影响红毛丹贮藏中的物理、生化及诱变反应，是决定红毛丹贮藏质量的重要因素。低温可以抑制其呼吸和其他一些代谢过程，并且能减少水分子的动能，使液态水的蒸发速率降低，从而延缓衰老，保持红毛丹的新鲜与饱满。

2. 改变气体成分

植物细胞的代谢主要是氧化和还原反应，其中，O_2的利用率决定代谢的速度，从而影响红毛丹贮藏的质量。改变周围环境中的气体组成，例如降低O_2含量，增加CO_2，可以延缓新陈代谢。

3. 保持高湿环境

采收后的红毛丹吸收植物根部水分的过程终止，红毛丹中水分的损失可以引起结构、质地和表面的变化，因此减少水分损失对于保持红毛丹新鲜度和质量起着关键的作用。

(五) 红毛丹贮期病害及预防

1. 机械损伤

红毛丹果实软刺脆弱极易发生机械损伤，粗放的采收方式、包装过于紧密和散装运输等都会导致机械损伤，并给采后病原菌制造入侵的伤口。

2. 果实冷害

红毛丹果实易出现冷害，且冷敏性跟品种和成熟度密切相关。大部分品种藏温度不能低于10 ℃，并且成熟度越高越耐冷。冷害发生时，红毛丹果实果皮中的花色苷含量下降，黄色品种呈现古铜色，而红色品种果皮发黑。

3. 酶促褐变

红毛丹果实采后易发生褐变，通常从软刺顶部向底部移动延伸到果皮，当软刺底部发生损失时会加速该区域褐变速度，从而严重影响红毛丹果实的商品价值和货架期。红毛丹果皮色泽鲜红，花青素含量丰富，而褐变是一系列导致花青素降解为逐步的生化反应结果。

4. 采后病害

病害是影响红毛丹采后贮藏期的重要因素。蒂腐病、褐斑病和炭疽病为红毛丹的主要采后病害。蒂腐病病原微生物通过潜伏性感染或茎尖切面伤口入侵，使红毛丹果实从茎尖开始褐变腐烂，并在4~5 d内扩展到整个果实。

二十八、莲雾果贮藏保鲜技术

莲雾果是桃金娘科乔木，高 12 m；果实梨形或圆锥形，肉质，洋红色，发亮，长 4~5 cm，顶部凹陷，有宿存的肉质萼片；种子 1 颗。花期 3~4 月，果实 5—6 月成熟。原产马来西亚及印度，中国广东、台湾、广西、海南有栽培。

（一）贮藏特性及品种

1. 品种

（1）黑珍珠莲雾

果实果蒂端是平整形或是圆锥形，果实喇叭形，果顶比果肩宽，果顶中心凹陷，果皮颜色为紫红色，果实表皮之果脊明显，果面有光泽及蜡质。

（2）飞弹莲雾

飞弹莲雾果皮色泽黑红，外观为长形，果肉厚多汁且裂果少，适合在 4—6 月生产，可与其他品种群错开，达到产期调节的效果。

（3）子弹莲雾

其形状像子弹一样，外表色泽红艳欲滴，早期因口感不佳且易裂果，种植者不多。因其形状特殊，使得各地稀奇多样的莲雾如雨后春笋般地一涌而出。

（4）黑金刚莲雾

该品种果实呈长吊钟状，无核，果实特大，单果重达 200 g。果实成熟时呈暗红色，皮色光滑，色泽鲜艳，果形美观。果肉汁多味美，特别爽脆，清甜可口。

（5）黑钻石莲雾

中国台湾高雄市以"疏果"及"套袋技术"培育出果实特大、果色深红带光泽、水分多、清甜爽口的莲雾，称"黑钻石"，有"水果王中之王"的美誉。其特点是汁多味美。

（6）白莲雾

又称白壳仔莲雾、新市仔莲雾、翡翠莲雾。色泽乳白色或清白色。果形小，长倒圆锥形或长钟形，果肉乳白色，具清香味，略带酸味，果长约 5 cm。

2. 贮藏特性

莲雾属于热带水果，果皮极薄，果肉含水分多，不耐贮藏，在常温下一般只能贮藏几天。由于果实水分含量很高，且比表面积大，所以在常温条件下很容易失去水分。采后莲雾果实的失重率随着贮藏时间的延长而大幅度提高，一般在常温贮藏 4 d 莲雾果实的商业品质明显下降，好果率减半，到第 6 天，失水高达 36% 以上，失去光泽，呈现皱缩现象，部分果实由于出现腐烂而失去食用价值。对莲雾进行贮藏，首先应挑选八九成熟、无病虫害、无机械损伤、大小均匀一致的莲雾果实。

（二）采收及采后商品化处理

1. 采收成熟度及采收方法

莲雾果实的表面结构是一个良好的保护层，破坏了这层保护层，就会降低果实的贮藏性，使其易受病菌侵染而导致腐烂。因此，必须掌握正确的采收技术，尽量避免机械损伤。莲雾果实采前必须做好采收工具、果实采摘处理、贮运、销售及人员组织分工等准备工作。在莲雾果实采收过程中要严格执行无伤采收操作规程，以保证果实完整无损和防止折断果枝。采收容器底层及边层都应填放塑料泡沫。只有认真做到轻采，轻放，轻装，轻卸，避免造成指甲伤，碰压伤，刺伤和摩擦伤，才能保证质量和减少损耗的目的。莲雾一般采用人工采收，在采收前，应减短指甲或戴上手套。

2. 采后商品化处理

（1）适时采收

过早采收容易导致果实风味品质差，过迟采收果实则容易出现裂果。适当时机应在莲雾果实充分成熟，果皮显现出该品种固有色泽，果脐展开时采收，可以结合测定果实可溶性固形物含量来确定合适的采收时间。由于莲雾果皮较薄，极易碰伤，采收时应轻拿轻放，可在塑料桶或竹筐底层加上一些柔软的衬垫物或莲雾树叶，防治果实在采摘和运输过程中出现机械损伤。

（2）果实预冷与分级

莲雾商品生产的分级、包装、加工场地，要求清洁卫生、阴凉通风、水源方便，有条件的应配置空调设备。由于莲雾的耐藏性较差，但低温可降低其呼吸速率，延长贮藏期。果实采收后可在果实上面放置一层莲雾枝叶，加上冰块，降温预冷，有空调设备的则可以直接将果实放入低温库房预冷，及时释放果实的田间热，这是果实延长贮藏期的关键。

（3）贮运和销售

对于要贮藏的莲雾果实，可以套上专用的气调保鲜袋，用纸箱装箱后，就可放入冷库进行贮藏。对于要远销的莲雾果实，需要套上干净泡沫网以减少果实间的摩擦，采用冷藏车运输。若没有冷藏车，可采用加冰保温车。此时果实装箱可改用抗压强度较好的带盖泡沫箱装果，在箱底四角打几个小孔，放入一层加盐冰块然后再装果加盖密封；装车时要检查车内是否干净，保证车内温度控制在 10~15 ℃、RH 控制在 80%~95%。

（三）莲雾果的贮藏

1. 低温贮藏

莲雾最常用的贮藏方法便是低温贮藏了，在低温的环境下，果实的呼吸作用会受到抑制，能够尽量保持莲雾原有的品质。在进行低温贮藏在时，其温度应控制在 10 ℃左右。一般直接将莲雾果实用保鲜膜包裹然后放在 10 ℃的温度下贮藏即可，贮藏时间可达到 1 个月左右。

2. 气调贮藏

气调贮藏就是通过降低空气中的 O_2 含量，提高 CO_2 浓度。保证果实在正常进行生命活动的同时，能够降低果实的呼吸作用，达到抑制微生物活动的目的。防止果实新陈代谢过快加快衰老，减少果实在贮藏中的损失，提高果实的保鲜时间。在气调贮藏时，空气中的 N_2 含量保持在 85%左右，$O_2$5%，CO_2 控制在10%左右即可。每天都要注意换气一次，能够延缓果实成熟时间 2~3 周。

（四）莲雾果的运输

在果实运输中，要注意防震动处理，轻装轻卸，减少果实之间的擦伤以避免机械伤害。当外界温度高于 10 ℃或低于−1 ℃时，需采用冷藏车、保温集装箱等保温措施。早中熟品种北果南运时，必须预冷，运输时间在 3~5 d，运输温度不得超过 10 ℃。运输时间超过 5 d 以上时，运输温度与贮藏温度相同。要注意果箱码垛要安全稳固，快装快卸，维持运输车船内空气流通性能良好。

（五）莲雾贮期病害及预防

莲雾病虫害主要有炭疽病、果腐病、果实蝇等。在防治过程中，要合理使用科学的方法和措施，禁止使用高毒高残留农药，喷常规药后 7 d 内不可采收。

二十九、牛油果贮藏保鲜技术

牛油果是樟科鳄梨属植物，常绿乔木，耐阴植物。果实为梨形，有时卵形或球形，黄绿色或红棕色，外果皮木栓质，中果皮肉质，可食。果期 8—9 月。牛油果为一种营养价值很高的水果，含多种维生素、丰富的脂肪和蛋白质，钠、钾、镁、钙等含量也高，除作生果食用外也可作菜肴和罐头；果仁含脂肪油，为非干性油，有温和的香气，比重 0.913 2，皂化值 192.6，碘值 94.4，非皂化物 1.6%，供食用、医药和化妆工业用。

（一）贮藏特性及品种

牛油果的常见品系有 3 种，分别是墨西哥系、西印度系和危地马拉系。其中墨西哥系的果实较小，耐寒性强，常见品种有杜克、甘特等。西印度系的果皮平滑，比较柔软，大小不一，品种有哈里早熟、大绿等。而危地马拉系的果皮粗糙，主要品种有塔佛特、哈尔曼和多纳德等。

牛油果低温贮藏会延缓牛油果的成熟速度，未成熟的牛油果不宜直接进行低温贮藏。

（二）采收及采后商品化处理

牛油果果实的成熟标准不易辨别，采收时间难以掌握。外表新绿色，握在手里感觉果肉硬得捏不动则处于比较生涩的阶段。乌黑色、表皮有点塌陷感，则表明牛油果过熟，这两种状态的牛油果都不适合食用。最适合食用的状态是表皮呈现深绿色，握在手里能够感受到果肉的柔软。采收过早，后熟以后虽可以变软，但所需时间较长，易失水皱缩、腐烂、肉质硬，有青草气味和苦味。采收太迟则不耐贮藏，运销过程中易过熟腐烂。宜在晴天或阴天上午露水干后采收，阳光强烈的中午或雨天不能采收，采收时应轻拿轻放，尽可能避免机械伤。

（三）牛油果的贮藏

成熟度不高的牛油果在室温下放上 3~5 d 后自然成熟。生的牛油果则可放置 5~7 d。冷藏温度 4~8 ℃、相对湿度 85%~90% 为最佳贮藏条件，不能低于 4 ℃以免发生冷害。根据成熟度不同冷藏时间一般为 5~10 d，耐藏品种贮藏期可达 30 d 以上。

（四）牛油果的运输

在果实运输中，首先要注意防震动处理，轻装轻卸，减少果实之间的擦伤以避免机械伤害。其次，要注意运输期间果实温度、湿度和气体环境，及时排风保湿等。当外界温度高于 10 ℃或低于-1 ℃时，需采用冷藏车、保温集装箱等保温措施。

（五）牛油果贮期病害及预防

牛油果果实的主要病害为炭疽病。果实染病初期会出现似圆的病斑，微微凹陷，没有及时处理的话会使病斑快速的延伸扩展，然后所有病斑都会连接起来。后期使果实落果及腐烂。防治方法：及时清理园内掉落的枯枝，病残枝和叶果等，减少病原，降低传染率与发病率。牛油果的抵抗能力比较弱，采收后也要注意低温贮藏与运输，防止其他病害的发生以减少损伤。

三十、椰子贮藏保鲜技术

椰子，棕榈科椰子属植物，植株高大，乔木状，高 15~30 m，茎粗壮，有环状叶痕，基部增粗，常有簇生小根。叶柄粗壮，花序腋生，果卵球状或近球形，果腔含有胚乳（即"果肉"或种仁），胚和汁液（椰子水），花果期主要在秋季。椰子原产于亚洲东南部、印度尼西亚至太平洋群岛，中国广东南部诸岛及雷州半岛、海南、中国台湾及云南南部热带地区均有栽培。

（一）贮藏特性及品种

1. 品种

（1）香水椰子

香水椰子产量高，果皮绿色，果皮和种壳较薄，椰水和椰肉品质较佳。其最大特色是椰子水带有浓郁的芋香味，糖分含量高，椰肉细腻松软，营养丰富，是优质的天然绿色食品。

（2）红矮椰

果形长圆形，果纵剖面形状为圆形，果皮橙红色，核果外形近球形，没有特别的椰水芳香气味。

（3）黄矮椰

果形棱角形，果纵剖面形状为圆形，果皮黄色，核果外形近球形，没有特别的椰水芳香气味。

（4）绿矮椰

其特征是果实和叶片呈深绿色，开花早，植后 3 年左右开花结果，茎干较小，树冠密集果实小，产量高，椰肉薄。

2. 贮藏特性

不同种类的新鲜椰子保存期不同。青色嫩椰子只能保存 10~12 d；青色老椰子水保质期 15~20 d；去皮嫩椰子能保存 8~10 d；去皮老椰子能保存 20~80 d；椰子王保质期在 15~30 d 不等；开了口的椰子最好在 2 h 内饮用完，口感极易变化。

（二）采收成熟度及采收方法

采收期根据椰子果实的用途而定，用作嫩果直接消费以成熟度七成熟为宜，此时的椰子水较甜且有少量椰肉；作为综合加工和育种须等椰子外衣纤维干燥，外壳变黑且摇动有清脆的响水声，以每年白露前后为宜。采收时应避免椰子从树上落下造成破裂或外皮损伤影响外观。椰子采收方法：对较高的椰子树，人上树摘，这是海南人摘椰子的主要方法；对较矮的椰子树，拿铁钩绑在长竹竿上钩。

（三）椰子的贮藏

贮藏温度为 0~1 ℃，RH 为 80%~85%，可贮藏 40~60 d。在高湿条件下极易发霉，发霉后不可继续食用。

（四）椰子的运输

运输过程要防止表皮机械伤、爆裂。有公路运输和海洋运输两种。公路运输适用于短程运输，其价格低廉，但不适合大批量运输，铁路运输运输量大，覆盖范围广，且运费比汽车更为低廉。海洋运输所需费用少，与其他运输相比，货运成本最低。椰子的贮藏需要在温度较低的地方，不能放在很潮湿的地方，所以运输的集装箱必须保证干燥低温。

三十一、番石榴贮藏保鲜技术

番石榴是桃金娘科乔木，高达 13 m，果肉白色及黄色，胎座肥大，肉质，淡红色；种子多数，原产南美洲。中国华南各地栽培，常见有逸为野生种，北达四川西南部的安宁河谷，生于荒地或低丘陵上；果供食用；叶含挥发油及鞣质等，供药用，有止痢、止血、健胃等功效；叶经煮沸去掉鞣质，晒干作茶叶用，味甘，有清热作用。

（一）贮藏特性及品种

1. 品种

（1）台湾二十一世纪（新世纪）番石榴

果实呈长椭圆形，平均单果重 250 g 左右，果形端正、果皮黄绿色、果肉厚、肉质脆、细致可口、种子较少、风味佳，糖度 8~13 度，果实耐贮存。该品种生长势较强，枝条较直立，徒长枝较多，枝条较脆。其修剪后抽生结果枝比较低，需再次摘心以产生新结果枝。

（2）珍珠番石榴

果实呈卵圆形，平均单果重 300 g 左右，种子少而软、风味佳，糖度在 8~14 度，品质好的果品有特殊的芳香味。该品种枝梢较长，树形较开张，修剪后结果枝抽生率较高，栽培管理较为省工。但该品种果实脆度较差、易软、贮藏性比新世纪番石榴差。

（3）水晶无籽番石榴

果实呈扁圆形，果面有不规则高起，果形较不对称，果品肉质松脆、肉质嫩、口感好、种子少，每个果种子一般少于 10 粒，且种子生命力极差，品质优，糖度 10~16 度。目前在生产上栽培已开始替代新世纪和珍珠番石榴，是值得发展的一个优良品种。

（4）红皮红肉番石榴

果实呈长椭圆形，单果重 150 g 左右，肉质细嫩、香滑可口、种子少、脆、皮肉紫红色。该品种叶片一年四季呈紫红色，枝条较直立，生势旺，它不仅可以作为果品生产，而且也是理想的绿化树种。

2. 贮藏特性

番石榴是高度易腐的水果，极不耐贮藏，在常温下放置 1~2 d 就失去了新鲜的风味，降低维生素 C 含量。因此应尽量缩短果实的运输时间，减少机械伤，最好用航运，白天运输要避免太阳直晒。果实不要过熟采摘。运到加工厂后应立即加工或冷藏，鲜果在 8~10 ℃，RH 为 85%~90% 下可贮藏 2~5 周。低于 5 ℃ 易受冻害。

（二）采收及采后商品化处理

1. 采收成熟度及采收方法

我国的番石榴一般在 6—8 月开始上市，不过此时的番石榴还未完全成熟，味道比较酸涩。等到 10 月后，再上市的番石榴成熟度高，味道会更甜美，每年的 10 月到翌年 3 月也是我国番石榴热销的旺季。判断番石榴的成熟方法如下。

（1）看颜色

未成熟的番石榴表皮一般是青色的，如果已经成熟了，其表皮会由鲜亮的绿色逐步转变为非常柔和的黄绿色，也有些会呈现为白色或者黄色，粉色表皮的番石榴品质更好。

（2）看硬度

把番石榴放在掌心，然后用手轻轻地捏一捏，若是发现捏的地方有凹陷，手指感觉番石榴略有弹性，那说明已经成熟了；若是发现还很硬，无弹或无凹陷，说明石榴还是未成熟的。

（3）闻味道

成熟了的番石榴不靠近鼻端就可以闻到香味，而未成熟的番石榴，几乎没有明显的香味。

番石榴九成熟就可采收、一般多用手采。远运的果实包装后放入小木箱中。做到轻拿轻放，勿伤或磕破果皮。熟度高的果实需用冷藏车或船运输。短途常温运输的应在气温较低的夜间。

2. 采后商品化处理

（1）分级

将番石榴按照果实大小、重量、腐烂程度进行分级。

（2）热激处理

适宜条件的热处理可以控制果实采后病害的发生，降低腐烂率，减轻冷害，延缓果实衰老，维持较好的果实品质。

（3）包装

包装可以提高果实的贮藏效果和商品价值。包装的材料和数量要根据果实的特点、数量和运输的距离来确定。目前，采后番石榴果实通常用泡沫网袋单果包装。

（三）番石榴的贮藏

番石榴贮藏最适温度为 5~10 ℃，RH 为 85%~90%。低于 5 ℃容易发生冷害，不同品种对冷害的敏感性也不同，冷害症状是果肉损伤和腐烂。可以选用 0.02~0.07 mm 厚的聚乙烯袋，将无病虫、伤的果实小心放入袋内，每个袋子可装 5~15 kg，袋口初期不要扎紧，当果实温度降至 5 ℃以后，扎紧袋口贮藏，定期检查果实，及时出库销售。

（四）番石榴的运输

应采用冷藏车运输番石榴果实。装车时，将车内温度控制在 10~12 ℃，RH 调为 85%~95%。贮运过程中还要随时检查库内或车厢内的温度，库温低于 5 ℃时，会出现冷害，一定要加以防止。若无冷藏车，可采用加冰保温车，此时可改用抗压强度较好的带盖泡沫箱装果。果实装箱时，在箱底四角打几个小孔，放入一层加盐冰块，然后再装果实，装满后加盖密封。将番石榴果实运到目的地后，应及时入库或上货架销售。但上货架的量应视具体销售情况而定。若能够在冷藏货柜（温度 8~20 ℃，RH 为 85%~95%）上销售，效果更佳。

（五）番石榴贮期病害及预防

1. 冷害

冷害的发生率和程度与贮藏温度和时间有关。番石榴的最低安全温度是 5 ℃贮藏 8 周。冷害的外部症状包括表皮变褐、凹陷且易腐烂，内部症状表现为果肉的白色部分出现褐斑，果肉颜色变淡。受冷害的果实呼吸速率和乙烯释放上升。在 5 ℃以下贮藏，2% O_2 含量有助于减轻冷害。

2. 病理病害

番石榴炭疽病，该病可为害枝梢、花和果实，引起梢枯、落花和烂果。幼果不发病，将近成熟的受害青果，表面上先出现针头小斑，进一步扩大为深褐色圆斑，下陷，中心着生黑色子座，在潮湿条件下溢出奶油状黏液或中心产生朱红色黏质粒。几个斑点联成大斑，病果上的病菌在贮运期继续为害。番石榴焦腐病：真菌病害，多先自果实两端开始发病，以成熟的果实发病最多。病斑近圆形，后期暗褐色至黑色，皮皱，最终整个果实变黑，干瘪，果肉亦呈褐色至黑色，严重时也使枝条变黑枯死，病部后期通常长许多黑色小点（病原菌）。泰国大番石榴很不抗病，可结合炭疽病一并防治。

三十二、山竹贮藏保鲜技术

山竹，俗称山竺、山竹子、倒捻子。小乔木，高 12~120 m，分枝多而密集，交互对生，小枝具明显的纵棱条。叶片厚革质，具光泽，椭圆形或椭圆状矩圆形，顶端短渐尖，基部宽楔形或近圆形。果成熟时紫红色，间有黄褐色斑块，光滑，有种子 4~5 个，假种皮瓢状多汁，白色。花期 9—10 月，果期 11—12 月。原产马鲁古，亚洲和非洲热带地区广泛栽培；中国台湾、福建、广东和云南也有引种或试种。为著名的热带水果，可生食或制果脯。外果皮中的红色素可用来制染料。

（一）贮藏特性及品种

1. 品种

（1）印度山竹

印度山竹果呈圆形，比网球略小，皮既硬又厚，多呈现出紫红色。果皮拱起来的部分有几瓣，里面的果肉就有几瓣，用刀剖开果皮便会露出雪白的果肉。

（2）泰国山竹

果实大小如柿，果形扁圆，壳厚硬深紫色，由 4 片果蒂盖顶，酷似柿样。果壳甚厚，较不易损害果肉。果皮又硬又实。

（3）多花山竹

浆果卵形近球形，长约 3.5 cm，青黄色，味酸可食，故又称"山橘子"。其生于山地林中，分布于我国江西、福建、台湾、广东、广西和云南等省区。

（4）岭南山竹

浆果近球形状，熟时青黄色，长约 3 cm，基部有宿萼。食用后黏牙，染为黄色，故又称为"黄牙果"。生于山脚平地、林间、丘陵及湿润肥沃的地方。

2. 贮藏特性

山竹生长季节性强，山竹贮藏期短，采后极易出现褐变、果壳木质化和果肉腐烂变质等现象，常温下 5 d 之后就会口感不佳，最多只能放 10 d。

（二）采收及采后商品化处理

1. 采收成熟度及采收方法

山竹的成熟时间一般是 5—9 月。山竹分为两种采摘方法，一种分为人工采摘，另一种就是进行果杆采摘。山竹在采摘的时候，尽可能地要选择清晨或者是傍晚比较凉爽的天气。在购买山竹的时候，往往都是采用乙烯塑料薄膜包裹着山竹。目的就是锁住它的水分，这样能够让山竹的保鲜程度得到提高。山竹的储存条件也有着非常苛刻的要求，一般要放在阴凉地区，而且要有绝佳的通风环境，这样放置 3~5 d 之后山竹会有一个充分的成熟过程，果农们可以进行清理和筛选，然后进行销售。

2. 采后商品化处理

清洗：采用浸泡、冲洗、喷淋等方式水洗或用毛刷刷净山竹表面，除去附着的污泥物，减少病菌和农药残留，使之清洁卫生，符合商品要求和卫生标准，提高商品价值。

预冷：预冷处理是指将收获后的水果产品尽快冷却至适合贮运要求低温的措施。它是去除田间热、减少呼吸热的有效措施。

包装：山竹易遭受机械损伤及腐烂变质，对其进行包装是必不可少的。包装是使山竹标准化、商品化、保证安全运输和贮藏、便于销售的主要措施。

（三）山竹的贮藏

山竹的最适贮藏温度 0~8 ℃，RH 为 80%~90%。它在不同的温度条件下，保存的时间也各不相同，在外界环境温度处于 20~30 ℃，把山竹放在阴凉的地方，贮藏 3~5 d；8~20 ℃ 的自然环境中山竹贮藏时间 7 d；0~8 ℃ 的环境中，山竹的贮藏时间长达 20~30 d。

（四）山竹的运输

1. 低温冷藏

山竹在运输途中，其所含的水分很容易流失，而通过 0~8 ℃ 低温运输的方式，可以减少其水分的流出，让经过长途运输的山竹依然鲜美。因此，在运输途中，可以将山竹装入到保鲜袋子里面，将袋口系紧后保存。为了保证其空气的流通，可以在保鲜袋子上面扎几个洞。但是过多的洞会让山竹更加容易腐败，因为遇到 O_2 的山竹容易发霉。运输时将山竹放置到低温的冷藏车里面。

2. 加冰块运输

将新鲜采摘的山竹放入到 4 ℃ 左右的冰水当中浸泡 15 min 左右，注意冰水温度不宜太低，否则，会把山竹冻坏。之后拿出来放到塑料箱子里面，并且要将冰块放到存放山竹的车厢里面，这样贮藏的山竹更加新鲜。

第三节　西部特色水果贮运保鲜技术

一、伽师瓜贮藏保鲜技术

伽师瓜分布于新疆伽师县，该地区独特的地理气候条件使伽师瓜具备独一无二的优良品质。伽师瓜栽培历史悠久，瓜形匀称饱满，具有肉厚质细、香甜清脆、汁浓、皮薄、含糖量高等特点，居新疆甜瓜之首，成为国内各类瓜果中的佼佼者。伽师瓜含有较多的维生素和植物纤维，经常食用可以清痰止咳、清凉解热、润肺滋肝、帮助消化、增进食欲、润肤美容、促进血液循环和新陈代谢，特别是对儿童和孕妇有促进发育、强身健体之效，晚餐后食用，还有一定的安神作用，是招待嘉宾、馈赠亲朋的珍品。伽师瓜汁多肉脆，皮富网纹，病害易侵染，由于其上市时间集中，采收季节温度较高，导致伽师瓜品质劣变迅速，腐烂严重，给采后贮运造成巨大的损失，目前只有产季当地销售，价格低廉，严重制约了该产业的发展。

（一）贮藏特性及品种

1. 品种

伽师瓜品种繁多，分早熟、中熟、晚熟 3 类，皮墨绿色，每年 9 月至 10 月初成熟。

2. 贮藏特性

伽师瓜采后易发生后熟与软化，贮藏时间短。伽师瓜属于呼吸跃变型果实，其特点为果实从生长停止到开始进入衰老期间，呼吸速率与乙烯释放量出现跃变现象，果实迅速后熟并软化。伽师瓜贮藏过程中常致腐烂的 4 种病原菌包括：毛霉菌、镰饱菌、链格孢菌和青霉菌。低温虽能显著抑制伽师瓜采后劣变，但伽师瓜对低温敏感，易发生冷害。伽师瓜冷害主要表现为果实表面出现凹凸不平的浅褐色小斑点，随着冷害的加重，小斑点逐渐增大，颜色变深且下陷，进而诱发腐烂。

（二）采收及采后商品化处理

1. 采收成熟度及采收方法

不同时期采收的果实呼吸高峰出现时间不同，果实采收越晚，呼吸高峰出现得越早，果实越不耐贮运；果实采收过早，虽然呼吸高峰到来较晚，但果实品质较差，具有较高呼吸速率的果实比呼吸速率较低的果实贮藏寿命短。选取可溶性固形物含量在 10%~12% 作为伽师瓜果实适宜贮运的采收成熟度。

为了保证瓜的品质和长途运输，瓜必须长到九成熟时及时采收，在采收前 10 d 左右停止灌水。采收时剪留 5~10 cm 果柄，并要轻拿轻放，尽量减少机械损伤。根据市场要求保证质量，分期分地采收。瓜堆要搭凉棚，四面通风，避免阳光直接照射瓜。

2. 采后商品化处理

伽师瓜为呼吸跃变型果实，贮期病害黑斑病病原菌为丛梗孢科青霉属鲜绿青霉，噻苯咪唑（TBZ）熏蒸和壳聚糖涂膜对 PPO、POD、PE 酶活性和病原菌抑制作用显著。伽师瓜采后先用 TBZ 熏蒸，再用 pH 值 5.0、浓度为 5 mg/mL 的壳聚糖溶液涂膜，在 0.5~1.5 ℃ 的温度下贮藏 105 d，商品果率 95%。

（三）伽师瓜的贮藏

地窖+搁板贮藏：在新疆本地，伽师瓜的主要贮藏方法是用搁板架起来放入地窖中。地窖中 O_2 稀少，温度适中，可以有效降低果实内部氧化反应，减少微生物滋生病害的发生，延长瓜果的贮藏期。搁板贮藏是一种传统贮藏方法，此方法成本较低，但贮藏期不长，且易受外界环境影响，贮藏条件不稳定。

冷藏：伽师瓜果实冷害的发生与贮藏温度及持续时间相关，3.0 ℃ 和 0.5 ℃ 贮藏易遭受冷害，但 0.5 ℃ 贮藏条件下冷害出现较晚，低温更好地缓解了果实的腐烂现象，维持较高的 FADs 和 ATP 酶活力，抑制了 LOX 活性的升高，提高了果实的抗寒性。伽师瓜适宜的冷藏温度为 0.5 ℃；21 ℃ 贮藏虽未发生冷害，但果实质量损失率较大，腐烂率较高。

H_2O_2 处理：冷藏（6±1）℃ 条件下，不同浓度 H_2O_2 处理结合处理后套袋对伽师瓜果实进行采后贮藏。结果表明：贮藏期间，过氧化氢处理可明显延缓伽师瓜硬度下降，降低呼吸、乙烯高峰和贮藏过程中的水分损失，减缓可溶性固形物及维生素 C 含量的消耗，而处理后套袋可明显延迟呼吸和乙烯高峰。综合比较，4% H_2O_2 处理后结合套袋对伽师瓜贮藏期品质保持的效果最佳。

气调贮藏：在体积分数为 7%CO_2+5%O_2+88%N_2 条件下贮藏伽师瓜，贮藏 80 d 腐烂指数为 0.3，商品果率 90%，贮后果实色泽鲜绿，风味甘甜香美，保鲜效果较好，为新疆伽师瓜贮藏保鲜提供了理论依据和技术方法。

一氧化氮（NO）熏蒸处理：60 μL/L NO 熏蒸处理能较好地保持伽师瓜果实的硬度，延缓失重率的上升，增强果实的抗氧化能力。

（四）伽师瓜的运输

包装物的运输工具应清洁、干燥、无毒、无害，不得与有毒、有害、有异味的其他物品通车运输；运输过程中应配置相应的防风、防雨、防暴晒等设施；装运包装时，应轻拿轻放，禁止野蛮装卸，以免包装破损。

（五）伽师瓜贮期病害及预防

黑斑病：伽师瓜采后病害由生长期间潜伏侵染和采后病原菌侵染所引起，其中由链格孢菌引起的黑斑病是发生率最高的病害。

预防：一是利用外源水杨酸诱导控制伽师瓜链格孢病害，最佳处理参数为水杨酸浓度 0.5 mmol/L，处理时间 10 min，诱导间隔期 48 h，该诱导处理可有效控制由链格孢菌侵染引起的伽师瓜采后黑斑病，病情指数达到最低。二是壳聚糖、大蒜素 2 种抑菌剂联合使用，抑菌活性较单独使用一种抑菌剂时显著增强；联合抑菌剂在 50 ℃ 以下、pH 值为 5~8 和紫外光照射时间 20 min 内能保持良好的抑菌活性，稳定性良好；将伽师瓜用联合抑菌剂处理后贮藏，与未做抑菌处理的对照组相比，腐烂率显著降低，并大幅延长了保鲜期。

二、哈密瓜贮藏保鲜技术

哈密瓜有"中华第一蜜瓜"的美称，因其甜、香、脆、爽等优点而驰名。不仅果肉肥厚细腻柔嫩，而且香气浓郁，甜润多汁，瓤色青色或橙黄色，入口如蜜，风味独特。哈密瓜不但味美而且富含多种营养物质，其中维生素 C 含量最为丰富，此外还含有少量蛋白质、脂肪、矿物质及其他维生素等对人体有益的成分。食用哈密瓜有利于清热解暑，而且还有缓解食欲不振与小便不利、除烦止渴等功效。哈密瓜是新疆主要的园艺作物之一，是新疆特产厚皮甜瓜品种群的统称。

（一）贮藏特性及品种

1. 品种

哈密瓜的品种繁多且品质优良，在新疆具有悠久的栽培历史和广阔的种植区域。新疆主栽的哈密瓜有 20 多个品种，主要包括西州密 24 号、西州密 17 号、金龙、新密 13 号（新皇后）、新密号 11 号（86-1）等，主要分布在吐鲁番、哈密、昌吉州、阿勒泰及南疆塔里木盆地等地区。

2. 贮藏特性

哈密瓜属于典型的呼吸跃变型果实，采收季节温度高，采收时间集中，果实衰老迅速，在贮藏运输中极易腐烂，给生产经营者带来巨大的经济损失。低温贮藏能有效抑制果实采后腐烂和品质下降，但由于哈密瓜属于冷敏性果实，在低温下贮藏容易发生冷害，导致表皮组织下陷，最终发展成不规则的下陷斑块，严重影响其贮藏寿命和货架期。RH 为 70%±5% 更有利于西州密 17 号哈密瓜的贮藏保鲜。

(二) 采收及采后商品化处理

1. 采收成熟度及采收方法

依据哈密瓜商品要求，采收时果实糖度应达到 14% 以上，9818、西州密 25 号等小果型品种单瓜 1.5~2.2 kg，金凤凰、西州密 17 号等大果型品种单瓜 2~3 kg，全网纹时进行采收。采收时应留果柄而且是丁字把，然后人工每次 2 个，一手一个抱出瓜田轻轻放到运输工具上，再运到收瓜点，严禁用袋子装瓜背瓜。果实采收时应轻搬轻放，严防任何碰伤，并尽快为果实套上塑料发泡网，然后装箱发运。

2. 采后商品化处理

热处理：将哈密瓜在 55 ℃热水中浸泡 3 min，晾干后于 3~5 ℃机械冷库中贮藏，降低贮藏后期的冷害发生率，缓解果实可溶性固形物和抗坏血酸含量下降，保持果实较好的品质。

水杨酸处理：在 5 ℃贮藏条件下，经 0.3 g/L 水杨酸处理后，可以延迟哈密瓜果实后熟，较好地保持了哈密瓜贮藏期间果实的品质。

一氧化氮处理：3 ℃条件下，NO 熏蒸既能有效维持果实的贮藏品质又能抑制果实冷害的发生。

(三) 哈密瓜的贮藏

低温贮藏：低温下贮藏的哈密瓜发病晚、感病轻，还可以延缓厚皮甜瓜呼吸高峰的出现及细胞膜完整性的破坏、减缓甜瓜可溶性固形物的消耗，从而延缓果实的成熟衰老，具有良好的保鲜效果。在未受冷害的温度范围内，温度越低贮藏效果越明显，可有效地延缓果实的后熟，也能有效的抑制致病微生物，但果实对低温较敏感，易发生冷害。低温 0.5 ℃下贮藏可延缓"金皇后"哈密瓜果实的衰老，较好地保持了果实的品质。7 ℃可有效维持厚皮"金红宝"果实品质，延缓失重率、硬度和 TSS 的下降，保持维生素 C 含量。

(四) 哈密瓜的运输

目前高品质哈密瓜多采用冷链运输，因冷链运输可大大地提高哈密瓜的商品率，延缓甜瓜运输过程果实衰老，保持品质，延长货架期，降低腐烂率。

(五) 哈密瓜贮期病害及预防

1. 腐烂

哈密瓜采后腐烂的原菌分别为匍枝根霉 (*Rhizopus stolonifer*)、半裸镰刀菌 (*Fusarium semitectum*)、链格孢 (*Alternaria alternata*) 和青霉 (*Penicillium viridicatum*)。匍枝根霉在常温贮运条件下具有毁灭性，引起软腐病，镰刀菌和链格孢在常温或低温条件下均可发病，通常在田间已侵染寄主，但发病主要在贮藏期。

预防措施：采用杀菌剂，主要是在水果采收后贮藏前用杀菌剂处理后将水果贮藏在适宜环境下方能达到最大的贮藏寿命。

2. 冷害

低温贮藏虽能显著抑制哈密瓜果实采后品质劣变，延长其贮藏期，但 3 ℃以下低温贮藏容易导致果实冷害发生，直接降低了果实的品质和商品价值，从而限制了哈密瓜果实的冷藏期。

预防措施：逐步降温是一种冷锻炼或冷驯化，逐步降温处理［(8±0.5)℃、1 d→ (5±0.5)℃、3 d→ (3±0.5)℃、3 d→ (1±0.5)℃］能有效延缓及控制哈密瓜果实采后冷害的发生，较好地保持果实品质。

三、伊丽莎白瓜贮藏保鲜技术

伊丽莎白瓜是我国人民普遍喜爱的果品之一。从日本引进的早熟厚皮甜瓜新品种。该品种果实为圆球形，果皮为黄色，肉厚 3 cm 左右，含糖量为 15%左右，单果重 800~1 100 g，果实从开花到成熟约需 30 d。伊丽莎白适应性广，易坐果，是我国目前大棚保护地种植面积最广的厚皮甜瓜品种。适宜早春、晚秋保护地栽培，小棚栽培密度为 1 500 株/亩，大棚栽培密度为 2 000 株/亩。

(一) 贮藏特性

在自然条件下，伊丽莎白瓜极不耐藏，易变软腐烂，损失较大。伊丽莎白香瓜的耐藏性与贮藏环境的湿度有关，高湿不利于贮存。

(二) 采收

开花至果实成熟需 30 d，一般 6 月初摘瓜上市成熟标准是：果面金黄色，果底部开始有环状裂痕。过早摘瓜果着色差，糖分低、果实有苦味。过熟摘瓜不宜贮藏、运输。6月中旬顶层瓜基本摘完。

（三）伊丽莎白瓜的贮藏

低温贮藏：伊丽莎白瓜用PVC袋扎口包装，在0 ℃条件下可存1~2个月。冷藏3周后将好瓜放在PVC袋内，置0 ℃下贮至2个月，未出现冷害症状，且腐烂率较低。

四、无花果贮藏保鲜技术

无花果，又名文仙果、明目果、奶浆果、野枇杷、天仙桃等。为桑科（Moraceae）榕属（即无花果属）多年生灌木或小乔木，属于亚热带浆果类果树。目前，世界无花果年产量超200万t，主要分布在美国、以色列、西班牙、意大利、埃及、伊朗等国家；中国无花果栽培主要分布在新疆和威海地区，年产量约为4万t，排在世界第20位。

（一）贮藏特性及品种

1. 品种

（1）卵圆黄

叶为匙嘴型。果实长卵圆形，近梗部渐细长，顶端平。果皮果肉均为黄色，品质中等。夏果7月上旬，秋果8月中旬开始成熟。中国青岛、烟台一带均有栽培。

（2）小果黄

果型小而短，果柄亦短。皮黄色，肉厚，品质好。8月下旬开始成熟。

（3）新疆早熟无花果

果实大，扁圆形，单果平均重53.3 g，最大的重69 g。完全成熟后果皮呈黄色，有白色椭圆形果点。果肉淡黄色，肉质柔软味甜，品质中上。夏果7月中旬成熟，秋果8月中旬开始成熟。

2. 贮藏特性

无花果种类繁多，如绿抗一号、波姬红、日本紫果、蓬莱柿、金傲芬等。不同种类同一品种，由于组织结构、生理生化特性、成熟收获期不同，品种间的贮藏性也有很大差异。耐贮性好的新鲜果蔬，具有以下几个特点：表皮保护组织完善，果肉组织致密，可溶性固形物含量高，成熟期较晚，呼吸代谢协调平衡等。对于无花果来说，分为夏秋两季果，夏果个大，可溶性固形物含量低，果实组织中空，而秋果果个较小，生长期长，其组织较夏果来说较紧实，秋果的耐贮藏性能要优于夏果，因此盛产秋果的无花果品种果实更耐贮藏。无花果的采收及贮运技术请参考《无花果采收贮运技术规程》（NY/T 3912—2021）。无花果采后对乙烯作用不敏感，主要表现在乙烯难以诱导果实的软化和腐烂。

（二）采收及采后商品化处理

1. 采收方法

无花果的成熟期较长，华北地区的春、夏果 6 月下旬至 7 月上旬成熟，秋果 8 月上旬至 11 月中旬成熟。同一树冠或枝条上由于开花早晚不一，成熟期也有差异。因此，无花果适合分期采收。充分成熟的聚合果，果顶上的小孔渐裂开，果皮上的网纹明显易见，此时采收的果实，风味最佳。但充分成熟的无花果不耐运输，因而外运的无花果要适时采收。无花果的采收宜在干燥的晴天进行，一般用手采，以竹筐盛放，果柄向下平排于筐中，然后运往包装或加工场所。采收鲜食果实或用于制作罐头果实时，最好戴上棉手套摘果，以防止果实渗出的乳汁致皮肤发炎。由于无花果果实柔软且易裂开，应小心采收。

2. 采收成熟度

鲜食的无花果采收成熟度一定要具有较高的食用品质，果皮颜色与硬度是主要的成熟指标。无花果属于呼吸跃变型果实，呼吸强度大，呼吸旺盛，并且无花果在采后不能自行完熟。因此对于鲜食无花果来说，为保证其较高的商品品质，一般需要在八分熟或以上采摘。如当地鲜销，适宜在九成熟时采收，即果实长至标准大小，表现出品种固有着色，且稍稍发软时采收；如要外运，采收应以八成熟为宜，即果已达到固有大小且基本转色但尚未明显软化；如为加工所需，成熟度可以再低些；若果实已经过熟，可以采下后用于加工果酱。

（三）无花果的贮藏

无花果对低湿并不敏感，不易产生冷害。无花果低温贮藏过程中温度一般控制在 0~5 ℃，RH 为 90%~95%。目前，对于无花果气调包装中气体成分的比例的研究中，普遍认为 CO_2 浓度应控制在 15%~20%，O_2 浓度应控制在 5%~10%。采前喷施 1-MCP 处理后能够延缓果实的成熟，在 1~2 ℃、RH 90%~95%环境中贮藏时果实颜色、硬度、大小能够得到很好的维持，降低果实的失重率、腐烂率，能够很好地维持果实的品质。5 μL/L 的 ClO_2 熏蒸处理"新疆早黄"无花果，推迟无花果呼吸高峰和乙烯释放高峰的出现时间，降低呼吸高峰和乙烯释放高峰，延长了保鲜期。

（四）无花果的运输

大田采收后用条筐或竹筐包装运输，每筐容量不宜过大（一般为 10～15 kg），以防挤压腐烂。近年来，人们改用透明塑料盒，每盒盛装无花果0.5 kg。把精选的无花果装入盒内，内放适量的保鲜剂，适合运输，也减少了途中损耗。也有用硬纸箱大包装的，内设泡沫托果板包装贮运，每箱盛装无花果 15～25 kg。

五、石榴贮藏保鲜技术

石榴又名安石榴、若榴、天浆等，原产中亚地区，在我国已有 2 000 多年的栽培历史，其经济、观赏、营养和医药价值日益被发掘，近年来更是发展迅速。但是石榴在采后出现果皮褐变、失水皱缩、籽粒色变、异味、腐烂等问题，从而影响鲜果货架期品质，因此贮藏保鲜是影响石榴产业发展的重要环节。

（一）贮藏特性及品种

1. 品种

（1）峄红 1 号石榴

果实近球形，萼间较短，闭合或半开张，果面红色至鲜红色。果较大，平均单果重 350 g，最大果用 720 g，果皮厚平均 0.4 cm。籽粒鲜红，含糖量16.5%，品质极上，9 月中旬成熟。果实不耐贮藏。

（2）峄县软仁石榴

软仁石榴（或称软籽石榴）因其籽软而得名。果实中等大，单果重 350～500 g，最大果重 810 g；果面光亮，黄绿色，阳面粉红色，果粒晶莹透亮，排列紧密，含糖量 10%～13%。品质极佳。9 月中旬成熟，室内能贮藏到春节前后。

（3）泰山大红石榴

该品种栽后翌年开花结果株率即达 90%～100%，单株结果一般 4～6 个，最多达 11 个。亩栽 111 株，亩产约达 50 kg，比一般品种早结果一二年。单株产量可达 50～100 kg。

（4）临潼天红蛋石榴

又名大红袍、大红甜。是临潼石榴最佳品种。该品种树势强健，耐寒，抗旱、抗病。树冠大，半圆形。枝条粗壮，多年生枝灰褐色，茎刺少。叶大，长椭圆形或阔卵形，浓绿色。萼片花瓣朱红色，果实大，圆球形，单果重 300～

400 g，最大果重 620 g。果皮较薄，果面光洁底色黄白，彩色浓红，外形极美观，风味浓甜而香，可溶性固形物 15%～17%品质极优，9 月上中旬成熟。采收前或采收期遇连阴雨时易裂果。

（5）临潼粉红甜石榴

又名净皮甜、红皮甜。是临潼栽培最多的一种。果实大，圆球形，单果重250～350 g，最大的 605 g；果皮薄，果面光洁，底色黄白，果面具粉红或红色彩霞，外观美丽。可溶性固形物 14%～16%，9 月上中旬成熟，采前及采收期遇连阴雨易裂果。

2. 贮藏特性

石榴属于非呼吸跃变型果实，呼吸强度较低且随着贮期延长而逐渐下降，随着贮藏温度升高而增加。石榴在贮藏期中容易发生的问题主要有腐烂、果皮褐变、低温冷害，以及由失水引起的果皮干瘪和籽粒皱缩。石榴贮藏主要应做到以下几点：一是选择耐贮品种。二是改进田间管理水平以获得优质、健康的石榴果实。三是适时采收和无伤采收。四是采后进行充分的预贮，使其失去3%～5%的水分，使果皮变得有弹性。五是适温贮藏，石榴的贮藏温度以 5～10℃较为适宜，在贮藏中要注意保持温度的恒定。六是适宜贮藏的湿度为 90%～95%，湿度过低，石榴表皮容易干缩褐变，影响经济效益；湿度过高，病菌增多，腐烂严重，商品价值下降。七是贮藏期间及时清除腐烂果实，以防烂果感染好果。

（二）采收及采后商品化处理

1. 采收成熟度及采收方法

选择晴朗无雾无风的天气采摘，在晴天早晨露水干后开始采收，此时气温较低，可减少石榴所携带的田间热，降低其呼吸强度。不能在暴晒的阳光下采收，否则会导致果实失水萎蔫，引起衰老及腐烂。阴雨天气禁止采收，避免果内积水和受病菌侵染，引起贮期果实腐烂。若遇雨采收，应将果实放在通风处，散去表面水分。采用"两剪法"进行采收。第 1 剪离果蒂 1 cm 附近处剪下，再齐果蒂剪第 2 剪，果蒂应平整，萼片完整。采果者应剪平指甲，或戴上手套，以免指甲刺伤果实；采收时要轻拿轻放，尽量避免机械损伤。采收时应自下而上，由外至内依次进行；采摘期间应轻拿果枝，轻放果实，避免对树体、果实造成损伤。石榴采摘时，鲜果和裂果应由专人采摘，集中处理，防止病害传染蔓延。不同的品种应分别采收，同一品种分批采收。要做到有计划性，根据市场销售及出口贸易的需要决定采收期和采收数量。

2. 采后商品化处理

贮前处理：将石榴经 400 mg/L，2,4-D 钠盐加 800 倍多菌灵浸果 1 min 处理，晾干后用塑料袋单果或双果包装，置于库温 3~5 ℃ 的冷库中，贮藏 3 个月，失重率为 7%~8%，果面完好，商品价值基本不受影响。采前用 70% 甲基托布津可湿性粉剂 2 000 倍液处理，采前用 70% 甲基托布津可湿性粉剂、68.75% 易保水分散粒剂和 65% 普德金可湿性粉剂处理对果实的保鲜效果均较好，处理后的鲜果可溶性固形物含量、可滴定酸含量、失重率及外观与未处理对照果相比均无明显区别。防腐效果最为显著，采后用 70% 甲基硫菌灵可湿性粉剂 1 500 倍液浸果 1 min，防腐烂效果次之。

预冷：预冷是贮藏中的重要环节，其目的是快速降低果实温度，释放热量，降低呼吸强度，减少水分散失，抑制其衰老进程。如将果实采收后放在田间过夜，翌日早晨用薄纸包裹，并用 0.01 mm 的塑料薄膜进行单果包装，然后进行贮藏，效果较好。应注意果实田间堆积不宜过厚过大，否则起不到应有的散热效果。条件允许，也可石榴在采收后当天放入冷库，塑料周转箱单排或双排码放（中间留有 1 人能通行的通道），库温保持在 3~5 ℃。为使果实能快速降温，每次的入库量应不超过总库容的 1/5。若有多单元冷库时，可使用 1 个单元专门做预冷间。当果实品温达到 6 ℃ 时，将生物气调包装密封，以保证有较好的气体环境。

包装：石榴用 0.01~0.03 mm 的 PE 膜单果包装后置于贮藏箱内，摆放 4~5 层，果嘴直立向上。也可用纸包裹后用发泡网袋进行单果包装，既可缓冲外界压力，又可适当保持水分。若采用大袋包装，应注意袋口不要扎紧，折叠即可。大袋包装如果紧扎袋口，易造成大量果皮褐变现象。这可能是石榴群体释放的有毒有害物质难以及时释放而对果实造成的不良影响。

（三）石榴的贮藏

1. 简易贮藏

有堆藏、挂藏、袋藏、罐藏、沟藏、井窖贮藏等，属于充分利用自然低温的贮藏方法，简便易行。方法的选用可根据本地条件、贮藏要求而异，贮藏前期利用夜间和凌晨的低温降低贮藏环境温度，中期注意保温，减少冷空气的侵入，防止冷害冻害的发生，后期注意降低贮藏温度，以延长贮藏期。应根据贮量的多少而定，同时也要根据本地条件及贮藏要求选用。

堆藏选择通风阴凉的空房子，打扫干净，适当洒水，以保持室内清洁湿润，然后在地上铺 5~6 cm 厚的稻草（或鲜马尾松松针），其上按一层石榴一层松针逐层相间堆放，以 5~6 层为限，最后在堆上及其四周用松针全部覆盖。贮藏期间每隔 15~20 d 翻堆检查 1 次，剔除烂果并更换一次松针。耐贮品种用这种方法可贮藏至翌年 4—5 月。注意果实堆藏前，一定要先用清水洗净果皮。

2. 低温贮藏

低温是鲜食石榴贮藏保鲜的常用控制条件,但是具体温度又因品种、产地、果实成熟度、贮藏时间长短不同而异。"净面甜"石榴 5 ℃条件下贮藏 120 d 果实未出现腐烂,果皮会出现 35% 的褐变;而在 0 ℃ 的低温条件下贮藏 30 d 时果皮的褐变就达到 100%;8 ℃ 的贮藏条件下果皮褐变显著增多,贮藏 90 d 时果实出现腐烂,继续贮藏至 120 d 则全部腐烂。"泰山红"石榴在 6 ~ 7 ℃、RH 为 85% ~ 90% 的条件下能有效防止冷害发生,且贮藏期可达 100 ~ 120 d;如果需要 1 个月短期贮藏,可采用 14 ℃ 的温度比较适宜。

3. 气调贮藏

在低温贮藏的基础上,通过调节贮藏过程中 CO_2 和 O_2 的浓度来保存石榴。我国发展最快的气调贮藏技术是小包装、大帐自然降氧贮藏,大帐充氮快速降氧贮藏和硅橡胶窗气调贮藏。在 4 ~ 5 ℃,CO_2 3% + O_2 3% 条件下,石榴贮藏 100 d 时果面褐变指数为 1.0,果实腐烂率仅为 3.5%。

4. 涂膜贮藏

此法具有保持果实品质、降低包装材料对环境的污染等特点。在冰温条件下,用 0.8% 壳聚糖涂膜保鲜石榴效果最佳,贮藏时间可达 5 个月,好果率为 90%。用 0.7% 西黄蓍多糖进行涂膜贮藏,石榴在室温下可贮藏 1 个月,果实主要性状均与新鲜石榴较为接近,商品价值基本不受影响。

(四) 石榴的运输

石榴运输时应注意温湿度的控制,防止碰撞损伤。

六、西梅贮藏保鲜技术

西梅被称为第三代功能性水果。西梅的果实中富含多种果香、口感浓甜、果核小、果肉细腻,并且含有丰富的营养物质,尤其是含有大量的维生素 A 及膳食纤维。西梅因兼具食用价值和营养价值,深受人们的喜爱,但是西梅采收后极易软腐变质,口感风味下降迅速,销售周期短,这也是市面上很少见到西梅鲜果的原因。因此,注重西梅采收质量和采后保鲜处理,能有效提高果实的外观品质,降低贮藏期果实的损失,提升西梅经济效益。

(一) 品种及贮藏特性

1. 品种

野生西梅种产于我国新疆,栽培种是在 1855 年前后传入我国,烟台最早栽培，后经推广种植，目前在陕西关中、甘肃渭河沿岸、山西晋城、新疆环塔里木盆地边缘一带都有种植。新疆拥有利于西梅生长的得天独厚的地理条件，如日照充足、积温高等，这些条件适宜西梅果实的糖分积累和果实最佳色泽的形成，因此，新疆形成了以伊犁河谷、环塔里木盆地边缘为主的西梅主产区。常见西梅品种有女神、法兰西、斯泰勒、苏格、大玫瑰、红西梅、早生月光、爱丽娜、来客、卯爷、蓝蜜、大总统、优萨、理查德早生等十几个品种，在所有品种中"法兰西"西梅栽培区域最为广泛。西梅果实芳香甜美、品质极佳。外观呈卵圆形，果面有蓝黑色、紫黑色和紫红色等不同颜色，表皮覆盖白色果粉。单果重一般为 60~80 g，有些品种如女神、蓝蜜、大总统等可达 120 g 以上。西梅果肉呈琥珀、青绿或乳白色，肉质柔韧，纤维细小，大多离核，核小，可食率高达 80% 以上。果实有特殊香味，味极甜，可溶性固形物含量大约 20%，最高可达 25%。果实大多在 8 月下旬至 9 月下旬成熟，属于中晚熟品种。

2. 贮藏特性

西梅属于浆果状核果，皮薄多汁，是典型的呼吸跃变型果实，对乙烯敏感，采摘后在常温下迅速后熟、衰老软化，采后寿命极短。西梅采后损失高的另一个重要原因是果肉含糖量高，特有的香味易招果蝇等小飞虫啃食其表面及产卵，致使果肉出现迅速软腐现象。由此看来，西梅采后不耐贮运，极易腐烂变质。而西梅采收集中在高温季节，高温则加速其腐烂。因此，对西梅采后做保鲜处理显得至关重要。贮藏西梅的适宜温度一般以 2~4 ℃ 为佳，RH 为 85%~90%。由于乙烯会加速西梅的后熟衰老，贮藏保鲜时应注意，采用低温贮藏时要尽量保持贮果环境中空气的新鲜，避免通风不良及乙烯的不利影响。

（二）采收及采后商品化处理

1. 采收成熟度及采前处理

很多地区的西梅果实着色较早，达全色的时间通常在 8 月中旬，仅通过西梅果实的色泽很难判断其成熟程度，要以果实生长时期为标准，例如，"女神"在开花后 150 d 果实成熟，"法兰西"在开花后 130 d 果实成熟。否则采摘过早，果实尚未成熟，影响口感及品质。如果用以贮藏，就需要尽早进行采收，通常在 8 月下旬采收。西梅完全成熟时间通常在 9 月下旬，此时的西梅采摘后适合制干。

2. 采收方法

西梅果实采收时要用干燥、清洁、无污染的箱或筐装运。轻摘轻放，果实无裂纹、碰伤，在搬运中要轻拿轻放。鲜食果实在采收后用坚硬、干燥、清洁无污染的包装箱套无纺布进行包装，以不易碰伤、不挤压为度。长途运输或用于贮藏保鲜的果实，可保留果柄，每个果实套发泡网。下雨、起雾、有露水、刮大风的天气以及树上水分未干时，不宜采果。果实采收须由人工进行，采果人员采果前应剪平指甲，戴上软质手套，采用一果两剪的方法，第 1 剪在离果蒂 1 cm 处剪下，第 2 剪齐果蒂剪平；对于整棵树的采收，先外后内，先下后上，不能硬拉枝采果，避免人为损伤及机械损伤；采收时，要剔除病虫果、伤果、残次果等，并轻摘轻放，以利于贮藏保鲜。

3. 采后商品化处理

西梅保鲜剂是一种可以有效延缓西梅后熟、衰老和控制病害的保鲜剂。1-MCP 可有效地延缓西梅果实呼吸高峰和乙烯高峰的出现，延缓硬度的下降，提高贮藏前期的好果率。使用保鲜剂及配套保鲜技术可使西梅的好果率达 85%~90%，商品率为 90%~95%，西梅能够保持正常果粉，风味品质良好，而且使用方法简便，成本低廉，效益显著，可有效地延长西梅的销售期和扩大销售范围。使用保鲜剂，配合低温及气调贮藏条件可使西梅贮藏 60 d，常温下可贮藏 15~20 d，果实软化缓慢。

（三）西梅的贮藏

常温贮藏：用硬质塑料筐套无纺布对果实进行包装，单筐重量不超过 5 kg。果实容易失水软化，贮藏寿命一般为 15~20 d，使用浓度为 1 μL/L 1-MCP 密闭熏蒸处理，可有效抑制西梅果实的呼吸强度，抑制果实硬度的下降。

冷藏：西梅采收时气温较高，若直接放入低温环境易发生结露。所以应逐步降温。具体方法是：将适时采收的无伤好果放置田间阴凉处 2~4 h 散去田间热，然后用透气的发泡网逐个包裹，仔细装箱，装果量以 3~5 kg 为宜，最后在上层放置 1-MCP 衬垫布。置于 10~15 ℃ 的机械冷库预冷 24 h，然后将温度调至 2~4 ℃ 环境下贮藏，保持 RH 为 85%~90%。具体温度应根据品种来决定，一般可贮藏 40~60 d，出库时以每小时 2 ℃ 梯度升温，待升温至室温时再出库。出库后果实在常温中放置 1~2 d 果实风味、色泽较好。

气调贮藏：将经过防腐杀菌处理、预冷发汗后的好果，用聚乙烯薄膜袋密封包装，利用其自身呼吸形成低 O_2 和较高 CO_2 的气体成分，延缓西梅的后熟衰变过程，结合低温高湿环境可延长西梅贮藏时间 5~15 d。西梅可以进行自发气调（MA），使用聚乙烯薄膜包装密封，同时袋内加入适量脱氧剂和乙烯吸附剂；或进行人工气调（CA），使 O_2 浓度为 3%~10%、CO_2 浓度为 2.5%~8%。利用硅窗袋简易气调可贮藏 60 d。但应注意贮藏结束时应去掉聚乙烯薄膜小袋，以防止发生 CO_2 伤害。贮藏中 O_2 含量若达 8% 左右，CO_2 浓度 6% 左右，则效果较好，若 CO_2 含量超过 8%，西梅会出现生理病害，影响香气成分和成熟。气调条件因西梅品种不同而异。也可将采收后西梅放入专用便携式气调箱内，如果是常温短贮或转运，可在气调箱中间加入冰盒，在上层铺上1-MCP保鲜纸，然后扣盖装货；如果是低温存放，则不用在气调箱内加冰盒，直接放入气调箱内扣盖存放即可，气调箱内承装西梅重量在 2.0~3.0 kg。

贮藏条件：温度为（4±1）℃（安全贮藏温度，品种间有差异）；RH 为85%~90%；气体成分为 O_2 3%~8%，CO_2 5%~8%。

（四）西梅的运输

采收后的西梅必须及时运输、防腐、保鲜，否则会造成大量腐烂。果实运输时要注意产品的包装，箱子要坚固透气，重量一般不超过 10 kg，应以 5 kg每箱为宜，单果套发泡网，箱内以堆码不超过 5 层为宜，每层用瓦楞纸隔板隔开，并起一定支撑作用，保护产品。每 5 kg 果实放一张 1-MCP 保鲜纸，1-MCP保鲜纸除了具有保鲜的作用外还具有防震减震的作用，保证运输中的西梅乙烯得到及时抑制以及减少震动所引起的果实损伤。西梅的运输温度以4~6 ℃低温冷藏运输为宜。冷藏运输车在 6 ℃条件下长途运输，可有效保持果实表面果霜，提高西梅的贮藏品质，做到西梅采贮环节无缝化全程冷链控制。

（五）西梅贮期品质保持要点

1. 避免温度波动

贮藏西梅的适宜环境条件是：温度 2~4 ℃，RH 为85%~90%，温度不宜过低，否则会出现冷害症状，包括果面出现凹陷，色泽差，香味变淡，表面点蚀，灰烫伤样皮肤变色，易感性增加腐烂，在严重的情况下，果肉褐变。冷害发生率和严重程度取决于品种，成熟阶段（成熟度轻的不太容易出现冷害）和持续时间。在整个贮藏期间，温度不宜出现波动，控制温度波动范围在预设温度±1 ℃之内。

2. 病害防治

西梅贮藏期间，容易造成果实腐烂的一个主要原因是病害。其中发病概率最高的是炭疽病，主要表现为果面出现形状不一，带有凹陷的紫褐色或者黑色斑点，潮湿时还会出现朱红色的黏质小点，随后病斑就扩散成斑块，最终导致全部腐烂。其次是蒂腐病，主要表现为初期在果实蒂部先变成没光泽的暗褐色，随后变成深褐色或黑褐色，果实腐烂变成液化，有酸臭味。最后是曲霉病，主要表现为初期果实表皮会出现大片浅褐色的不规则病斑，病斑没有明显的边缘，在病斑皮下，果肉变色、软化，最终腐烂成水。在后期病斑处还有密集的黑点或黄色的颗粒状物。

西梅的病害对于不同的品种会有差异性，果农在遇到这些情况，可以采取以下措施防治。西梅采后及时预冷入库，入库前清理库房，对库房进行消毒杀菌。一般机械冷库可用硫黄密闭烟熏 24 h，待硫黄味道散去后用酒精喷洒货架及库内墙壁表面；气调保鲜库可用臭氧熏蒸 24 h 后用酒精喷洒货架及库内墙壁表面。保鲜库要注意通风换气，保持贮藏环境的空气新鲜，防止低 O_2、高 CO_2 及乙醇、乙烯等气体伤害，一般每隔 1 个月应通风 20~30 min，通风时间一般在夜间低温或环境温度为 -5~5 ℃时进行。

第三章 我国水果保鲜技术专利分析报告

水果产品具有明显的易腐性和生产的季节性与区域性，新鲜水果在采摘、运输和加工贮藏过程中极易损失，采后保鲜技术直接制约果品附加值的提高和水果产业发展。因此，果品采后贮运保鲜技术的创新与发展具有重要产业意义。我国作为全球果品生产大国，尤为关注和发展果品采后保鲜技术。国内外，无论是企业还是科研院所，在技术创新方面取得的研究成果和进展大多以专利技术的方式形成知识产权，专利文献集技术、市场、法律、战略于一体。因此，系统分析水果贮运相关的专利技术，将有助于厘清我国水果贮运产业的发展脉络，帮助企业和科研人员预测水果贮运的发展趋势，从而有力促进我国水果贮运产业的升级。鉴于此，本章以水果贮运领域的公开专利数据作为分析样本，从专利申请的申请人状况、时间分布、专利技术构成、技术发展趋势等多角度展开分析和评述，以期对我国水果贮运技术的发展进行系统回顾和展望，并从研发和应用角度出发提出意见与建议。

一、研究方法

本章采用的专利文献数据主要来自 IncoPat（合享新创专利信息库），还综合利用了中国专利文摘数据库和德温特世界专利数据库。检索手段采用 A23B7/00 及其下位组（水果或蔬菜的保存和化学催熟）为主分类号，结合果品关键词为主要检索要素，剔除蔬菜相关表达，并剔除水果加工相关技术手段，如加热、腌渍（糖、酸）、果汁制备等专利文献，通过初步检索、扩展检索和补充检索等，对截至 2021 年 10 月 1 日全球水果保鲜专利数据进行检索，以保证数据检索的全面性。同时为保证检索结果的准确性，进行人工清理去噪。

（一）近期数据不完整说明

由于以下 3 点原因导致了 2019—2021 年提出的专利申请统计不完全：一是 PCT 专利申请可能自申请日起 30 个月甚至更长时间之后进入国家阶段，导致与之相对应的国家公布时间晚；二是鉴于发明专利申请存在延迟公开的属性，部分申请日在检索终止日之前 18 个月内的发明专利申请（要求提前公布的申请除外）因未公开而未被检索到；三是实用新型专利在授权后才能被公布。因而本章中统计 2019—2021 年的专利申请量要低于实际申请数量，尤其是 2020 年后的大部分专利申请还尚未公开。

（二）同族专利

同一主题发明创造在多个国家申请专利而产生的一组文献，称为一个专利族。从技术的角度看，属于一个专利族的多个专利申请可视为同一项技术。本章在开展技术分析时，将同族专利视为一项技术，在进行专利区域（国家或地区）布局分析时，各件专利按件单独统计。

（三）核心专利

核心专利的确定应当综合考虑其技术价值、经济价值，以及受重视程度等多方面的因素，对于专利大数据分析，难以对各项专利进行逐一的价值评判，因此，本章中选择了可一定程度上反映这些因素的指标对专利数据进行识别和筛选，包括专利被引频次、主要申请人和同族专利数量等。

二、专利申请状况分析

（一）专利申请量变化

为了解果品保鲜技术发展趋势，笔者分别统计了近 40 年全球和中国各年度申请量，并制成专利申请趋势图（图 3-1）。全球果品保鲜领域的专利申请量在 2012 年之前基本保持稳定增长趋势，从 2013 年开始快速增长。主要是 2013 年开始，中国专利申请量出现较大增幅，较 2012 年增长 63%，并从此与国外申请量拉开较大差距，尤其是 2012—2017 年期间增长迅猛。2007 年，中国专利申请量首次反超国外，并在历经 3 年发展后于 2010 年开始稳居全球专利申请量之首，成为全球果品保鲜领域专利申请的主要来源国，为全球专利申请量快速增长注入重要动力。

全球专利申请量在 2012 年之前的稳定增长过程中出现过 3 个小高峰，并在每一次小高峰过后，相对于之前的申请量都有一个整体提升。果品保鲜技术专利申请最早出现于 1902 年，FR318629A 是该领域最早的专利，试图研究苹果的保存方法。此后相当长一段时间内，该领域一直处于技术摸索期，全球每年专利申请量均在 45 件以下缓慢增长，主要来源于美国，技术上主要集中于涂覆保护层方式保鲜和脱水方式保鲜的研究。第一个小高峰出现在 1989 年，全球申请量相对于 1988 年增长一倍，反映出果品保鲜技术开始在全球范围内

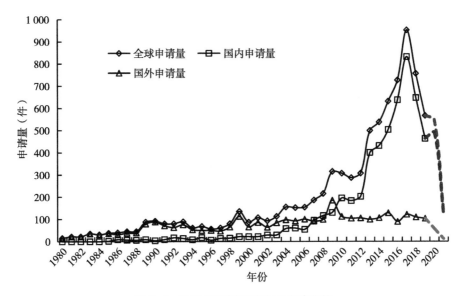

图 3-1 球果品保鲜领域专利申请趋势

受到关注。此后维持了近 10 年的平稳发展阶段，全球申请量每年在 80 件上下波动。1989—1998 年期间，专利申请主要以国外申请为主，1985 年，中国专利法颁布的第一年，中国果品保鲜领域有了第一件专利申请 CN85200033U，为清华大学申请的用于水果、蔬菜贮存的自发式气调库设备。但中国果品保鲜领域专利年申请量在 1992 年之前均为个位数。1999 年，果品保鲜领域的全球专利申请量又迎来一个小高峰，首次突破百件，并在稍有回落后稳定在百件以上。中国专利申请量也于同年突破 20 件，并开始呈现出不断增长的趋势。第二次小高峰后，虽然国外申请仍占据果品保鲜领域专利申请的主要地位，但中国在果品保鲜领域已开始与世界同步，与第一个小高峰后的缓慢增长不同，进入了快速发展阶段，在申请量上逐步缩小与国外的差距。中国果品保鲜领域专利申请量的快速增长直接导致了第三个小高峰的出现。2008 年，中国果品保鲜领域专利申请量早于国外首次突破百件，2009 年，全球果品保鲜领域专利申请量突破 300 件，迎来第三次申请量小高峰，2010 年开始中国稳居该领域全球专利申请量之首，并在此后呈现出与国外申请量不同的变化趋势。国外申请量在 2009 年突破百件后一直维持每年百余件的平稳发展至今，表明国外在该领域已进入相对成熟阶段，发展平缓，每年仍有一定创新。但中国在突破百件后申请量快速增长，直至 2017 年申请量达到顶峰后开始稍有回落。产生这一现象的原因主要有：一是近 10 年，中国果品产量增长迅速，对果品保鲜技术的需求和关注不断增强；二是中国在果品保鲜领域研究相比于国外起步晚，随着技术的不断成熟，晚于国外进入发展期；三是国内企业知识产权保护意识不断增强，积极进行专利布局；四是中国果品保鲜的技术创新侧重于应用，技术手段相近的低改进型专利申请占据一定比例；五是经历了快速发展阶段后，技术逐渐成熟，申请量开始回落，进入平稳发展阶段。

（二）申请主要来源国

专利申请来源国情况能够反映技术研发的国际竞争格局。将检索到的全球果品保鲜技术专利总量共计9 292件按照申请人国籍进行分类统计，得到专利申请主要来源情况，如图3-2所示。可以看到，来源于中国的专利数量最多，共5 877件，占全球专利总量的63.2%。除中国以外的其他国家中，来源于美国的专利数量为856件，占比9.2%，位列第一；日本772件，占比8.3%，位列第二；韩国489件，占比5.3%，位列第三；此后依次为法国（283件），俄罗斯（267件），英国（239件）、德国（119件）、西班牙（106件）。美国、日本、韩国三国专利数量之和占比全球总量的23%，近似于中国之外其他国家的总和，这3个国家在一定程度上体现了该技术领域发展的主要方向。

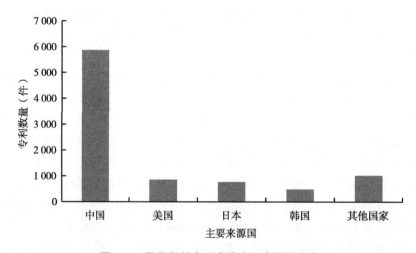

图3-2　果品保鲜专利申请主要来源国分布

要考察这些国家在该技术领域的创新水平和竞争态势，不仅要看专利数量，还须关注专利质量。技术输出为本国申请人向外国提出的专利申请，在一定程度上反映该国技术领先程度及对全球市场的占用程度。技术输入既包括本国申请人在本国内提出的专利申请，也包括外国申请人为进入本国向本国提出的专利申请，能够反映全球对该国市场的关注程度。对于果品保鲜领域，由于各国均以本国申请为主，为更加清晰地显示申请地域构成分析的专利流向，在进行技术输入输出分析时，去除了各国的本国申请。如全球技术输入和输出量均最高的美国，其技术输入为 121 件，占本国申请总量 856 件的 14.1%；其向主要输出国技术输出 203 件，占本国国内申请量 735 件的 27.6%。又如，全球申请量最高的中国，5 877 件中国申请中技术输入仅有 32 件，其向主要输出国输出共 24 件。

图 3-3 显示果品保鲜领域技术输入输出分析。美国籍申请人在海外申请量最大，可以看出，在该领域内，美国相对于其他国家更重视海外布局，这与其重视专利申请的传统有关，同时也反映出其技术处于领先地位。但美国海外布局并不均衡，其最为关注的国家的是英国，占其海外申请量的近 1/4，其次是法、德、日，但对上述三国的申请总量仍不及对英国一个国家的申请总量；对中国、韩国的专利申请仅为个位数。同时，美国也是该领域专利输入最多国家，各国申请人在美国均有专利申请，这也反映出美国在该领域技术全球领先同时也面临较大竞争压力，这也促使美国在该领域技术上积极寻求突破，更加注重海外专利布局和专利侵权风险防范。仅次于美国的两大技术输出国是日本和德国。日本籍申请人海外布局最为关注的国家是美国，这与美国自身作为技术输出大国的地位有关；但日本的海外布局不像美国那般均衡，除美国外，日

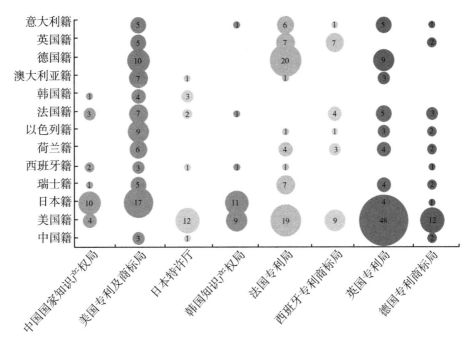

图 3-3　果品保鲜领域技术输入输出气泡图

本主要关注对中国和韩国的技术输出，这可能与日本与中韩地理位置相近，气候条件相似，果品种类多有交叉有关。日本是该领域内来华申请最多的国家，提示中国企业对日本在该领域内的技术发展和专利布局应给予更多关注。同处亚洲的韩国虽然申请总量位居全球第四，但同中国一样，主要来源于本国申请，其申请人 96.8% 的专利在韩国本国申请，海外申请量很少。德国海外布局同日本相似，有着明显的地域特点，除美国外，其主要关注的国家是法国和英国，对其他国家几乎没有技术输出。果品保鲜领域的专利输入输出充分反映出果品作为产品具有浓厚地域特点的性质。

（三）主要申请人

对申请人进行排序，以辨识创新主体，了解果品保鲜领域的市场竞争情况。由于从 2013 年开始国内申请量与国外申请量的差距显著增大，为分别筛选出国内和国外重要的创新主体，将国外和国内申请人展开分析，分别得到国外申请量排名前 8 和国内申请量排名前 20 的申请人，如图 3-4、图 3-5 所示。

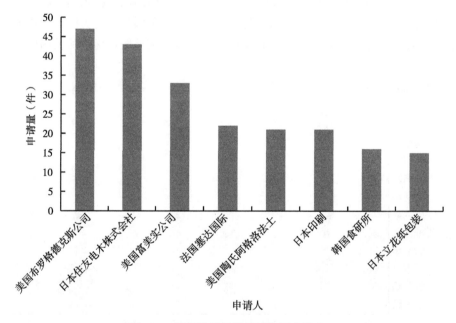

图 3-4　国外果品保鲜领域主要申请人

可以看出，国外申请人以公司为主，排名前 10 的申请人中只有一个韩国食品研究所属于研究机构，排名前 3 的分别是两个美国公司和一个日本公司。而国内申请量排名前 10 的申请人均来自高校和科研院所，排名前 20 的申请人中也只有 2 个企业，分别是山东营养源食品科技有限公司和湖南易科生物工程

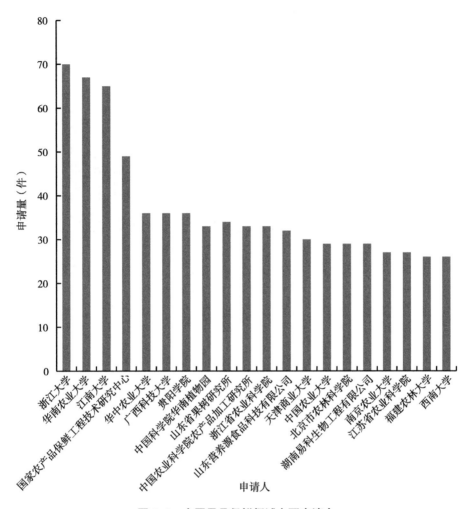

图 3-5 中国果品保鲜领域主要申请人

有限公司。表明国外果品保鲜的研发与产业有很好的结合，而国内果品保鲜领域研发与市场脱离情况比较普遍。由于国外申请的成本相对较高，通常只有技术含量较高或有利于市场竞争的专利技术国外申请人才会考虑进行专利申请，故国外申请人以公司为主。由于国内申请人存在研发与市场脱离的情况，公司申请的专利占比较低，因此对国内企业而言，国外申请人的专利更具威胁，国内企业应加强与高校科研院所的产学研融合，促进专利转化。

为进一步了解国内高校科研院所在该领域的专利申请情况，分析了申请量排名前 20 位申请人中的 18 所高校科研院所的申请量、授权率及近 5 年申请情况，如图 3-6 所示。可以看出，国内申请排在前 3 位的浙江大学、华南农业

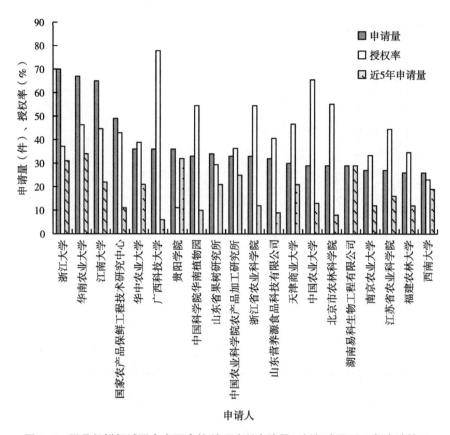

图 3-6　果品保鲜领域国内主要高校科研院所申请量、授权率及近 5 年申请情况

大学和江南大学申请量不相上下，明显高于其他申请人，表明该 3 所高校在此领域研究最为活跃。此外，除申请量排名第 4 位的国家农产品保鲜工程技术研究中心（天津）外，其他 14 位申请人的申请量均近似，在 30 件上下。授权率排名前 5 的申请人分别为广西科技大学（77.8%）、中国农业大学（65.5%）、北京市农林科学院（55.2%）、中国科学院华南植物园（54.6%）、浙江省农业科学院（54.6%），授权率均在 50% 以上，表明上述 5 所高校科研院所申请质量较高。申请量排名前 3 位的浙江大学、华南农业大学和江南大学授权率分别为 37.1%、46.3% 和 44.6%，均高于或接近该排名前 20 位申请人的平均授权率 40.9%，表明其在保持高申请量同时申请质量也较高，技术发展水平在国内果品保鲜领域占有领先地位。

　　分析近 5 年申请量占比发现，近 5 年申请量占比排名前 5 位位的申请人分别是湖南易科生物工程有限公司、贵阳学院、中国农业科学院农产品加工研究所、西南大学和天津商业大学，其近 5 年申请量分别占其各自总申请量的 70%

以上，表明该领域内上述 5 所研究机构技术发展较快。同时，由于上述申请人的申请多集中在近 5 年，受申请公开及后续审查时间影响，近 2 年的申请大部分尚无审查结论，会一定程度影响其授权率。西南大学、贵阳学院和湖南易科生物工程有限公司授权率相对较低，尤其是湖南易科生物工程有限公司，其申请 100% 集中在近 5 年，是该领域的新生力量。但同时，天津商业大学和中国农业科学院农产品加工研究所仍有 46.7% 和 36.4% 的授权率，表明其近 5 年在该领域技术进步显著，值得关注。申请总量排名前 3 的浙江大学、华南农业大学和江南大学，其近 5 年申请量占比排名位居中下，分别排在第 9、11、15位，表明其在该领域有长期技术积累，并在技术上保持持续更新。

同样，对国外申请量排名前 8 位的申请人分析发现，包括排名前 3 位的美国布罗格德克斯和富美实在内的 4 位申请人在近 5 年内已没有专利申请，其余6 位中有 4 位申请量均为个位，仅菲律宾两所大学申请量超过 10 件。进一步分析国外该领域近 5 年申请量发现，排名前 3 位的申请人均来自菲律宾，分别为 UNIV VISAYAS STATE（菲律宾西维萨亚大学）和 UNIV LAGUNA STATE POLYTECHNIC（菲律宾拉古纳州立理工大学），以及一位个人申请人CAPILOS LIBERATA A，该个人申请人为排名第 2 位的菲律宾拉古纳州立理工大学教授，其同时作为发明人，申请全部为与该大学的联合申请。分析上述原因，一是在该领域，国外已进入成熟稳定阶段，创新有限，这与国内近 5 年在果品保鲜领域的研究突飞猛进形成鲜明对比。二是可能由于国内外研究侧重点不同所致，此结果是在限定 A23B7 为主分类号下获得，该分类侧重于果品保鲜技术应用，当专利申请的技术方案并非以应用为主要研究对象，而更侧重于基础研究时，比如对乙烯抑制剂类物质的开发、不同包装材料性质的研究等，通常 A23B7 作为其应用领域被涉及仅体现在副分类号中。因此为进一步研究国外在该领域的申请量变化，将 A23B7 主分类号的限定调整为分类号限定，保持其他条件不变，再次检索发现，近 5 年国外申请人申请量在 10 件以上的有日本三井化学、美国陶氏阿格洛法士、菲律宾西维萨亚大学、日本住友电木株式会社、美国 APEEL 技术公司和菲律宾拉古纳州立理工大学。排名第一的是日本的三井集团，近 5 年申请量高达 81 件，远远高于其他国外申请人。排名第 2 位的是美国陶氏阿格洛法士。之前以申请总量排在前 3 位中的两家美国公司，布罗格德克斯和富美实后期已转型，不再有果品保鲜技术相关专利申请。日本住友电木株式会社则是在 20 世纪 90 年代开始的果品保鲜领域专利申请，其申请量在 2000—2013 年达到高峰后回落。相比之下，近 5 年排名第一的日本三井集团发展晚于日本住友电木株式会社，其申请量则是在 2016—2018 年迎来的突飞猛进。

　　进一步分析各申请人研究内容，可以发现侧重点均有所不同。近5年申请量排名第1位的日本三井化学专注于包装材料与包装方法的研究，其对包装材料的申请涉及包装材料的机械强度、韧性与透菌性，O_2、CO_2、水蒸气、乙烯等气体透过率的平衡控制；包装材料与所包装果品呼吸量相对应的气体穿透度控制；不同包装材料组合的抑菌条件等。美国陶氏阿格洛法士近5年申请量位于第2位，侧重于乙烯调控研究，从1-MCP的包封、环丙烯化合物的化学结构、包封剂的选择，到多种挥发性物质的化学结构研究，挥发性成分分级递送对腐败菌的控制，再到化学物质如杀虫剂、杀真菌剂、乙烯抑制剂的综合施用装置、施用方法都有涉及；同时，对贮藏环境中包括乙烯抑制剂、杀虫剂、杀真菌剂、除草剂、食品添加剂、加工助剂、消毒剂在内的多种活性成分浓度的管理、监测、控制方法也在其研究范围。日本住友电木株式会社近5年申请量仅次于日本三井化学和美国阿格洛法士，位居第3。其关注点也主要集中在包装材料方面，但研究方向与日本三井化学有所不同，主要针对树脂膜材料，包括材料选择、合成树脂的方法；不同树脂膜孔径、厚度的调节，以及其对果品储存过程中各种酶变化和保鲜效果的影响；不同温度下树脂膜开孔面积比率变化，对 O_2/N_2 浓度，CO_2/N_2 浓度、O_2、水蒸气透过率的调控；同时也有对冷冻干燥包装材料的研究以及包装容器的设计。另外一家日本公司，旭化成株式会社，申请量虽不如三井化学和住友电木株式，但也排在近5年申请量前列，其研究也主要集中在包装材料方面。可见日本近几年对包装材料的研究关注度较高，提示其在此方面的技术可能处于领先地位，相关技术值得中国研究人员关注。美国近几年在果品保鲜领域的研究相比于日本显得较为分散，申请量较高的阿格洛法士在乙烯调控方面相对领先，另外一家近5年保持持续申请的美国 APEEL 技术公司则侧重于涂膜技术研究，从涂膜材料的选择组合，到涂膜方法、涂膜装置均有涉及。同时分析菲律宾两所大学研究方向，发现其研究主要集中在干燥和涂膜两方面，尤其是植物性保鲜成分的提取及其在涂膜保鲜中的应用，相比于日本和美国，菲律宾同中国相似，更侧重于应用而非基础性研究。

三、专利技术主题分析

　　果品采后保鲜所采用的技术手段，根据其保鲜原理总体上分为物理保鲜、化学保鲜和生物保鲜，实际应用中经常是以上两种或多种手段的结合。如涂膜保鲜，涂膜理论上是通过物理隔绝手段阻止果品内部物质散失及阻隔外界环境不良影响，属于物理保鲜，但同时由于其采用的成膜材料通常是通过化学手段分离制备的多糖、蛋白质、改性淀粉等能够形成无色透明半透膜的物质，也涉及化学方法。因此在对果品保鲜专利技术主题的分析中，没有简单采取物理、化学、生物手段作为分类标准，而是结合具体技术手段选取了低温、脱水、气调、涂膜、保鲜剂几个主要技术分支，气调又根据所调控的气体对象具体分为仅调控 CO_2、N_2、O_2 或 H_2O，以及还包含调控其他气体的气调；保鲜剂保鲜根据所采用的物质分为无机物保鲜和有机物保鲜。在初步分析基础上，选择技术关注度相对集中的分支进一步分析其二级技术分支。

（一）各国技术特点分析

国外主要国家技术构成气泡图 3-7 显示，在气调、脱水、涂膜三方面专利申请最为集中，提示此三方面为国外研究的技术密集点。但各国关注点各不相同，美国、日本、韩国的关注点分别是涂膜、气调和脱水。美国和日本分别在涂膜和气调方面占据主要地位，关注其技术创新动态可大致了解此项技术的国外最新发展情况。韩国虽然在脱水方面的研究相对集中，但相比于美国和日本并不具有明显优势，脱水技术的国外发展水平需综合三国整体技术状况来了解。

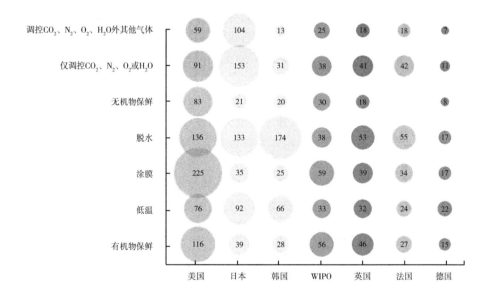

图 3-7　国外主要国家果品保鲜技术构成

对比中国技术构成图可以看出，国内研究热点区别于国外几个主要国家，主要集中在保鲜剂、低温、涂膜三项技术，保鲜剂又以有机物保鲜剂为主，但

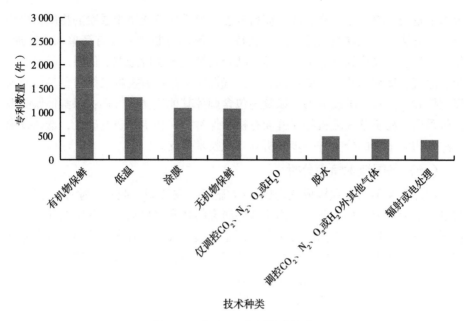

图 3-8　中国果品保鲜技术构成

有机物保鲜除美国有部分研究外，其他国家研究较少，尤其是同处亚洲的日本和韩国，在这方面关注度均较低，这可能与各国食品安全标准差异相关，中国在此方面的研究也应同时更多关注保鲜剂残留、环境污染等问题。同时，辐射或电处理也是国内研究的一个主要技术分支，国外只有英国和韩国有少量研究，美、日、德、法在此方面研究基本空白，提示此项技术中国在一定程度上代表了技术的发展水平和发展方向，但也可能存在技术陷阱等风险。

对国内申请量前 10 的申请人技术构成分析发现，有机物保鲜是全部 10 所高校和科研机构的关注重点。江南大学在各分支的研究最为均衡，其次是中国农业科学院农产品加工研究所和华南农业大学，各分支均有涉及且占比相对均衡。对于中国占据创新主导地位的辐射或电处理技术，江南大学、贵阳学院和中国农业科学院农产品加工所研究相对领先；脱水干燥方面江南大学一家独大；气调贮藏研究除江南大学外，国家农产品保鲜工程技术研究中心力量不容忽视。

（二）不同时期果品保鲜专利技术关注点分析

通过对不同时期果品保鲜专利技术主题的分析，可以反映出该阶段的技术特点，进而推测出该领域未来产业发展方向。根据果品保鲜专利申请量变化出现的 3 个小高峰期，将果品保鲜专利的发展分为 4 个阶段：1902—1988 年、1989—2003 年、2004—2010 年、2011—2020 年。由于全球专利申请量在 2017

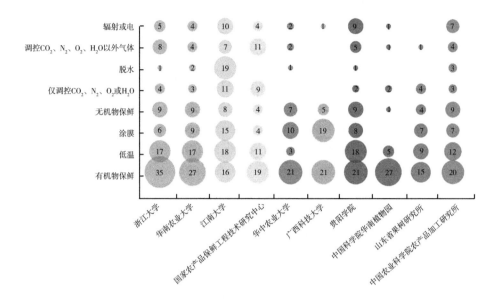

图3-9　国内主要申请人技术构成

年达顶峰后有所回落，又将最后 2011—2020 年阶段细分为 2011—2017 年和
2018—2020 年两个阶段，并对最近 3 年进行细分技术主题的进一步分析。由
于中国自 2010 年开始稳居果品保鲜领域全球专利申请量之首，且申请量远高
于国外申请量总和，因此 2011 年之后的技术主题主要体现的是中国在该领域
的研究热点。利用关键词和分类号提取分析，获得不同阶段果品保鲜专利技术
的关键主题分析如表 3-1。

表3-1　不同阶段果品保鲜专利技术关键主题

1902—1988 年	1989—2003 年	2004—2010 年	2011—2017 年
涂膜	脱水干燥	复合保鲜剂	复合保鲜剂
包装材料	复原	精油	精油
涂膜设备	可控气调	微胶囊	微生物
脱水干燥	包装材料	涂膜	酶
气调	气调装置	冷冻干燥	速冻
乙烯	冷冻	纳米	辐射
惰性气体	冷藏	微生物	涂膜
抑菌	贮藏装置	环丙烯	环丙烯

根据表 3-1 不同阶段果品保鲜专利技术的关键主题分析呈现的结果，总结出全球果品保鲜技术的发展变化如下。

第一，果品保鲜技术的早期研究主要集中在以调控保藏温度、湿度和 O_2 入手的相应手段方面，如低温、干燥、气调、涂膜和包装材料，各手段相对独立应用于果品保藏，综合应用较少。同时果品保鲜设备研究也是早期关注点之一，早期对包括涂膜、气调、冷藏等在内的果品保鲜主要手段均进行了相应设备的开发，为保鲜手段的广泛应用奠定了基础。

第二，2003 年后，各保鲜手段的研究向纵深方向发展，如微胶囊、纳米手段的应用使涂膜技术得到进一步改善，脱水干燥由最初单纯干燥发展到对干燥后复水性的关注，并继续向着更注重减少营养损失方向发展；乙烯研究从最初的气体影响、浓度控制转向抑制剂的开发、施用等方向。复合保鲜剂、植物精油、微生物等化学、生物手段在果品保鲜领域的应用逐渐成为研究热点。多种调控手段开始联用，如保鲜剂与涂膜技术。

第三，对涂膜保鲜、乙烯调控的研究持续不衰。涂膜保鲜早期研究多集中于涂膜材料的选择、涂膜设备的开发，逐步发展到涂膜物质与保鲜剂的结合，以及引入微胶囊、纳米手段等对涂膜技术的改进。乙烯调控研究，初期主要通过包装材料、包装方式调控果品所处微环境内的乙烯含量，到乙烯抑制剂环丙烯类化合物合成、浓度调节、活性维持等方面研究一直持续不断。

第四，精油、微生物、酶等植物成分、生物技术类更为安全的保鲜手段，以及辐射等不产生加热作用的物理手段可能成为今后研究热点。

（三）近 3 年国内外技术关注点分析

以关键词进行限定，进一步分析近 3 年（2018 年 1 月 1 日至 2020 年 12 月 31 日）国内外水果保鲜专利七大技术分支和其二级技术主题词，结果见表 3-2。

表 3-2　2018—2020 年国内外水果保鲜专利技术主题词申请比较

类别	国内		国外	
	技术主题	次数	技术主题	次数
保鲜剂	柠檬酸	124	柠檬酸	12
	精油	90	抗坏血酸	9
	茶多酚	47	精油	3

续表

类别	国内		国外	
	技术主题	次数	技术主题	次数
气调贮藏	乙烯	119	乙烯	35
	调控技术	112	二氧化碳	15
	臭氧	53	臭氧	8
涂膜	壳聚糖	169	可食性膜	17
	成膜技术	69	纳米材料	12
	海藻酸钠	59	壳聚糖	7
低温贮藏	低温冷藏	251	冷冻	28
	冷冻	75	低温冷藏	22
干燥	冷冻干燥	46	冷冻干燥	15
	辐射	27	微波	7
包装	复合包装	106	包装材料	19
抗氧化	抗氧化	73	抗氧化	16

低温贮藏和乙烯调控仍是近年来国内外的共同关注点。低温贮藏方面，国外冷冻冷藏技术并重发展，国内研究更多偏重于冷藏技术，对冷冻方面的研究相对薄弱。对乙烯的研究从早期乙烯气体对果品采后生理的影响到近期环丙烯类化合物的开发和应用一直持续不断，说明了乙烯调控相关研究在果品保鲜领域的重要位置。对于环丙烯类化合物的开发和应用研究国内外有所差异，国内更注重应用，如对环丙烯施用过程中浓度的控制，以及与其他保鲜手段的联用；国外在应用同时更多地关注环丙烯类化合物的开发，如不同化学结构物质发挥乙烯抑制作用的效果差异。

其他方面的研究国内外侧重点也有所不同。包装方面，国内包装研究多关注于复合包装膜、复合保鲜包装材料、保鲜膜等对水果保鲜的影响，侧重于透气性、环保性、安全性、腐烂率等指标，有柔性包装材料、缓释材料、植物基保鲜膜等。国外包装的研究多关注于不同材料对 O_2、CO_2 传输速率，O_2 穿透率的调节，以及包装材料和包装方式与乙烯抑制剂类物质调控的结合。涂膜方面，国内在壳聚糖、海藻酸钠等成膜物质方面研究较多，国外则更为关注可食性膜、纳米膜技术方面的研究。保鲜剂方面，中国在利用特有植物资源开发天然保鲜剂方面具有优势，精油、茶多酚等植物资源保鲜剂成为国内研究热点，在充分开发利用基础上应拓展其与其他保鲜手段的联用。辐射技术研究则是国内占有一定优势，国外研究较少。

四、启示与展望

第一，中国在果品保鲜领域研究相比国外虽起步晚，但发展迅速。在充分借鉴国外研究的基础上，对各种保鲜手段的应用研究较为充分，但基础性研究相对欠缺，技术手段相近的低改进型专利申请占据一定比例，缺乏核心专利支撑，应推动基础性研究向纵深发展，以为未来全球技术竞争做出一定技术储备。

第二，日本和美国在果品保鲜领域无论专利数量还是专利质量均保持持续优势，对其技术发展应尤为关注，对其专利申请，国内企业要充分思考应对措施，尤其是对地理位置相近，气候条件相似，果品种类多有交叉，对中国市场又比较关注的日本。

第三，国内高校和科研院所之间应考虑发挥各自优势、强强联合，推动基础性研究向纵深发展，提升该领域内的核心竞争力。同时，国内企业应更多与高校和科研院所之间加强合作，促进果品保鲜技术的应用转化，推动产业化发展，避免重复性、低改进型的研究消耗。

第四，乙烯调控是果品保鲜的关键技术，国内研究应更多关注环丙烯类化合物的开发，以及其持续、可控的施用方法。新型乙烯抑制剂的开发可能作为基础带动果品保鲜技术的整体升级。

第五，可食性膜、纳米膜及其与其他保鲜手段的联用，是涂膜发展的新方向，国内研究应给予足够关注。对于成膜物质的研究重点在于开发新的、安全性高的成膜材料。

第六，精油、微生物、酶等植物成分、生物技术类更为安全的保鲜手段，以及辐射等不产生加热作用的物理手段可能成为今后的研究热点。对于国外研究相对较少的技术主题，如复合保鲜剂、植物提取物保鲜剂、辐射等，是机遇，同时也具有一定风险，在关注保鲜效果的同时要重点关注其食品安全、环境保护等问题。

参考文献

北京农业大学，1990. 果品贮藏加工学［M］. 北京：农业出版社.

冯双庆，2008. 果蔬贮运学［M］. 北京：化学工业出版社.

饶景萍，2009. 园艺产品贮运学［M］. 北京：科学出版社.

田世平，罗云波，王贵禧，2011. 园艺产品采后生物学基础［M］. 北京：
　科学出版社.

王文生，2016. 水果贮运保鲜实用操作技术［M］. 北京：中国农业科学技
　术出版社.

吴振先，陈维信，韩冬梅，2002. 南方水果贮运保鲜［M］. 广州：广州科
　技出版社.

张维一，毕阳，1998. 果蔬采后病害与控制［M］. 北京：中国农业出版社.

张秀玲，2011. 果蔬采后生理与贮运学［M］. 北京：化学工业出版社.